数值计算方法及其程序实现

(第二版)

吴开腾　覃燕梅　张　莉　孔　花　编

科学出版社

北京

内 容 简 介

本书介绍了科学计算中常用的数值计算方法及其理论，包括数值计算方法引论、插值方法、数值积分与数值微分、非线性方程求根、线性方程组的迭代法和直接法、微分方程的数值解法. 在每章的结构安排上，先有导读和问题分析，然后是基础知识、具体算法分析和算法框图，最后是数值实验讨论，在每章小结中除了本章基本内容总结外，还介绍算法的最新研究现状和应用成果. 同时，为了便于读者学习之用，每章都配有相应的习题和数值实验题，以及部分习题答案、计算程序.

本书可供大学数学类专业和大学理工科专业学生作为教材，也可供从事科学计算的工程技术人员以及其他科技人员阅读参考.

图书在版编目(CIP)数据

数值计算方法及其程序实现/吴开腾等编. —2 版. —北京：科学出版社，2019.8

ISBN 978-7-03-061994-5

Ⅰ. ①数… Ⅱ. ①吴… Ⅲ. ①数值计算–程序设计 Ⅳ. ①O241②TP311.1

中国版本图书馆 CIP 数据核字 (2019) 第 163119 号

责任编辑：王胡权／责任校对：杨聪敏
责任印制：张 伟／封面设计：陈 敬

科 学 出 版 社 出版
北京东黄城根北街 16 号
邮政编码：100717
http://www.sciencep.com

北京九州迅驰传媒文化有限公司 印刷

科学出版社发行 各地新华书店经销

*

2015 年 8 月第 一 版 开本: 720 × 1000 1/16
2019 年 8 月第 二 版 印张: 15 1/4
2023 年11月第七次印刷 字数: 313 000

定价: 49.00 元

(如有印装质量问题，我社负责调换)

第二版前言

本书第一版自 2015 年出版以来, 受到广大读者和同行的关注. 为了提高学生的学习兴趣和教师的教学效率, 根据近年来在内江师范学院教学实践中的学生反馈和教学体会, 并结合同行的意见和建议, 我们对本书进行了再版. 这次再版我们增加了计算编程方面的内容, 加强了与中学数学教材的衔接. 具体而言主要作了如下的修改:

(1) 为了培养学生的问题分析能力 (尤其将数学问题转化为借助计算机解决实际问题的能力) 和计算能力 (尤其是编程能力), 补充了算法框图.

(2) 针对师范院校培养人才目标和教学特点, 结合新版高中教材的模块内容, 增加了一些与高中教材对接内容, 在更多细节上体现与高中内容的衔接和提升.

(3) 为了更好地激发学生的学习兴趣, 更新和补充了相关参考文献, 便于学生更好地了解所学知识在相关领域的应用和理解算法思想与构造.

(4) 校正了第一版中的一些不当之处.

本书的再版得到了四川省精品资源共享课 “数值分析” 项目、四川省 “数值分析” 省级精品课程项目、“数值仿真与数学实验” 四川省实验教学示范中心项目的资助, 得到了四川省内江师范学院数学与信息科学学院以及教材建设基金的大力支持, 在此表示感谢. 同时也感谢科学出版社为本次再版付出的辛勤劳动, 感谢本书所引用文献的作者们, 感谢同行们对本书提出的宝贵意见和建议.

限于编者水平, 书中疏漏和不足之处在所难免, 敬请读者批评指正.

编　者

2019 年 3 月于内江师范学院

第一版前言

数值计算方法是一门紧密联系实际问题、数学理论、计算机语言与技术的课程. 随着计算机科学与技术的迅速发展, 科学研究和工程技术中遇到的很多问题都需要用到各种数值计算方法来加以解决. 例如航空航天、地质勘测、汽车制造、桥梁设计、天气预报等. 因此, 学习和掌握常用的数值计算方法及有关的基础理论具有十分重要的意义. 目前, 数值计算方法在大部分高校已经成为理工科专业的必修课程. 虽然已有不少数值计算方法方面的教材和著作, 但我们仍然编写这本教材的原因主要是基于以下三个因素的考虑.

首先, 有的数值计算方法教材, 过多强调数值计算方法的理论推导, 忽视算法本身的构造思想和过程, 不能满足需要了解数值计算方法内涵的读者. 有的数值计算方法教材, 忽视数值计算方法理论推导以及算法内涵, 只是片面地介绍数值计算方法的应用, 不能满足需要研究数值计算方法的读者.

其次, 由于数值计算方法内容繁多, 涉及的理论知识跨度也比较大, 所以给教材在知识结构布局和内容前后衔接等方面造成了一定的困难. 如果教材编排处理不当, 读者一般很难掌握数值计算方法的设计思想和方法原则.

最后, 随着地方型高校向应用型高校的转型发展, 创新能力的培养在人才培养目标中提到了新的高度. 学习数值计算方法是培养大学生创新思维能力的重要途径, 为了适应新时代地方型高校人才培养模式的需求, 必须结合学校的实际情况来建设数值计算法方法教材.

本书具有以下特色和创新之处.

一、注重基础, 强调应用

本书注重理论基础, 但不偏重于高深的理论推导, 而是注重基本概念、算法核心思想和应用思路的阐述. 本书注重理论联系实际, 强调学以致用. 在讲授理论和算法时, 都配有算例, 帮助学习者对讲解的理论和算法深入理解. 同时, 每章设置数值实验部分, 提供本章经典算法的 MATLAB 程序, 供读者参考, 有助于培养他们的动手能力和独立解决问题的能力.

二、注重思想, 强调概括

虽然数值计算方法内容繁多, 但其基本思想、方法和内涵往往是一致和相通的. 根据这一概括性原则, 本书注重数值计算方法的设计思想和方法原则, 提炼出不同问题、不同算法的相同本质, 在算法学习中牢记 “思想简单、方法协调、技术实用” 的指导性原则, 帮助读者培养触类旁通、举一反三的能力.

三、注重设计, 突出发展

根据地方型普通高校学生的基础水平和编写团队多年的教学经验, 本书在内容排版上进行了一些技巧性的设计. 首先, 本书讲授内容为数值计算方法中最基本的方法, 符合地方型普通高校学生的认知水平, 有利于学生提高数值计算方法的基础能力. 其次, 本书运用问题驱动的叙述方式, 具有启发性, 有利于师生互动, 有利于实现有效教学. 再次, 本书每章除了提供一位著名数学家的简介, 还在小结和参考文献中介绍数值计算方法领域的最新研究成果以及应用领域, 有利于学生了解算法的历史背景与发展研究现状, 激发学生的学习兴趣和科研潜力. 最后, 本书运用分层原则选择不同梯度的案例, 特别是在数值实验部分尤为突出, 有利于突出学生的主体地位, 实现全面发展.

总之, 本书旨在构建读者的知识结构, 提高读者的数学素养, 培养读者用数学知识和方法解决实际问题的能力.

本课程建议学时: 40 ~ 46(理论) 和 16 ~ 18(实验). 另外, 在学习本课程之前, 应先修高等数学、线性代数和高级语言程序设计等课程.

本书是四川省省级精品课 “数值分析” (省级精品资源共享课) 的建设内容之一, 同时, 在编写过程中得到了教育部数学与应用数学专业综合改革试点项目 (项目编号: ZG0464)、“数学与应用数学” 省级特色专业、数值仿真与数学实验四川省实验教学示范中心、“计算数学” 校级重点学科和内江师范学院本科教学工程建设项目的大力支持, 以及数学与信息科学学院领导、老师的支持. 同时, 还要感谢硕士研究生夏林林 (2011 级)、薛正林 (2013 级) 同学对本书修改的帮助.

本书虽然经过反复修改, 但由于水平有限, 书中难免有疏漏和不足之处, 恳请广大读者、同行和有关专家批评指正.

编　者

2015 年 4 月于内江师范学院

2019 年 8 月再版时修订

目　　录

第 1 章　引　　论

导　读

数值计算方法[1~14]的历史源远流长, 自有数学以来就有关于数值计算方面的研究. 公元前 2000 年古巴比伦的开方运算, 公元 13 世纪我国南宋数学家秦九韶的多项式计算方法, 以及公元 3 世纪我国数学家刘徽的"割圆术"都是数值计算方面的杰出成就. 数值计算的理论和方法是在解决数值问题的长期实践过程中逐步形成和发展起来的, 由于受到计算工具的限制, 它的理论和方法发展十分缓慢. 随着计算机和科学技术的发展, 数值计算方法才得到了空前的发展, 已经成为与计算机密切结合的科学计算, 并广泛应用于机电产品的设计、建筑工程项目的设计、新型尖端武器的研制和火箭的发射等, 这些领域都有大量复杂的数值计算问题亟待解决, 其复杂程度已达到远非人工手算 (包括使用计算器等简单的计算工具) 所能解决的地步.

数值计算方法主要是讨论借助于计算机研究求解各种数学问题的数值计算方法理论与程序实现, 其目的是用简单的算术运算求解复杂的数值问题, 并设计和评价由给出数据计算数值结果的方法, 这些方法即为算法. 因此, 数值计算方法也可以称为计算方法. 数值计算方法虽然主要是以数学问题为研究对象, 但它不像纯数学那样只研究数学本身的理论, 而是把理论与计算机结合, 着重研究数学问题的数值方法及其理论. 因此, 数值计算方法既有纯数学高度抽象性、严密性与科学性的特点, 又有应用数学的广泛性、试验性与技术性的特点, 是一门与计算机使用密切结合的实用性很强的数学课程.

用数值计算方法来解决工程实际和科学技术中的具体问题时, 首先必须将具体问题抽象为数学问题, 即建立能描述实际问题的数学模型, 例如, 各种微分方程、积分方程、代数方程等; 然后选择合适的计算方法 (算法)、计算机语言 (MATLAB、C++ 等), 编写出计算程序; 最后上机调试得出求解的结果 (数值结果). 因此, 用数值计算方法解决工程实际问题的步骤可以归纳如下.

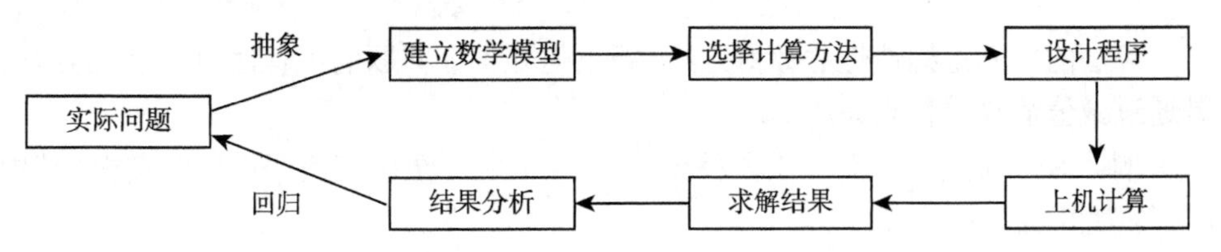

数值计算方法中的算法就是数学中的计算公式吗? 对于同一个计算问题能够给出多种求解的算法吗? 用什么样的标准去衡量一个算法的合理性和有效性?

在这一章, 我们将通过一些具体问题来理解算法 (数值计算方法) 的概念, 了解算法的特点, 讨论研究算法的意义, 介绍算法设计的基本要求和技术, 体验人机对话的方式, 了解算法在计算机上的实现过程和方法, 体验并理解算法的误差问题.

1.1 数值计算方法

问题 1.1 (算法的含义) 所谓算法 (数值计算方法), 是由基本运算及规定的运算顺序所构成的完整的解题步骤.

一般地, 针对一类待求解问题, 如果建立了一套通用的解决方法, 按部就班地实施这套方法就能解决该类问题, 那么这套解决方法就是求解该类问题的一种算法.

算法有时被表示为一系列可执行的步骤, 有序地执行这些步骤, 就能在有限步后解决问题.

例 1.1 对于任意的 n 个数 $x_1, x_2, \cdots, x_n$, 设计算法求它们中的最小值, 并给出该数的序号.

解 (i) 令 $i=1$, 把 x_i 的值赋予 M, 把 i 的值赋予 k.

(ii) 将 i 的值增加 1, 即 $i=i+1$. 如果 $x_i < M$, 把 x_i 的值赋予 M, 把 i 的值赋予 k; 如果 $x_i \geqslant M$, 那么 M 和 k 的值不变.

(iii) 判断 "$i > (n-1)$" 是否成立. 如果成立, 则输出 M, k, 结束算法; 否则, 返回第 (ii) 步.

算法有时被表示为一个计算公式, 只要将有关数据代入公式, 就可求得问题的解.

例 1.2 求直角坐标平面内点 (2, 3) 到直线 $y-x+1=0$ 的距离.

解 由点到直线距离公式

$$d=\frac{|ax_0+by_0+c|}{\sqrt{a^2+b^2}}=\frac{|-2+3+1|}{\sqrt{(-1)^2+1^2}}=\sqrt{2}.$$

算法的内涵是构造性的数值方法, 即不但要论证问题的可解性, 而且解的结构是通过数值演算过程来完成的.

例 1.3 证明: 一元二次方程 $x^2+bx+c=0$ 至多有两个不同的实根, 其中 b, c 均为实数.

证明 下面给出三种解法.

(1) **图解法** 将方程 $x^2+bx+c=0$ 配方后得到

$$\left(x+\frac{b}{2}\right)^2+c-\frac{b^2}{4}=0,$$

上式左端为抛物线 $y=\left(x+\frac{b}{2}\right)^2+c-\frac{b^2}{4}$, 如果抛物线与 x 轴有交点, 其横坐标即为所求的实根, 而且交点至多两个.

(2) **反证法** 假设方程 $x^2+bx+c=0$ 有三个互异的实根 x_1, x_2 和 x_3, 则有

$$x_1^2+bx_1+c=0, \tag{1.1}$$

$$x_2^2+bx_2+c=0, \tag{1.2}$$

$$x_3^2+bx_3+c=0, \tag{1.3}$$

式 (1.1)、(1.2) 分别减去式 (1.3) 得

$$x_1+x_3+b=0,$$

$$x_2+x_3+b=0,$$

从而有 $x_1=x_2$, 这与假设矛盾.

(3) **公式法** 根据一元二次方程的求根公式有

$$x_{1,2}=\frac{-b\pm\sqrt{b^2-4c}}{2}.$$

上述三种方法中, 图解法是构造性的, 但不是数值的; 反证法不是构造性的. 这里所说的 "算法", 不只是单纯的数学公式, 而且是指由基本运算及规定的运算顺序所构成的完整的解题步骤. 一般可以通过框图 (流程图) 来直观地描述算法的全过程, 图 1-1 为求解一元二次方程 $x^2+bx+c=0$ 的流程图.

算法是由一些操作步骤组成的有序系列, 这个系列具有以下特点:

(1) 操作步骤数必须是有限的.

(2) 每一步操作都有确定的意义, 例如要求一组数中的最小数, 必须对数的大小有公认的界定, 没有歧义.

(3) 每一步操作都是可行的.

(4) 每个算法必须有已知信息的输入和运算结果的输出.

在用框图表示算法时, 算法的逻辑结构展现得非常清楚. 算法的三种基本逻辑结构: 顺序结构、条件结构和循环结构.

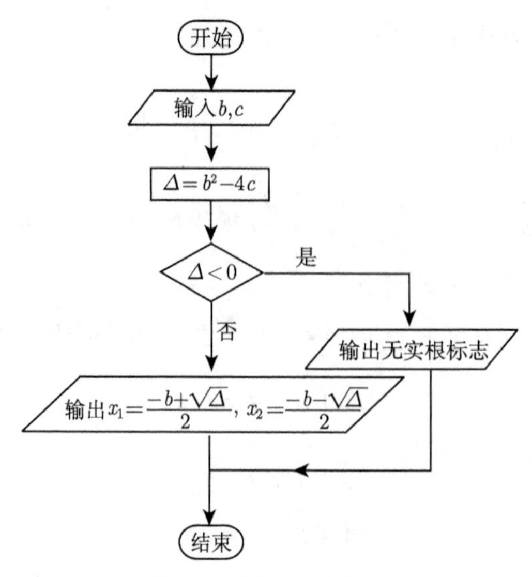

图 1-1　例 1.3 流程图

例如, 例 1.3 的算法框图 1-1 包含了顺序结构和条件结构, 例 1.1 包含了三种基本逻辑结构: 顺序结构、条件结构和循环结构, 如图 1-2 所示.

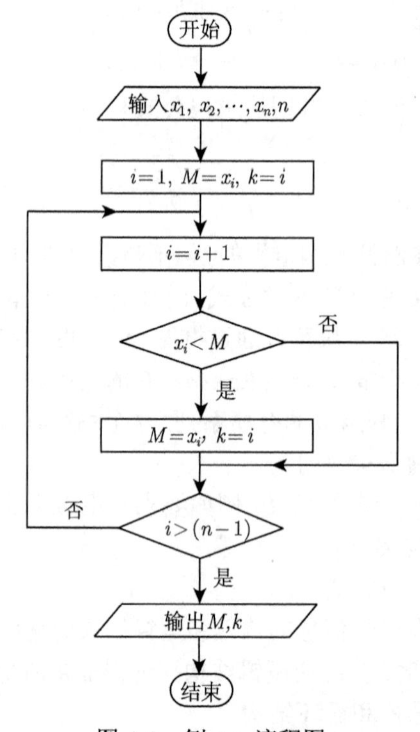

图 1-2　例 1.1 流程图

问题 1.2 (算法的意义) 同一个数学问题可能有多种数值计算方法, 但不一定都是有效、可用的. 评价一个算法的好坏主要有两条标准: 计算结果的精度以及所付出的代价. 一个好的算法当然应该要满足精度要求且代价小, 这里的代价往往包括时间复杂性和空间复杂性. 时间复杂性好是指节省时间, 运算速度快, 主要由运算次数来决定; 空间复杂性好是指节省储存量, 主要由使用的数据量决定. 下面将通过两个实例来说明合理地选择算法可以使时间复杂性更好.

例如, 线性方程组的行列式求解方法 (Cramer 法则) 在理论上可以求解任意阶线性方程组. 用 Cramer 法则求解一个 n 阶方程组, 要计算 $n+1$ 个 n 阶行列式的值, 为此总共需要做 $n!(n-1)(n+1)$ 次乘法. 当 n 充分大时, 这个计算量是相当大的, 手工算法是完全不切实际的, 那么是不是现代超级计算机就很容易计算呢? 例如: 当 $n=20$(阶数不算太大) 时, 需要做 10^{21} 次乘法, 用运算速度为 5.49 亿亿次每秒的天河-2 号计算机, 大约花费的时间为

$$\frac{10^{21}}{5.49\cdot 10^{16}\cdot 60\cdot 60}\approx 5(\text{小时}).$$

从计算结果来看, 即使选择运算如此神速的计算机也需要连续工作 5 小时才能完成, 这显然是不实用的. 事实上, 求解线性方程组有许多实用的算法: 直接法和迭代法 (第 5 章和第 6 章) 等, 用普通的计算机就能很快地求解 20 阶的线性方程组.

又例如, 当计算多项式

$$p(x)=a_0x^n+a_1x^{n-1}+\cdots+a_{n-1}x+a_n \tag{1.4}$$

的值时, 若直接计算 $a_{n-i}x^i(i=1,2,\cdots,n)$, 再逐项相加, 共需做

$$1+2+\cdots+n=\frac{n(n+1)}{2} \tag{1.5}$$

次乘法和 n 次加法. 如当 $n=10$ 时, 需要 55 次乘法和 10 次加法.

若将多项式 $p(x)$ 改写成

$$p(x)=((\cdots((a_0x+a_1)x+a_2)x+\cdots+a_{n-2})x+a_{n-1})x+a_n, \tag{1.6}$$

即从里往外一层一层地计算.

设用 v_k 表示第 k 层 (从里面数起) 的值

$$v_k=(\cdots(a_0x+a_1)x+\cdots+a_{k-1})x+a_k, \tag{1.7}$$

那么, 第 k 层的结果 v_k 显然等于第 $k-1$ 层的结果 v_{k-1} 乘以 x 再加上系数 a_k, 即

$$v_k=xv_{k-1}+a_k,\quad k=1,2,\cdots,n, \tag{1.8}$$

令

$$v_0 = a_0, \tag{1.9}$$

显然, 上述计算多项式的算法只需做 n 次乘法和 n 次加法, 如当 $n = 10$ 时, 只要做 10 次乘法和 10 次加法, 与直接计算比较, 大大降低了计算量, 可见算法的优劣直接影响计算的速度和效率. 上述计算多项式的方法是我国南宋大数学家秦九韶提出的, 其计算量远比前述逐项生成算法的计算量小, 说明秦九韶算法是一种优秀算法. 国外文献常称这一算法为 Horner 算法, 其实 Horner 的工作比秦九韶大约晚了五六百年.

因此, 即便对于计算机如此发达的今天, 选定合适的算法仍然是整个数值计算方法研究中非常重要的一个问题. 值得说明的是, 对于小型问题, 计算的速度和占用计算机内存的多寡似乎意义不大, 但对于复杂的大型问题, 却起着决定性作用. 数值计算方法除了构造算法, 还涉及许多理论问题, 包括算法的收敛性、稳定性及其误差分析. 除了理论分析外, 一个数值算法是否有效, 最终要通过大量的数值试验来检验. 数值计算方法具有理论性、实用性和实践性都很强等特点, 可以归纳为以下四点:

(i) 面向计算机, 能根据计算机特点提供切实可行的有效算法;

(ii) 有可靠的理论分析, 可以任意逼近并达到精度要求, 对近似算法要保证收敛性和数值稳定性, 还要对误差进行必要分析;

(iii) 要有好的计算复杂性, 即时间复杂性和空间复杂性;

(iv) 通过大量数值试验验证其算法的有效性.

问题 1.3 (算法设计中的基本要求与技术)　在问题 1.2 中已经了解, 即使计算机的运算速度如此神速, 也并不意味着计算机的算法可以随意地选择, 能否合理地选择算法是科学计算成败的关键. 算法重在设计思想, 设计思想重在追求简单与统一. 简单是重视基础的算法, 是用最简单的算法去解释最复杂的问题. 统一是强调算法的共性, 是用一类算法去解决所有复杂的问题. 在算法的设计中始终要围绕 “计算复杂性” 和 “计算精度” 两个问题进行设计, 因此, 可以将常用的算法设计技巧分为 “减模” 和 “提精” 两类.

1. 减模技术

一个数值计算问题一般可以用某个实数即问题的规模来刻画其空间和时间计算的 “大小”, 而问题的解则是其规模为足够小 (规模为 0 或 1 的退化情形). 这类问题的求解是通过某种简单的运算方法逐步缩减问题的规模, 直到加工得出所求的解. 算法设计的这种技巧就是减模技术, 它适用于直接法, 所谓直接法即是通过有限步计算可以直接得出问题的精确解 (如果不考虑舍入误差).

例如, 考虑数列求和的累加算法

$$S = a_0 + a_1 + \cdots + a_n. \tag{1.10}$$

式 (1.10) 有两个简单的特例, 即

$$\begin{cases} S = a_0, & n = 0, \\ S = a_0 + a_1, & n = 1. \end{cases}$$

当 $n = 0$ 时, 所给计算模型就是它的解, 不需要做任何计算. 这表明对于数列求和问题, 它的解是计算模型退化的情形. 又当 $n = 1$ 时, 计算过程是平凡的, 这时不存在算法设计问题.

基于这两种简单情形考察所给和式 (1.10) 的累加求和算法. 设 b_k 表示前 $k+1$ 项的部分和 $a_0 + a_1 + \cdots + a_k$, 则有

$$\begin{cases} b_0 = a_0, \\ b_k = b_{k-1} + a_k, \quad k = 1, 2, \cdots, n. \end{cases} \tag{1.11}$$

计算结果 b_n 即为所求的和值

$$S = b_n. \tag{1.12}$$

上述数列求和的累加算法, 其设计思想是将多项求和 (式 (1.10)) 化归为两项求和 (式 (1.11)) 的重复. 按照式 (1.11) 重复加工若干次, 最终即可将所给和式 (1.10) 加工成 1 项和式 (1.12) 的退化情形, 从而得出和值 S. 按式 (1.11) 每加工一次, 所给和式 (1.10) 便减少 1 项, 而所生成的计算模型依然是数列求和. 反复施行这种加工运算, 计算模型不断变形为

$$\underset{(\text{计算模型})}{n+1\text{项和式}} \Rightarrow n\text{项和式} \Rightarrow n-1\text{项和式} \Rightarrow \cdots \Rightarrow \underset{(\text{所求结果})}{1\text{项和式}},$$

这里, 符号 “⇒” 表示重复施行两项求和的加工运算.

这样, 如果定义和式的项数为数列求和的规模, 则所求和值可以视作规模为 1 的退化情形. 因此, 只要令和式的规模 (项数) 逐次减 1, 最终当规模为 1 时即可直接得出所求的和值. 这样设计出的算法称为规模减 1 技术.

再考虑式 (1.10), 若将前后对应项两两合并, 即

$$S = (a_0 + a_n) + (a_1 + a_{n-1}) + \cdots + (a_{n-1/2} + a_{n+1/2}). \tag{1.13}$$

这样数列求和问题的规模就减半了, 这样设计出的算法称为模减半技术, 也称二分技术. 二分技术是减模技术的延伸, 针对规模为 $N = 2^n$(n 为正整数) 的大规模计算

问题, 如果运用每作一步规模减 1 的减模技术实在太慢了, 因此, 二分技术是减模技术的优化, 它也是将计算问题加工成同类问题, 不同的是二分技术的每一步使问题的规模减半, 即其规模按等比级数 (公比为 1/2) 递减, 直到规模变为 1 时终止计算. 这样, 对于规模为 $N = 2^n$(n 为正整数) 的大规模计算问题, 只要二分 $n = \log_2 N$ 次即可使其规模变为 1, 从而得出所求解.

减模技术的设计机理可用 "大事化小, 小事化了" 这句俗话来概括. 所谓 "大事化小" 就是把大规模计算问题转化成小规模计算问题的重复; "小事化了" 就是重复计算直到规模足够小直接获得问题的解. 减模技术的求解过程具有两个明显的特点: 一是结构递归, 如式 (1.11) 和 (1.13); 二是规模递减, 如规模减 1 或是减半. 而二分技术在 "大事化小, 小事化了" 的框架下更蕴涵了 "一分为二" "合二为一" 和 "变在其中" 的演绎思想, 因此, 二分技术的设计机理通常可以概括为 "刚柔相推, 变在其中".

因此, 可以根据求解问题的规模大小选择减模技术. 规模减 1 技术适用于求解规模比较小的计算问题, 规模减半的二分技术适用于求解规模比较大的计算问题, 二分技术更体现了计算的速度, 与规模减 1 技术相比, 二分技术的加速比为

$$\frac{N}{\log_2 N} \to \infty \quad (N \to \infty),$$

可见, 二分技术是一类高效算法的设计技术.

多项式求值问题的秦九韶算法则是一种典型的减模技术, 考察多项式 (1.4), 类似于数列求和计算, 首先考察两个特例

$$\begin{cases} p = a_0, & n = 0, \\ p = a_0 x + a_1, & n = 1. \end{cases}$$

当 $n = 0$ 时, 所给计算模型即为所求的解, 不需要做任何计算; 又当 $n = 1$ 时, 计算模型为简单的一次式, 虽然需要进行计算, 但不存在算法设计问题.

注意, 当 $x = 1$ 时多项式 (1.4) 便退化为和式 (1.10), 可以类比数列求和算法的设计过程讨论多项式求值算法的设计问题.

设将多项式的次数规定为多项式求值问题的规模, 如果从式 (1.4) 的前两项中提出公因子 x^{n-k}, 则有

$$p = (a_0 x + a_1) x^{n-1} + \sum_{k=2}^{n} a_k x^{n-k},$$

这样, 如果算出一次式

$$v_1 = a_0 x + a_1$$

的值, 则所给 n 次式的计算模型 (1.4) 便化归为 $n-1$ 次式

$$p=v_1x^{n-1}+\sum_{k=2}^{n}a_kx^{n-k}$$

的计算, 从而使问题的规模减少了 1 次. 不断地重复这种加工手续, 使计算问题的规模逐次减 1, 则经过 n 步即可将所给多项式的次数降为 0, 从而获得所求的解. 这样设计出算法 1.1 及流程图 (图 1-3).

算法 1.1 (秦九韶算法) 令 $v_0=a_0$, 对 $k=1,2,\cdots,n$ 计算

$$v_k=xv_{k-1}+a_k, \tag{1.14}$$

则结果 $p=v_n$ 即为所给多项式 (1.4) 的值.

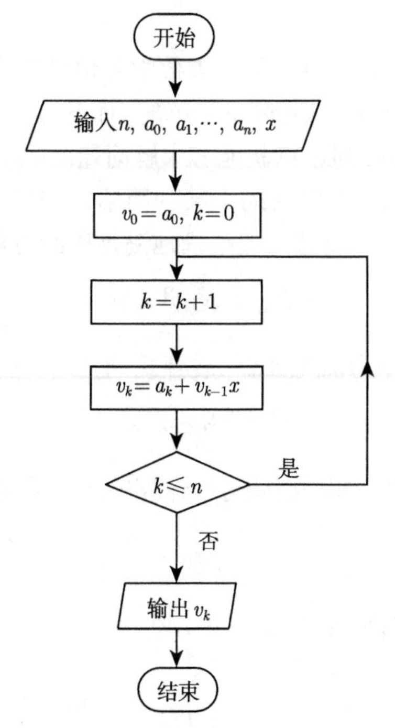

图 1-3 算法 1.1 流程图

秦九韶算法说明, n 次式 (1.4) 的求值问题可化归为一次式 (1.14) 求值计算的重复. 假设符号 "⇒" 表示一次式的求值过程, 则秦九韶算法的模型加工流程如下

$$\underset{(\text{计算模型})}{n\text{次式求值}}\Rightarrow n-1\text{次式求值}\Rightarrow n-2\text{次式求值}\Rightarrow\cdots\Rightarrow \underset{(\text{计算结果})}{0\text{次式求值}}.$$

2. 提精技术

"减模技术" 通常是对直接法提出的降低时间或空间复杂度的方法, 而 "提精技术" 则是对迭代法提出的逐步提高计算精度的方法. 直接法和迭代法主要的差别在于计算过程的 "有限" 与 "无限", 直接法通过有限步计算得到求解结果, 迭代法是一种不断用变量的旧值递推新值的过程, 是一个无限的逼近过程, 通过提供某个精度控制计算过程的终止. 因此, 直接法和迭代法在本质上是相通的, 读者在学习了线性方程组的迭代法 (第 5 章) 和直接法 (第 6 章) 之后将能更深入地体会两者的相通性.

提精技术包括校正和超松弛技术, 两者都是对粗糙迭代值的精度进行改进, 而超松弛技术则是一种加速方法, 这一点与减模技术中的二分技术是相似的.

考虑开方算法的求解思想和过程, 给定 $a > 0$, 求方根值 $\sqrt{a}$ 的问题可以转化为解方程

$$x^2 - a = 0. \tag{1.15}$$

式 (1.15) 是个非线性 (二次) 方程, 从初等数学的角度来看, 它的求解有难度, 从计算机的角度来看, 加减乘除四则运算是简单的, 而开方运算是复杂的, 若能将复杂的开方运算转化为简单的四则运算就能够求解问题.

设给定某个预报值 x_0, 希望借助于某种简单方法确定校正量 Δx(Δx 是未知的), 使校正值 $x_1 = x_0 + \Delta x$ 能够比较准确地满足所给方程 (1.15), 即有

$$(x_0 + \Delta x)^2 \approx a, \tag{1.16}$$

假设校正量 Δx 是个小量, 为简化计算, 展开式 (1.16) 并舍弃高阶小量 $(\Delta x)^2$, 而令

$$x_0^2 + 2x_0\Delta x = a, \tag{1.17}$$

式 (1.17) 是关于 Δx 的一次方程, 据此可以计算出 Δx, 从而对校正值 $x_1 = x_0 + \Delta x$ 有

$$x_1 = \frac{1}{2}\left(x_0 + \frac{a}{x_0}\right),$$

反复施行这种预报校正手续, 即可导出开方公式

$$x_{k+1} = \frac{1}{2}\left(x_k + \frac{a}{x_k}\right), \quad k = 0, 1, 2, \cdots, \tag{1.18}$$

从给定的某个初值 $x_0 > 0$ 出发, 利用上式反复迭代, 即可获得满足精度要求的方根值 $\sqrt{a}$. 这样设计出开方算法 1.2 及流程图 (图 1-4).

算法 1.2 (开方算法) 任给 $x_0 > 0$, 对 $k = 0, 1, 2, \cdots$ 执行算式 (1.18), 直到偏差 $|x_{k+1} - x_k| < \varepsilon$ (ε 为给定精度) 为止, 最终获得的近似值 x_{k+1} 即为所求.

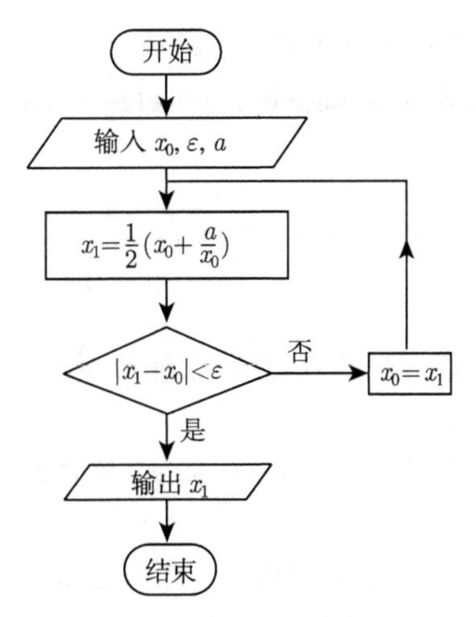

图 1-4 算法 1.2 流程图

例 1.4 用开方算法求 $\sqrt{3}$, 设 $x_0 = 1.5$.

解 $\sqrt{3}$ 的准确值为 $1.73205080\cdots$. 取 $a = 3$ 按式 (1.18) 迭代 3 次即可得出准确到 $\varepsilon = 10^{-6}$ 的结果 1.732051 (表 1-1).

表 1-1

k	x_k	k	x_k
0	1.500000	3	1.732050
1	1.750000	4	1.732050
2	1.732142	5	1.732050

开方算法虽然结构简单, 但它深刻地揭示了校正技术的设计思想. 算法设计的基本原则是将复杂计算化归为一系列简单计算的重复, 迭代法突出地体现了这一原则, 其设计机理可概括为 “以简驭繁, 逐步求精”. 所谓 “以简驭繁”, 是指构造某个简化方程近似替代原先比较复杂 (或难以求解) 的方程, 以确定所给预报值的校正量. 这种用于计算校正量的简化方程称为校正方程, 它必须满足两个基本要求, 一是与求解方程是近似的, 且逼近程度越高, 所获得的校正量越准确; 二是表达式越简单, 所需计算量越小, 且校正量通常采用显式计算获得. 因此, 校正技术就是设计校正方程, 而在设计中必须要兼顾校正方程的逼近性与简单性, 两者要求往往会顾此失彼, 逼近性高会导致校正方程的复杂化, 使计算量显著增加, 在具体设计校正方程时需要权衡得失. 所谓 “逐步求精”, 是利用校正方程计算出的校正量得到的校正值不断向满足精度的解靠近的过程.

迭代法的校正技术可以使迭代解逐步求精, 它的过程是一步一步迭代的. 超松弛技术是一种加速的提高精度的技术, 其基本思想是取两个近似值的某种加权平均值作为近似值. 假设在计算问题中获得了目标值 F^* 的两个近似值 F_0 与 F_1, 超松弛技术就是适当选取权系数 ω 来调整校正量 $\omega(F_1 - F_0)$, 以将近似值 F_0, F_1 加工成更高精度的结果 $\hat{F}$, 即

$$\hat{F} = (1-\omega)F_0 + \omega F_1 = F_0 + \omega(F_1 - F_0), \tag{1.19}$$

其中 ω 为权系数.

正是由于校正量的调整与松动, 故这种方法称为松弛技术. 权系数 ω 称为松弛因子.

如果所提供的一对近似值有优劣之分, 如 F_1 为优而 F_0 为劣, 这时往往采取如下松弛方式

$$\hat{F} = (1+\omega)F_1 - \omega F_0, \quad \omega > 0, \tag{1.20}$$

这时, 松弛技术称为超松弛技术.

考虑例 1.4 中计算 $\sqrt{3}$ 的两个近似值 $x_0 = 1.5$ 和 $x_1 = 1.75$, 按照松弛技术 (1.19), 选取松弛因子 $\omega = 0.95$ 可以得到近似值 1.7375, 选取松弛因子 $\omega = 0.92$ 可以得到近似值 1.7325. 可见, 选取合适的松弛因子, 一步计算就可以达到满足一定精度的近似值. 需强调的是, 使超松弛技术能够实现提高精度效果的关键在于松弛因子的选取, 而这恰恰非常困难. 不可思议的是, 早在两千多年以前, 我国古代数学家刘徽的 "割圆术" 正是利用超松弛技术提供了一种圆周率的计算方法, 读者可以从文献 [13] 中了解刘徽的 "割圆术" 的具体思想和求解步骤.

超松弛技术的设计机理可概括为 "优劣互补, 激浊扬清". 超松弛技术将两个有着优劣之分的近似值, 通过数据的加权平均显著地提高了精度, 且未增加额外的计算量. 这种方法在将优劣互异 (精度不同) 的两类近似值进行松弛时, 最大限度地张扬优值而抑制劣值, 从而获得高精度的松弛值.

随着数值计算方法和计算机的发展, 很多加速算法、快速算法、并行计算法及云计算法相继提出, 而这些算法的基本设计原理也离不开这两类四种算法设计的基本技术, 即减模技术与二分技术、校正技术与超松弛技术.

1.2 误差的种类及其来源

由于数学模型建立、算法、计算程序设计、计算机等多种因素, 在数值计算过程中, 出现各种误差是难免的, 误差主要分为两类: 过失性误差和非过失性误差.

1. *过失误差 (或疏忽误差)*

过失误差是由于计算者在工作中的粗心大意而产生的, 如笔误将 863 误写成 836, 以及误用公式等, 这类误差称为**过失误差**或**疏忽误差**. 它完全是人为造成的,

因此, 对于这类误差只要在工作中仔细、谨慎是完全可以避免的.

2. 非过失误差

非过失误差 在数值计算中往往是无法避免的, 如模型误差、观测误差、截断误差和舍入误差等. 但是这些非过失误差应该设法尽量降低其数值, 尤其要控制住在计算过程中的误差积累, 以确保计算结果的精度. 非过失误差主要包括模型误差、观测误差、截断误差和舍入误差.

模型误差 在建立数学模型过程中, 欲将复杂的物理现象抽象、归结为数学模型, 往往只能忽略一些次要因素的影响, 但是对问题作某些必要的简化, 这样建立起来的数学模型必定只是所研究的复杂客观现象的一种近似描述, 它与客观存在的实际问题之间有一定的差别, 这种误差称为**模型误差.**

观测误差 在建模和具体运算过程中所用的一些初始数据往往都是通过人们实际观察、测量得来的, 由于受到所用观测仪器、设备精度的限制, 这些测得的数据都只是近似的, 即存在着误差, 这种误差称为**观测误差或初值误差**.

截断误差 在不少数值运算中常遇到超越计算, 如微分、积分和无穷级数求和等, 它们需用极限或无穷过程来求得. 然而计算机却只能完成有限次算术运算和逻辑运算, 因此需将解题过程化为一系列有限的算术和逻辑运算. 这样就要对某种无穷过程进行 “截断”, 即仅保留无穷过程的前段有限序列而舍弃它的后段. 这就造成了误差, 这样误差称为**截断误差或方法误差**. 例如, 下列函数可分别展开为无穷级数:

$$\sin x = x - \frac{x^3}{3!} + \frac{x^5}{5!} - \frac{x^7}{7!} + \cdots,$$

$$\ln(1+x) = x - \frac{x^2}{2} + \frac{x^3}{3} - \frac{x^4}{4} + \cdots \quad (-1 < x < 1).$$

取级数的起始若干项的部分和作为函数值的近似计算公式, 例如取前 3 项

$$\sin x \approx x - \frac{x^3}{3!} + \frac{x^5}{5!},$$

$$\ln(1+x) \approx x - \frac{x^2}{2} + \frac{x^3}{3}.$$

由于它们的第 4 项和以后各项都舍弃了, 自然产生了误差, 其截断误差估算为

$$|R_4(x)| \leqslant \frac{x^7}{7!}, \quad |R_4(x)| \leqslant \frac{x^4}{4}.$$

舍入误差 在数值计算过程中还会用到一些无穷小数, 如无理数和有理数中某些分数化出的无限循环小数, 如 $\pi = 3.14159265\cdots$, $\sqrt{2} = 1.4142356\cdots$, $\dfrac{1}{3!} = \dfrac{1}{6} =$

0.1666666··· 等. 而计算机受机器字长的限制, 它们所能表示的数值有一定的位数限制, 这时就需要把数值四舍五入为一定位数的近似有理数来代替. 由此引起的误差称为**舍入误差或凑整误差.**

例 1.5 计算

$$x=\left(\frac{\sqrt{2}-1}{\sqrt{2}+1}\right)^3,$$

可用下列 4 种计算公式:

$$①\ x=(\sqrt{2}-1)^6;\ ②\ x=99-70\sqrt{2};\ ③\ x=\left(\frac{1}{\sqrt{2}+1}\right)^6;\ ④\ x=\frac{1}{99+70\sqrt{2}}.$$

解 如分别用近似值 $\sqrt{2}\approx 7/5=1.4$ 和 $\sqrt{2}\approx 17/12=1.4166\cdots$, 按上述四种算法公式计算, 其结果见表 1-2.

表 1-2

序号	算式	计算结果	
		$\sqrt{2}\approx 7/5$	$\sqrt{2}\approx 17/12$
1	$\left(\sqrt{2}-1\right)^6$	$\left(\frac{2}{5}\right)^6=0.0040960$	$\left(\frac{5}{12}\right)^6=0.00523278$
2	$99-70\sqrt{2}$	1	$-\frac{1}{6}=-0.16666667$
3	$\left(\frac{1}{\sqrt{2}+1}\right)^6$	$\left(\frac{5}{12}\right)^6=0.00523278$	$\left(\frac{12}{29}\right)^6=0.00501995$
4	$\frac{1}{99+70\sqrt{2}}$	$\frac{1}{197}=0.00507614$	$\frac{12}{2378}=0.00504626$

由表 1-2 可见, 按不同的算式和近似值所算出的结果各不相同. 有的相差甚大, 还出现了负值, 这真是"差之毫厘, 谬以千里". 因此, 近似值与算法的选定对计算结果的精度影响很大. 当然, 此刻还不能判别出表 1-2 中哪个计算结果更接近于 x 的真值, 需要通过误差估计和分析才能得到更合理的结果.

因此, 在研究算法的同时, 还必须正确掌握误差的基本概念、误差在近似值运算中的传播规律及其误差分析、误差估计的基本方法和数值稳定性的概念. 否则, 一个合理的算法也可能会得出一个错误的结果.

1.3 绝对误差和相对误差

1.3.1 绝对误差和绝对误差限

定义 1.1 设某一个量的准确值 (称之为真值) 为 x, 其近似值为 x^*, 则 x 与 x^* 的差

$$\varepsilon(x^*) = x - x^*,$$

称为近似值 x^* 的绝对误差, 简称误差. 当 $\varepsilon(x^*) > 0$ 时, 称为亏近似值或弱近似值, 反之则称为盈近似值或强近似值.

由于真值往往是未知或无法知道的, 因此 $\varepsilon(x^*)$ 的准确值 (真值) 也就无法求出. 但一般可估计出此绝对误差 $\varepsilon(x^*)$ 的上限, 即可以求出一个正数 η, 使

$$|\varepsilon(x^*)| = |x - x^*| \leqslant \eta, \tag{1.21}$$

此 η 称为近似值 x^* 的**绝对误差限或精度**. 有时也用

$$x = x^* \pm \eta$$

来表示式 (1.21).

注意 绝对误差可正可负, 绝对误差不是误差的绝对值.

1.3.2 相对误差和相对误差限

绝对误差具有量的概念, 但有时很难只用量的大小来衡量近似值的精确性. 例如, 测量 10cm 长度时产生的 1cm 的误差与测量 1m 长度时产生的 1cm 的误差是有很大区别的. 要解决一个量的近似值的精确度, 除了要看绝对误差的大小以外, 还必须考虑到本身的大小, 这就是相对误差.

定义 1.2 绝对误差与真值之比, 即

$$\varepsilon_r(x^*) = \frac{\varepsilon(x^*)}{x} = \frac{x - x^*}{x},$$

称为近似值的**相对误差**.

绝对误差与相对误差的关系可以表示为 $\varepsilon(x^*) = x \cdot \varepsilon_r(x^*)$, 其实相对误差也只能像绝对误差一样采取估计的方法来讨论.

定义 1.3 如果找到一个正数 δ, 使

$$|\varepsilon_r(x^*)| \leqslant \delta,$$

则称 δ 是 x^* 的相对误差限.

注意 相对误差是一个无量纲数, 是一个无名数, 而绝对误差是有名数、有量纲.

在实际计算中, 由于真值总是无法知道的, 因此往往取

$$\varepsilon_r^*(x^*) = \frac{\varepsilon(x^*)}{x^*}$$

作为相对误差的另一定义.

可以证明, 相对误差的这两种定义对计算不会有大的影响. 相对误差也可以用百分误差来表示, 即

$$\varepsilon_r^*(x^*) = \frac{\varepsilon(x^*)}{x^*} \cdot 100\%.$$

1.4 有效数字及其与误差的关系

1.4.1 有效数字

在表示一个近似值时, 为了同时反映其准确程度, 常常用到 "有效数字" 的概念. 例如, 对于无穷小数或循环小数, 可以用四舍五入的办法来取其近似值. $\pi = 3.14159265\cdots$, 若按四舍五入取四 (应为: 5) 位小数, 则得 π 的近似值为 $\pi = 3.1416$; 若取五 (应为: 6) 位小数, 则得其近似值为 $\pi = 3.14159$. 这种近似值取法的特点是绝对误差限为其**末位的半个单位**, 即

$$|\pi - 3.1416| < \frac{1}{2} \times 10^{-4}, \quad |\pi - 3.14159| < \frac{1}{2} \times 10^{-5}.$$

当近似值 x^* 的绝对误差限是其某一位上的半个单位时, 就称其 "准确" 到这一位, 且从该位起直到前面第一位非零数字为止的所有数字都称为**有效数字**.

下面给出另一种有效数字的定义, 这种定义也是求解近似值的有效数字的方法, 两种有效数字的定义其本质上是相同的.

定义 1.4 一般地, 设有一个数 x, 其近似值 x^* 的规格化形式为

$$x^* = \pm 0.\alpha_1\alpha_2\cdots\alpha_n \times 10^m, \tag{1.22}$$

式中: $\alpha_1, \alpha_2, \cdots, \alpha_n$ 都是 0, 1, 2, 3, 4, 5, 6, 7, 8, 9 中的一个数字, $\alpha_1 \neq 0$; n 是正整数; m 是整数. 若 x^* 的绝对误差限为

$$|\varepsilon(x^*)| = |x - x^*| \leqslant \frac{1}{2} \times 10^{m-n}, \tag{1.23}$$

则称 x^* 为具有 n 位有效数字的近似数, 或称它精确到 10^{m-n}. 其中每一位数字 $\alpha_1, \alpha_2, \cdots, \alpha_n$ 都是 x^* 的有效数字. 若式 (1.23) 中的 x^* 是 x 经四舍五入得到的近似数, 则 x^* 具有 n 位有效数字.

例如, 3.1416 是 π 的具有五位有效数字的近似值, 它精确到 0.0001. 同样, 由四舍五入得到的近似数 203 和 0.0203 都是具有三位有效数字. 但是要注意, 0.0203 与 0.020300 就不同了, 前者仅具有三位有效数字, 即精确到 0.0001; 而后者则具有五位有效数字, 即精确到 0.000001. 可见, 两者的精确程度完全不一样.

注意 (i) 有效数尾部零的作用.

(ii) 存疑数字的确定.

例如, $x = 0.1524$, $x^* = 0.154$. 此时 x^* 的误差 $\varepsilon(x) = -0.0016$, 其绝对误差超过了 0.0005 (第三位小数的半个单位), 但却没有超过 0.005(第二位小数的半个单位), 即

$$0.0005 < |x - x^*| \leqslant 0.005.$$

显然, x^* 虽有三位小数但却只精确到第二位小数, 因此, 它只有两位有效数字. 其中 $\alpha_1=1,\alpha_2=5$ 都是准确数字, 而第三位数字 $\alpha_3=4$ 就不再是准确数字了, 称为**存疑数字.**

(iii) 具有 n 位有效数字的近似数 x^* 虽是真值 x 的准确到第 n 位的近似值, 但这第 n 位数字有可能与真值 x 中的同一位数字不相同. 如不相同时, 两者相差 1. 例如, 3.1416 是 $\pi=3.14159265\cdots$ 的准确到小数点后第四位的近似值, 但它的末位数字是 6, 与 $\pi=3.14159265\cdots$ 真值中的小数点后第四位数字 5 不同, 两者相差 1.

(iv) 用计算机进行的数值计算, 由于受到计算机字长的限制, 要求输入的数有一定的位数, 计算的结果也只保留一定的位数, 且所保留下来的不一定都是有效数字, 同时也不是所有的有效数字都可以保留下来.

例 1.6 下列各近似值的误差限都为 0.005, 近似值 $x_1^*=2.45$, $x_2^*=-0.146$, $x_3^*=0.78\times10^{-4}$ 分别有几位有效数字?

解 由题意知误差限为 $0.005=\dfrac{1}{2}\times10^{-2}$, 则

(i) $x_1^*=2.45=0.245\times10^1$, $m=1$, 由于 $|x_1-x_1^*|\leqslant\dfrac{1}{2}\times10^{-2}$, 故 $m-n=-2$, 得 $n=3$, 因此, x_1^* 有三位有效数字.

(ii) $x_2^*=-0.146=-0.146\times10^0$, $m=0$, 由于 $|x_2-x_2^*|\leqslant\dfrac{1}{2}\times10^{-2}$, 故 $m-n=-2$, 得 $n=2$, 因此, x_2^* 有两位有效数字.

(iii) $x_3^*=0.78\times10^{-4}$, $m=-4$, 由于 $|x_3-x_3^*|\leqslant\dfrac{1}{2}\times10^{-2}$, 故 $m-n=-2$, 得 $n=-2$ 不是正整数, 因此, x_3^* 没有有效数字.

1.4.2 有效数字与相对误差的关系

由有效数字的定义 1.4 可以知道, 从有效数字可以算出近似值的绝对误差限; 有效数字的位数越多, 其绝对误差限就越小, 同时, 也可以从有效数字求出其相对误差限.

当用式 (1.22) 表示近似值具有 n 位有效数字时, 显然有

$$|x^*|\geqslant\alpha_1\times10^{m-1}, \tag{1.24}$$

故由式 (1.24) 可知, 其相对误差的绝对值

$$|\varepsilon_r^*(x^*)|=\left|\frac{\varepsilon(x^*)}{x^*}\right|\leqslant\frac{\frac{1}{2}\times10^{m-n}}{\alpha_1\times10^{m-1}}\leqslant\frac{1}{2\alpha_1}\times10^{-n+1}, \tag{1.25}$$

故相对误差限为

$$\delta=\frac{1}{2\alpha_1}\times10^{-n+1}.$$

上式表述了有效数字与其相对误差限之间的关系. 由此可见, 有效数字的位数反映了近似值的相对精度.

上述关系的逆也是成立的, 即如果用式 (1.24) 表示的近似值 x^* 的相对误差 $\varepsilon_r^*(x^*)$ 能满足

$$|\varepsilon_r^*(x^*)| \leqslant \frac{1}{2(\alpha_1+1)} \times 10^{-n+1}, \tag{1.26}$$

则 x^* 至少具有 n 位有效数字 (即至少精确到它的第 n 位). 事实上, 由式 (1.25) 及 $|x^*| < (\alpha_1+1)\times 10^{m-1}$, 得

$$|\varepsilon(x^*)| = |x^*|\,|\varepsilon_r^*(x^*)| \leqslant (\alpha_1+1)\times 10^{m-1} \times \frac{1}{2(\alpha_1+1)} \times 10^{-n+1} = \frac{1}{2}\times 10^{m-n},$$

即表示 x^* 至少具有 n 位有效数字.

例 1.7　当用 3.1416 来表示 π 的近似值时, 它的相对误差是多少?

解　3.1416 具有五位有效数字, $\alpha_1 = 3$, 由式 (1.25) 有

$$|\varepsilon_r^*(x^*)| \leqslant \frac{1}{2\times 3}\times 10^{-5+1} = \frac{1}{6}\times 10^{-4}.$$

例 1.8　要使积分 $I = \int_0^1 \mathrm{e}^{-x^2}\mathrm{d}x$ 的近似值 I^* 的相对误差不超过 0.1%, 问至少取几位有效数字? (其中 $I = 0.7467\cdots$)

解　由 $I = 0.7467\cdots$, 那么, $\alpha_1 = 7$, 由式 (1.26) 有

$$|\varepsilon_r^*(x^*)| \leqslant \frac{1}{2\times 8}\times 10^{-n+1} \leqslant 0.1\%,$$

可得 $n \geqslant 3$, 即 I^* 只要取三位有效数字 $I^* = 0.747$, 就能保证 I^* 的相对误差限不大于 0.1%.

1.5　误差的传播与估计

在介绍误差传播的规律与累积效果之前, 先来看看下面这则故事.

据说, 美军 1910 年的一次部队的命令传递是这样的.

营长对值班军官：明晚 8 点钟左右, 哈雷彗星将可能在这个地区看到, 这种彗星每隔 76 年才能看见一次. 命令所有士兵着野战服在操场上集合, 我将向他们解释这一罕见的现象. 如果下雨, 就在礼堂集合, 我为他们放一部有关彗星的影片.

值班军官对连长：根据营长的命令, 明晚 8 点哈雷彗星将在操场上空出现, 这种彗星每隔 76 年才会出现一次. 如果下雨的话, 就让士兵穿着野战服列队前往礼堂, 这一罕见的现象将在那里出现.

连长对排长：根据营长的命令，明晚 8 点，非凡的哈雷彗星将身穿野战服在礼堂中出现. 如果操场上下雨，营长将下达另一个命令，这种命令每隔 76 年才会出现一次.

排长对班长：明晚 8 点，营长将带着哈雷彗星在礼堂中出现，这是每隔 76 年才有的事. 如果下雨的话，营长将命令彗星穿上野战服到操场上去.

班长对士兵：在明晚 8 点下雨的时候，著名的 76 岁哈雷将军将在营长的陪同下身着野战服，开着他那“彗星”牌汽车，经过操场前往礼堂.

再看一下所谓的蝴蝶效应：一只南美洲亚马逊河流域热带雨林中的蝴蝶，偶尔扇动几下翅膀，可能在两周后在美国得克萨斯引起一场龙卷风 (图 1-5).

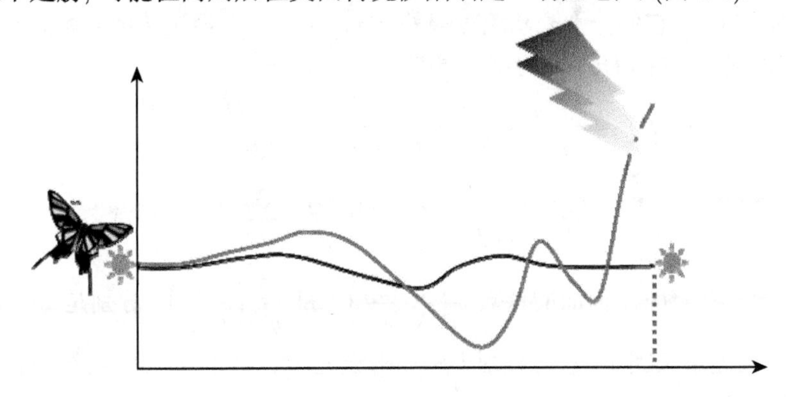

图 1-5 蝴蝶效应

上述传达命令的故事和蝴蝶效应看似有些好笑和奇怪，但实际上与误差的传播和积累是相似的. 美军部队命令经过五个人的传递已经“迥然不同”和“面目全非”了，这正刻画了误差传播的可怕性；亚马逊河的蝴蝶拍拍翅膀的小动作根本引不起大家的关注，这个小动作通过传播与累积却在美国引起了“轩然大波”，这也正刻画了误差累积的可怕性，这跟“千里之堤，溃于蚁穴”的道理是一样的. 同样，如果在数值计算方法中不重视误差的传播和积累，即使一个好的算法也可能达到坏的效果.

1.5.1 误差估计的一般公式

在实际的数值计算中，参与运算的数据往往都是些近似值，有误差. 这些数据误差在多次运算过程中会进行传播，研究传播的规律是确定计算结果所能达到精度的重要判别标准. 这里介绍一种常用的误差估计的一般公式，它是利用函数的泰勒 (Taylor) 展开得到的，Taylor 公式在数值计算方法的构造和误差分析中起着极其重要的作用.

为了方便，以二元函数 $y = f(x_1, x_2)$ 为例，设 x_1^* 和 x_2^* 分别是 x_1 和 x_2 的近

似值, y^* 是函数值 y 的近似值, 且 $y^* = f(x_1^*, x_2^*)$, 利用函数在 (x_1^*, x_2^*) 点处的泰勒展开式, 并略去高阶无穷小, 有

$$y = f(x_1, x_2) \approx f(x_1^*, x_2^*) + \left(\frac{\partial f}{\partial x_1}\right)^* \cdot \varepsilon(x_1^*) + \left(\frac{\partial f}{\partial x_2}\right)^* \cdot \varepsilon(x_2^*).$$

因此, y^* 的绝对误差

$$\varepsilon(y^*) = y - y^* = f(x_1, x_2) - f(x_1^*, x_2^*) \approx \left(\frac{\partial f}{\partial x_1}\right)^* \cdot \varepsilon(x_1^*) + \left(\frac{\partial f}{\partial x_2}\right)^* \cdot \varepsilon(x_2^*), \quad (1.27)$$

式中, $\varepsilon(x_1^*)$ 和 $\varepsilon(x_2^*)$ 前面的系数 $\left(\frac{\partial f}{\partial x_1}\right)^*$ 和 $\left(\frac{\partial f}{\partial x_2}\right)^*$ 分别是 x_1^* 和 x_2^* 对 y^* 的绝对误差增长因子, 它们分别表示绝对误差 $\varepsilon(x_1^*)$ 和 $\varepsilon(x_2^*)$ 经过传播后增大或缩小的倍数. 并由式 (1.27) 得出 y^* 的相对误差

$$\begin{aligned}\varepsilon_r^*(y^*) &= \frac{\varepsilon(y^*)}{y^*} \approx \left(\frac{\partial f}{\partial x_1}\right)^* \cdot \frac{\varepsilon(x_1^*)}{y^*} + \left(\frac{\partial f}{\partial x_2}\right)^* \cdot \frac{\varepsilon(x_2^*)}{y^*} \\ &= \frac{x_1^*}{y^*}\left(\frac{\partial f}{\partial x_1}\right)^* \cdot \varepsilon_r^*(x_1^*) + \frac{x_2^*}{y^*}\left(\frac{\partial f}{\partial x_2}\right)^* \cdot \varepsilon_r^*(x_2^*),\end{aligned} \quad (1.28)$$

式中, $\varepsilon_r^*(x_1^*)$ 和 $\varepsilon_r^*(x_2^*)$ 前面的系数 $\frac{x_1^*}{y^*}\left(\frac{\partial f}{\partial x_1}\right)^*$ 和 $\frac{x_2^*}{y^*}\left(\frac{\partial f}{\partial x_2}\right)^*$ 分别是 x_1^* 和 x_2^* 对 y^* 的相对误差增长因子, 它们分别表示相对误差 $\varepsilon_r^*(x_1^*)$ 和 $\varepsilon_r^*(x_2^*)$ 经过传播后增大或缩小的倍数.

式 (1.27) 和式 (1.28) 可以推广到一般的多元函数 $y = f(x_1, x_2, \cdots, x_n)$ 中, 具体形式为

$$\varepsilon(y^*) \approx \sum_{i=1}^{n}\left[\left(\frac{\partial f}{\partial x_i}\right)^* \cdot \varepsilon(x_i^*)\right], \quad (1.29)$$

$$\varepsilon_r^*(y^*) \approx \sum_{i=1}^{n}\left[\frac{x_i^*}{y^*}\left(\frac{\partial f}{\partial x_i}\right)^* \cdot \varepsilon_r^*(x_i^*)\right], \quad (1.30)$$

式 (1.29) 和式 (1.30) 中的 $\left(\frac{\partial f}{\partial x_i}\right)^*$ 和 $\frac{x_i^*}{y^*}\left(\frac{\partial f}{\partial x_i}\right)^*$ $(i = 1, 2, \cdots, n)$ 分别为每个 $x_i (i = 1, 2, \cdots, n)$ 对 y^* 的绝对误差和相对误差的增长因子.

通过对函数的 Taylor 展开式分析可知, 当误差增长因子的绝对值很大时, 数据误差在运算中传播后, 可能会造成结果的很大误差. 当原始数据 x_i 的微小变化可能引起结果 y 的很大变化的这类问题, 称为**病态问题或坏条件问题**.

1.5.2 误差在算术运算中的传播

可以利用式 (1.29) 和式 (1.30) 对加、减、乘、除、乘方和开方等算术运算中数据误差的传播规律作具体分析.

1. 加、减运算

由式 (1.29) 和式 (1.30), 有

$$\varepsilon\left(\sum_{i=1}^{n} x_i^*\right) \approx \sum_{i=1}^{n} \varepsilon(x_i^*), \tag{1.31}$$

$$\varepsilon_r^*\left(\sum_{i=1}^{n} x_i^*\right) \approx \sum_{i=1}^{n} \frac{x_i^*}{\sum\limits_{i=1}^{n} x_i^*} \varepsilon_r^*(x_i^*), \tag{1.32}$$

由式 (1.31) 知, **近似值之和的绝对误差等于各近似值的绝对误差的代数和**.

当两近似数 x_1^* 和 x_2^* 相减时, 由式 (1.32) 有

$$\varepsilon_r^*(x_1^* - x_2^*) \approx \frac{x_1^*}{x_1^* - x_2^*}\varepsilon_r^*(x_1^*) - \frac{x_2^*}{x_1^* - x_2^*}\varepsilon_r^*(x_2^*),$$

即

$$|\varepsilon_r^*(x_1^* - x_2^*)| \leqslant \left|\frac{x_1^*}{x_1^* - x_2^*}\right| |\varepsilon_r^*(x_1^*)| + \left|\frac{x_2^*}{x_1^* - x_2^*}\right| |\varepsilon_r^*(x_2^*)|.$$

当 $x_1^* \approx x_2^*$, 即大小接近的两个同号近似值相减时, 由上式可知, 这时 $|\varepsilon_r^*(x_1^* - x_2^*)|$ 可能会很大, 说明计算结果的有效数字将严重损失, 计算精度很低. 因此在实际计算中, 应尽量设法避开相近数的相减. 当实在无法避免时, 可用变换计算公式的办法来解决. 例如, 当要求计算 $\sqrt{3.01} - \sqrt{3}$, 结果精确到第五位数字时, $\sqrt{3.01}$ 和 $\sqrt{3}$ 分别至少取到八位有效数字, 即 $\sqrt{3.01} = 1.7349352$ 和 $\sqrt{3} = 1.7320508$, 这样 $\sqrt{3.01} - \sqrt{3} = 2.8844 \times 10^{-3}$, 才能达到具有五位有效数字的要求. 如果变换算式

$$\sqrt{3.01} - \sqrt{3} = \frac{3.01 - 3}{\sqrt{3.01} + \sqrt{3}} = \frac{0.01}{1.7349 + 1.7321} = 2.8843 \times 10^{-3},$$

也能达到结果具有五位有效数字的要求, 而这时只需要五位有效数字, 远比直接相减所需要有效位数 (八位) 少.

2. 乘法运算

由式 (1.29) 和式 (1.30) 有

$$\varepsilon(x_1^* x_2^*) \approx x_2^* \varepsilon(x_1^*) + x_1^* \varepsilon(x_2^*), \tag{1.33}$$

和

$$\varepsilon_r^*(x_1^* x_2^*) \approx \varepsilon_r^*(x_1^*) + \varepsilon_r^*(x_2^*). \tag{1.34}$$

由式 (1.34) 可知, **近似值之积的相对误差等于相乘各因子的相对误差的代数和**. 又由式 (1.33) 可知, 当乘数的绝对值很大时, 乘积的绝对误差 $\left|\varepsilon\left(\prod\limits_{i=1}^{n} x_i^*\right)\right|$ 可能会很大, 因此应设法避免.

3. 除法运算

由式 (1.29) 和式 (1.30) 有

$$\varepsilon\left(\frac{x_1^*}{x_2^*}\right) \approx \frac{1}{x_2^*}\varepsilon(x_1^*) - \frac{x_1^*}{(x_2^*)^2}\varepsilon(x_2^*) = \frac{x_1^*}{x_2^*}[\varepsilon_r^*(x_1^*) - \varepsilon_r^*(x_2^*)] \tag{1.35}$$

和

$$\varepsilon_r^*\left(\frac{x_1^*}{x_2^*}\right) \approx \varepsilon_r^*(x_1^*) - \varepsilon_r^*(x_2^*). \tag{1.36}$$

由式 (1.35) 可知, **两近似值之商的相对误差等于被除数的相对误差与除数的相对误差之差**. 又由式 (1.35) 可知, 当除数的绝对值很小、接近于零时, 商的绝对误差可能会很大, 甚至造成计算机的 “溢出” 错误, 故应设法避免让绝对值太小的数作为除数.

4. 乘方及开方运算

由式 (1.29) 和式 (1.30) 有

$$\varepsilon((x^*)^p) \approx p(x^*)^{p-1}\varepsilon(x^*)$$

和

$$\varepsilon_r^*((x^*)^p) \approx p\varepsilon_r^*(x^*). \tag{1.37}$$

由式 (1.37) 可知, 乘方运算将使结果的相对误差增大为原来的 p(乘数次数) 次方倍, 降低了精度; 同理, 开方运算则使结果的相对误差缩小为原来的 $1/q$ (q 为开方的方次数), 精度得到了提高.

综上分析可知, 大小相近的同号数相减、乘数的绝对值很大以及除数接近于零等, 在数值计算中都应设法避免.

例 1.9　应用上述误差估计的公式, 对例 1.5 中的各种算式作出误差估计和分析, 从而可以比较出它们的优劣, 见表 1-3.

表 1-3

序号	近似值	真值	绝对误差	相对误差
1	$\frac{7}{5}-1=0.4$	$\sqrt{2}-1$	0.0142	0.0355=3.55%
	$\left(\frac{7}{5}-1\right)^6=0.004096$	$(\sqrt{2}-1)^6$	0.000955	$6\times 0.0355=21.3\%$

续表

序号	近似值	真值	绝对误差	相对误差
2	$99-70\times\frac{7}{5}=1$	$99-70\sqrt{2}$	-0.995	$-0.995=-99.5\%$
3	$\frac{1}{\frac{7}{5}+1}=0.416667$	$\frac{1}{\sqrt{2}+1}$	-0.00245	$-0.00589=-0.589\%$
	$\left(\frac{1}{\frac{7}{5}+1}\right)^6=0.00523278$	$\left(\frac{1}{\sqrt{2}+1}\right)^6$	-0.000182	$-6\times 0.00589=-3.53\%$
4	$\frac{1}{99+70\times\frac{7}{5}}=0.00507614$	$\frac{1}{99+70\times\sqrt{2}}$	-0.0000255	$-0.00502=-0.502\%$

由表 1-3 可见, 从相对误差来看, 前两种算法比后两种大很多, 这是因为 $\left(\frac{7}{5}-1\right)$ 及 $\left(99-70\times\frac{7}{5}\right)$ 都是相近数相减, 这使计算结果的有效数字位数显著减少, 第 2 种算式尤其严重, 而第 3 和第 4 种算法的有效数字的损失较少. 由于近似值的 p 次乘方的相对误差是该近似值本身相对误差的 p 倍, 因此, 在后两种算法中以第 4 种算式为最佳, 这是因为它的乘幂小 (为 1), 故其误差最小. 可见所选用的算法不同时其计算结果的精度有时会相差甚远. 从上分析知, 最好的算式 (第 4 种) 的相对误差只有 -0.502%, 而最差的算式 (第 2 种) 却高达 -99.5%, 两者相差约达 200 倍. 由此可见, 算法对数值计算的重要程度.

1.6 算法的数值稳定性及其注意事项

1.6.1 算法的数值稳定性

合适地选择算法可以提高计算的速度和效率, 但是在解决实际计算问题时, 还必须考虑算法的收敛性、稳定性及其误差分析. 这是因为对于同一个计算问题, 不同算法计算的结果其精度往往大不相同, 这可能是由初始数据的误差或是舍入误差在计算过程中传播积累造成的, 这种积累效果直接影响到计算结果的精度, 有时甚至直接影响到计算的成败. 近似计算中误差是不可避免的, 但不能无限扩大, 如何控制误差的传播, 是设计算法时必须考虑的问题, 这就是算法的数值稳定性问题.

一个算法如果输入数据有误差, 而在计算过程中舍入误差不增长, 则称此算法是**数值稳定**的, 否则称此算法为不稳定的. 换句话说, 若误差传播是可控制的, 则称此算法是**数值稳定**的, 否则为不稳定.

例 1.10 若序列 $\{y_n\}$ 满足递推关系

$$\begin{cases} y_0 = \sqrt{2}, \\ y_n = 10y_{n-1} - 1 \quad (n = 1, 2, \cdots). \end{cases}$$

问这个计算过程是否稳定?

解 设 y_0^* 有误差 e_0, 假设在计算过程中不产生新的舍入误差, 则

$$e_n = y_n^* - y_n = 10y_{n-1}^* - 10y_{n-1} = 10e_{n-1} = \cdots = (10)^n e_0 \quad (n = 1, 2, \cdots),$$

即原始数据 y_0^* 的误差 e_0 经递推公式计算一次, 误差就扩大 10 倍, 因此, 这个计算过程是不稳定的.

若递推公式修改为

$$\begin{cases} y_0 = \sqrt{2}, \\ y_n = \dfrac{1}{10}y_{n-1} - 1 \quad (n = 1, 2, \cdots). \end{cases}$$

在上述同样的假设前提下, 原始数据 y_0^* 的误差 e_0 经递推公式计算一次, 误差就缩小 1/10 倍, 因此, 这个计算过程是稳定的.

例 1.11 解方程

$$x^2 - (10^9 + 1)x + 10^9 = 0.$$

解 由韦达定理可知, 此方程的两个精确解为 $x_1 = 10^9, x_2 = 1$.

如果利用一元二次方程的求根公式

$$x_{1,2} = \frac{-b \pm \sqrt{b^2 - 4ac}}{2a} \tag{1.38}$$

来编制计算机程序, 在字长为 8, 基底为 10 的计算机上进行运算, 则由于计算机实际上采用的是规格化浮点数的运算, 这时

$$-b = 10^9 + 1 = 0.1 \times 10^{10} + 0.00000000\boxed{01} \times 10^{10}$$

的第二项中最后两位数 "01", 由于计算机字长的限制, 在机器上表示不出来, 故在计算机对阶舍入运算 (用标记 $\triangleq$) 时,

$$-b \triangleq 0.1 \times 10^{10} + 0.00000000 \times 10^{10} = 0.1 \times 10^{10} = 10^9,$$

$$\sqrt{b^2 - 4ac} = \sqrt{[-(10^9 + 1)]^2 - 4 \times 10^9} \triangleq 10^9,$$

所以

$$x_1 = \frac{-b+\sqrt{b^2-4ac}}{2a} \triangleq \frac{10^9+10^9}{2} = 10^9,$$

$$x_2 = \frac{-b-\sqrt{b^2-4ac}}{2a} \triangleq \frac{10^9-10^9}{2} = 0,$$

这样算出的根 $x_2(=0)$ 显然是严重失真的 (因为精确解 $x_2=1$), 这说明直接利用式 (1.38) 求解方程式是不稳定的. 其原因是在于当计算机进行加、减运算时要对阶舍入计算, 实际上是受机器字长的限制, 在计算 $-b$ 时绝对值小的数 (1) 被绝对值大的数 (10^9)"淹没" 了, 在计算 $\sqrt{b^2-4ac}$ 时, 4×10^9 被 $[-(10^9+1)]^2$ "淹没"; 这些相对小的数被 "淹没" 后就无法发挥其应有的作用, 由此带来了误差, 造成计算结果的严重失真.

这时, 如要提高计算的数值稳定性, 必须改进算法. 在此例中, 由于算出的根 $x_1=10^9$ 是可靠的, 故可利用根与系数的关系

$$x_1x_2 = \frac{c}{a}$$

来计算 x_2, 有

$$x_2 = \frac{c}{ax_1} \triangleq \frac{10^9}{1\times10^9} = 1.$$

所得结果很好. 这说明第二种算法有较好的数值稳定性 (注意在利用根与系数关系式求第二个根时, 必须先算出绝对值较大的一个根, 然后再求另一个根, 才能得到精度较高的结果, 为什么? 见实验 1 的第 1 题). 同理, 当多个数在计算机中相加时, 最好从其绝对值最小的数到绝对值最大的数依次相加, 可减少误差.

1.6.2 数值计算中应该注意的问题

通过以上这些例子可以看出, 算法的数值稳定性对于数值计算的重要性, 若无足够的稳定性, 将会导致计算的最终失败. 为了防止误差传播和积累带来的危害, 提高计算的稳定性, 将前面分析所得的各种结果归纳起来, 得到数值计算中应注意的几点 (防止误差传播的若干方法):

(i) 应选用数值稳定的计算算法, 避开不稳定的算式.

(ii) 注意简化计算步骤及公式, 设法减少运算次数; 选用运算次数少的算式, 尤其是乘方幂次要低, 乘法和加法的次数要少, 以减少舍入误差的积累, 同时也可以节约计算机的计算时间.

(iii) 应合理安排运算顺序, 防止参与运算的数在数量级相差悬殊时, 大数 "淹没" 小数的现象发生; 多个数相加时, 最好从其中绝对值最小的数到绝对值最大的

数依次相加; 多个数相乘时, 最好从其中有效位数最多的数到有效位数最少的依次相乘.

(iv) 应避免相近两数相减, 可用变换公式的方法来解决.

(v) 绝对值太小的数不宜作为除数, 否则产生的误差过大, 甚至会在计算机中造成 "溢出" 错误.

例 1.12 当 N 充分大时, 如何计算 $\int_N^{N+1}\frac{\mathrm{d}x}{1+x^2}$?

解 因为

$$\int_N^{N+1}\frac{\mathrm{d}x}{1+x^2}=\arctan(N+1)-\arctan N,$$

当 N 充分大时, $\arctan(N+1)-\arctan N$ 属于两个相近数相减, 会导致有效数字的损失, 引起算法的不稳定性, 作如下变形便可避免有效数字的损失.

$$\begin{aligned}\int_N^{N+1}\frac{\mathrm{d}x}{1+x^2}&=\arctan(\tan((\arctan(N+1)-\arctan N)))\\&=\arctan\frac{(N+1)-N}{1+(N+1)N}=\arctan\frac{1}{1+(N+1)N}.\end{aligned}$$

数 值 实 验

舍入误差在数值计算中是一个很重要的概念, 在实际计算中, 如果选用了不同的算法, 由于舍入误差的影响, 将会得到截然不同的结果, 因此, 选取数值稳定的算法, 在数值计算中是十分重要的.

例 1.13 计算 $I_n=\int_0^1\frac{x^n}{x+10}\mathrm{d}x$, $n=1,2,\cdots,10$.

解 (1) 分析和求解步骤.

由 $I_n=\int_0^1\frac{x^n}{x+10}\mathrm{d}x$, 知 $I_{n-1}=\int_0^1\frac{x^{n-1}}{x+10}\mathrm{d}x$, 则

$$I_n+10I_{n-1}=\int_0^1\frac{x^n+10x^{n-1}}{x+10}\mathrm{d}x=\int_0^1 x^{n-1}\mathrm{d}x=\frac{1}{n}.$$

可得递推关系

① $I_n=\frac{1}{n}-10I_{n-1}$, $n=1,2,\cdots,10$. ② $I_{n-1}=\frac{1}{10}\left(\frac{1}{n}-I_n\right)$, $n=10,9,\cdots,1$.

下面分别以①, ②递推关系求解.

方案 1 $I_n=\frac{1}{n}-10I_{n-1}$, $n=1,2,\cdots,10$

当 $n=0$ 时, $I_0=\int_0^1\frac{1}{x+10}\mathrm{d}x=\ln\frac{11}{10}=\ln 1.1$, 递推公式为

$$\begin{cases} I_n = \dfrac{1}{n} - 10I_{n-1}, & n = 1, 2, \cdots, 10, \\ I_0 = \ln 1.1 \approx 0.095310. \end{cases} \tag{1.39}$$

方案 2 $I_{n-1} = \dfrac{1}{10}\left(\dfrac{1}{n} - I_n\right)$, $n = 10, 9, \cdots, 1$. 当 $0 < x < 1$ 时, $\dfrac{1}{11}x^n \leqslant \dfrac{x^n}{x+10} \leqslant \dfrac{1}{10}x^n$, 则

$$\int_0^1 \frac{1}{11}x^n \mathrm{d}x \leqslant \int_0^1 \frac{x^n}{x+10}\mathrm{d}x \leqslant \int_0^1 \frac{1}{10}x^n \mathrm{d}x,$$

即

$$\frac{1}{11(n+1)} \leqslant I_n \leqslant \frac{1}{10(n+1)}.$$

取递推初值 $I_{10} \approx \dfrac{1}{2}\left[\dfrac{1}{11(10+1)} + \dfrac{1}{10(10+1)}\right] = \dfrac{21}{220(10+1)}$, 递推公式为

$$\begin{cases} I_{n-1} = \dfrac{1}{10}\left(\dfrac{1}{n} - I_n\right), & n = 10, 9, \cdots, 1, \\ I_{10} = \dfrac{21}{220(10+1)} \approx 0.008678. \end{cases} \tag{1.40}$$

(2) 程序 (MATLAB 程序).

```
clear
I1=zeros(1,11);
I2=zeros(1,11);
I1(1)=0.095310;
for i=2:11
    I1(i)=1/(i-1)-10*I1(i-1); %利用计算公式 (1.39) 计算出的值
end
format long; I1
I2(11)=0.008678;
for j=11:-1:2
    I2(j-1)=(1/10)*(1/(j-1)-I2(j)); %利用计算公式 (1.40) 计算出的值
end
format long; I2
```

注意: MATLAB 中数组的索引必须是正整数.

(3) 计算结果见表 1-4.

表 1-4

n	I_n (方案 1)	I_n (方案 2)
0	0.095310	0.095310
1	−0.453100	0.046898
2	4.864333	0.031018
3	−48.393333	0.023153
4	484.133333	0.018465
5	−4841.166667	0.015353
6	48411.8095238	0.013138
7	−484117.9702381	0.011481
8	4841179.8134921	0.010188
9	−48411798.0349206	0.009232
10	484117980.349207	0.008223
11	−4841179804.317821	0.008678

(4) 实验结果分析. 由递推公式 (1.39) 知当 $I_0 = \ln 1.1$ 时, I_n 应当为精确解, 递推公式的每一步都没有误差的取舍, 但计算结果出现负值. 由此看出, 当 n 较大时, 用递推公式 (1.39) 得 I_n 是不正确的. 由于初值 $I_0 = 0.095310$ 不是精确值. 设初始误差 $e(I_0)$, 由递推公式 (1.39) 可知

$$e(I_n) = -10e(I_{n-1}),$$

则有

$$e(I_n) = -10e(I_{n-1}) = -100e(I_{n-2}) = (-10)^n e(I_0),$$

显然, 误差 $e(I_n)$ 随 n 的增大而迅速增加, 增加到 $e(I_0)$ 的 $(-10)^n$ 倍. 由此可见, 递推公式计算的误差不仅取决于初值的误差和公式的精确性, 还依赖于误差的传播的稳定性.

由递推公式 (1.40) 知 $I_{10} \approx 0.008678$, I_n 为估计值, 并不精确, 有 $|e(I_{10})| \leqslant \dfrac{1}{1210}$, 而由 $e(I_{n-1}) = -\dfrac{1}{10}e(I_n)$, 得

$$e(I_0) = \left(-\frac{1}{10}\right)^n e(I_n),$$

显然, 误差 $e(I_0)$ 随 n 的增大而逐渐缩小, 说明误差的传播得到了很好的控制. 综上所述, 在递推计算中, 数值计算方法是非常重要的, 误差估计、误差传播及递推计算的稳定性都会直接影响计算结果.

小　结

算法是数值计算方法这门课程的核心内容. 算法是一种构造性的数值方法, 不但要论证问题的可解性, 而且解的结构是通过数值演算过程来完成的. 针对同一个实际计算问题, 可以从不同出发点提出很多算法来解决. 衡量一个算法的有效性与合理性, 需要考虑算法的收敛性、稳定性及其误差分析. 衡量一个算法的优越性, 需要考虑算法的时间和空间复杂性. 算法的设计是解决问题的关键, 计算机上的数值算法设计大致有两类: 减模技术与提精技术, 其具体的技术分类和设计思想见表 1-5. 显然, 四种设计技术并不是孤立的, 它们彼此有着深刻的联系, 二分技术是缩减技术的延伸, 超松弛技术是校正技术的优化.

表 1-5

设计技术		设计原理	设计思想
减模技术	模减 1 技术	大事化小, 小事化了	化大为小
	模减半 (二分) 技术	刚柔相推, 变在其中	变慢为快
提精技术	校正技术	以简化繁, 逐步求精	化难为易
	超松弛技术	优劣互补, 激浊扬清	变糙为精

计算机上的算法各式各样, 但万变不离其宗, 无论哪一种数值算法, 其设计原理都是将复杂转化为简单的重复, 或是通过简单的重复生成复杂. 值得指出的是, 在数值计算方法的发展中, 人们一直试图追求具有精度高、速度快且计算量小的数值计算格式, 但遗憾的是, 在实际计算中并不能得到如此完美的数值计算方法, 而只能得到在精度、速度或计算量某一方面具有相对优势的算法. 这是因为, 在算法设计中为了得到某一方面 (精度、速度或计算量) 的优势往往要以失去另一方面 (精度、速度或计算量) 作为付出的代价.

总之, 数值计算方法是一门非常实用的课程, 但它的有趣和神秘需要实践才能真正体会, 在今后各章节的学习中, 读者将会更深入地体会到它们在解决实际问题的作用与魅力.

习　题　1

1. 给出秦九韶算法的流程图.

2. 考虑数列的累加求和, 将其奇偶项两两合并, 这种设计能使求解规模减半吗?

3. 选取适当的算法技术求

$$C=\prod_{i=0}^{n}\left(\frac{1}{2}a_i\right)$$

的累乘求积算法.

4. 讨论三次开方的算法如何设计?

5. 已知 $\sqrt{2}=1.41421356\cdots$, 其近似值 $x_1=1.4$, $x_2=1.41$, $x_3=1.413$ 各有几位有效数字?

6. 已知近似数 x 有三位有效数字, 试求其相对误差限.

7. 已知近似数 x 的相对误差限为 0.4%, 问 x 至少有几位有效数字?

8. 考虑例 1.2 中计算 $\sqrt{3}$ 的两个近似值 $x_0=1.5$ 和 $x_1=1.75$, 按照超松弛技术计算满足三位有效数字的近似值, 此时松弛因子为多少?

9. 为尽量避免有效数字的严重损失, 当 $|x|\ll 1$ 时应如何加工下列计算公式?

(1) e^x-1;　　(2) $\dfrac{1}{1+2x}-\dfrac{1-x}{1+x}$;　　(3) $1-\cos x$.

10. 按照以下两个计算公式计算积分值 $I_n=\displaystyle\int_0^1\frac{x^n}{x+5}\mathrm{d}x\ (n=0,1,2,\cdots)$, 说明哪个计算公式是稳定的.

(1) $I_n=\dfrac{1}{n}-5I_{n-1}$;　　(2) $I_{k-1}=\dfrac{1}{5}\left(\dfrac{1}{k}-I_k\right)\ (k=n,n-1,\cdots,1)$.

实　验　1

1. 已知一元二次方程 $ax^2+bx+c=0$ 的两个实根 $x_1=\dfrac{-b+\sqrt{b^2-4ac}}{2a}$, $x_2=\dfrac{-b-\sqrt{b^2-4ac}}{2a}$, 试编写当 $b^2\gg|4ac|$ 时求两个实根的算法程序, 并用该程序计算二次方程 $x^2-64x+1=0$ 的两个根, 使它至少具有四位有效数字.

2. 对 $n=0,1,2,\cdots,20$ 计算定积分

$$y_n=\int_0^1 x^n\mathrm{e}^{x-1}\mathrm{d}x.$$

分别采用下面两个递推公式进行计算, 并比较实验结果分析出哪个算法是稳定的, 并给出具体原因.

递推公式 (1) $y_n=1-ny_{n-1}(n=1,2,\cdots,20)$;

递推公式 (2) $y_{n-1}=\dfrac{1-y_n}{n}(n=20,19,\cdots,1)$.

3. 用下列两种方法计算 e^{-5} 的近似值, 问哪种方法能提供较好的近似值?

(1) $\mathrm{e}^{-5}\approx\displaystyle\sum_{i=0}^{9}(-1)^i\frac{5^i}{i!}=x_1^*$;　　(2) $\mathrm{e}^{-5}\approx\left(\displaystyle\sum_{i=0}^{9}\frac{5^i}{i!}\right)^{-1}=x_2^*$.

4. 编写秦九韶算法程序, 并用该程序计算多项式 $P(x)=x^5+3x^3-2x+6$ 在自变量 $x=1.1,1.2,1.3$ 时的值.

秦九韶简介

秦九韶 (1202—1261), 字道古, 汉族, 生于普州安岳 (今四川安岳, 安岳曾隶属内江). 南宋官员、数学家, 与李冶、杨辉、朱世杰并称宋元数学四大家. 精研星象、

音律、算术、诗词、弓剑、营造之学, 历任琼州知府、司农丞, 后遭贬, 卒于梅州任所, 1247 年完成著作《数书九章》, 其中的大衍求一术 (一次同余方程组问题的解法, 也就是现在所称的中国剩余定理)、三斜求积术和秦九韶算法 (高次方程正根的数值求法) 是有世界意义的重要贡献, 表述的一种求解一元高次多项式方程的数值解的算法–正负开方术, 即开高次方和解高次方程, 领先英国霍纳 (1819 年) 五百余年. 《数书九章》最重要的两项成果是"正负开方术"和"大衍求一术", 正负开方术 (或称秦九韶算法) 给出了一般高次代数方程, 即

$$a_0x^n + a_1x^{n-1} + \cdots + a_{n-1}x + a_n = 0$$

的解的完整算法, 其系数可正可负. 一般地, 这类方程求解需要经过 $\dfrac{n(n+1)}{2}$ 次乘法和 n 次加法, 而秦九韶将其转化为 n 个一次式的求解, 只需要 n 次乘法和 n 次加法. 即便在计算机时代的今天, 秦九韶算法仍然有重要的意义.

图 1-6 秦九韶

大衍求一术明确地给出了孙子定理的严格表述, 用现代数学语言来讲就是, 设 $m_1, m_2, \cdots, m_k$ 是两两互素的大于 1 的正整数, 则对任意的整数 $a_1, a_2, \cdots, a_k$, 下列一次同余式组

$$x \equiv a_i(\text{mod} m_i), \quad 1 \leqslant i \leqslant k$$

关于模 $m = m_1m_2\cdots m_k$ 有且仅有一解. 秦九韶还给出了求解的过程, 为此他需要讨论下列同余式

$$ax \equiv 1(\text{mod} m)$$

其中 a 和 m 互素. 他用到了初等数论里的辗转相除法 (欧几里得算法), 并称其为"大衍求一术". 这个方法是完全正确且十分严密的, 它在密码学中有重要的应用.

主要参考文献

[1] Richtmyer R D, Morton K W. Difference Methods for Initial-Value Problems (Tracts in Pure & Applied Mathematics) [M]. 2nd ed. Hoboken: Wiley, 1967.

[2] 冯康等. 数值计算方法 [M]. 北京: 国防工业出版社, 1978.

[3] 张德荣, 王新民, 高安民. 计算方法与算法语言 [M]. 北京: 高等教育出版社, 1981.

[4] 石钟慈, 袁亚湘. 奇效的计算 —— 大规模科学与工程计算的理论和方法 [M]. 长沙: 湖南科学技术出版社, 1998.

[5] 易大义, 陈道琦. 数值计算方法引论 [M]. 杭州: 浙江大学出版社, 1998.

[6] 杨东屏, 李昂生. 可计算性理论 [M]. 北京: 科学出版社, 1997.

[7] 李大扬, 王能超, 易大义. 数值计算方法 [M]. 4 版. 北京：清华大学出版社, 施普林格出版社, 2001.
[8] 黄铎. 数值计算方法 [M]. 北京：科学出版社, 2002.
[9] 石钟慈. 第三种科学方法 —— 计算机时代的科学计算 [M]. 北京：清华大学出版社, 2001.
[10] 黄明游, 刘播, 徐涛. 数值计算方法 [M]. 北京：科学出版社, 2005.
[11] 王能超. 计算方法简明教程 [M]. 北京：高等教育出版社, 2004.
[12] 杜廷松, 沈艳军, 覃太贵. 数值计算方法及实验 [M]. 北京：科学出版社, 2006.
[13] 王能超. 计算方法 —— 算法设计及其 MATLAB 实现 [M]. 武汉：华中科技大学出版社, 2010.
[14] 马昌凤. 现代数值计算方法 (MATLAB 版)[M]. 北京：科学出版社, 2008.

第2章 插值方法

导 读

引例 2.1 某集团公司试图分析该公司的产量与生产费用之间的关系, 从所属企业中随机抽选了 5 个样本, 得到数据见表 2-1.

表 2-1

产量/台	40	48	65	79	120
生产费用/万元	150	160	175	182	190

请由这些数据合理估计出其他产量 (如 60 台) 时的生产费用.

引例 2.2 计算 $y=\mathrm{e}^{\sqrt{\sin(0.2)}}$.

引例 2.3 根据输油管、抽油管、钢丝绳、供水管道等高成本铺设管道的漏磁检测数据信号 (健康数据、缺陷数据和非缺陷数据), 确定管道缺陷的位置、长度、宽度与深度, 并确定三维空间上缺陷的详细信息, 从而解决实际问题.

上述 3 个引例涉及以下 3 个问题:

(1) 产品生产中的成本计算.

(2) 具有复杂表达式的函数值计算.

(3) 数据的处理.

事实上, 在许多实际问题中, 需要用函数 $y=f(x)$ 来表示某种内在规律的数量关系. 由于其中相当一部分函数是基于实验或者观测数据得到的, 因此这些函数 $y=f(x)$ 有的只是提供了离散个点 $x_i(i=0,1,\cdots,n)$ 的函数值 $y_i(i=0,1,\cdots,n)$, 有的即使知道 $y=f(x)$ 在某个区间 $[a,b]$ 上存在且连续, 但是函数关系往往很复杂, 甚至没有解析表达式. 为了研究函数 $y=f(x)$ 的变化规律, 往往需要知道其他点 $x\neq x_i(i=0,1,\cdots,n)$ 的函数值. 因此, 我们根据观测数据构造一个既能反映函数的特征, 又便于计算的简单函数 $p(x)$, 用这个简单函数 $p(x)$ 作为 $f(x)$ 的近似函数, 然后通过处理 $p(x)$ 获得关于 $f(x)$ 的结果. 如果要求近似函数 $p(x)$ 取给定的离散数据, 则称之为 $f(x)$ 的插值函数.

插值方法是函数逼近的一种重要方法, 是数值计算的基本课题. 函数逼近是数学中的基本问题之一, 其本质是讨论如何用简单函数近似地代替一个复杂函数的方法、理论及其实现.

插值方法是一种古老的数学方法. 特别值得指出的是, 我国古代天文学家在制定历法的过程中曾深入研究过插值方法, 并取得了辉煌的成就. 例如, 中唐僧一行编成的《大衍历》, 导出了不等距节点的插值公式. 晚唐徐昂制成《宣明历》, 所使用的插值技术正是近代广泛运用的所谓 "有限差分方法"[1].

在近代, 插值方法仍然是数据处理的常用工具, 主要应用于采矿、地质模拟、地球化学、机器人研究、电磁干扰分析等领域[2~18].

本章主要内容: 插值的基本概念、拉格朗日插值公式、埃特金逐步插值方法、泰勒插值、埃尔米特插值公式、分段插值、样条插值以及最小二乘曲线拟合.

本章所需要的数学基础知识与理论: 线性方程组解的存在唯一性定理, 范德蒙德行列式及其性质.

2.1 插 值 概 念

在实际应用中, 假设通过实验或测量计算获得若干点 x_i 上的函数值 $y_i = f(x_i)$, 其对应关系见表 2-2.

表 2-2

x	x_0	x_1	x_2	$\cdots$	x_n
y	y_0	y_1	y_2	$\cdots$	y_n

所谓插值, 就是设法利用已知数据求出给定点 x 的函数值 y.

一般地, 设函数 $f(x)$ 在区间 $[a,b]$ 上有定义, 且在 $n+1$ 个不同的点 $a \leqslant x_0, x_1, \cdots, x_n \leqslant b$ 上分别取值 $y_0, y_1, \cdots, y_n$. 取函数 $p(x) \in \{\Phi(x)\}$, 使得

$$p(x_i) = y_i \quad (i = 0, 1, \cdots, n), \tag{2.1}$$

而在其他点 $x \neq x_i$ 上, 作为函数 $f(x)$ 的近似. 称 $[a,b]$ 为**插值区间**, 点 $x_0, x_1, \cdots, x_n$ 为**插值节点**, 式 (2.1) 为**插值条件**, $\{\Phi(x)\}$ 函数类为**插值函数类**, 如代数多项式 (多项式), 三角多项式 (傅里叶级数), 有理函数等. $p(x)$ 称为函数 $f(x)$ 在节点 $x_0, x_1, \cdots, x_n$ 处的插值函数. 求插值函数 $p(x)$ 的方法称为**插值法**.

选用不同类型的插值函数 (代数多项式、三角函数和有理函数等), 逼近的效果不同. 由于代数多项式的结构简单, 数值计算和理论分析都很方便, 在实际应用中, 常取代数多项式作为插值函数, 这就是所谓的**多项式插值**, 这是本章的重点.

2.1.1 多项式插值问题

求作一个次数不高于 n 的多项式 $p_n(x)$ (以后简称 n 次多项式 $p_n(x)$), 使满足条件

$$p_n(x_i) = y_i \quad (i = 0, 1, \cdots, n), \tag{2.2}$$

就是所谓的**拉格朗日 (Lagrange) 插值**. 用几何语言来表述这类插值：通过平面上已知的 $n+1$ 个点 (x_i, y_i) $(i = 0, 1, \cdots, n)$, 求作一条 n 次代数曲线 $y = p_n(x)$ 作为 $y = f(x)$ 的近似. 从图 2-1 可以直观地给出 n 次插值多项式的几何意义.

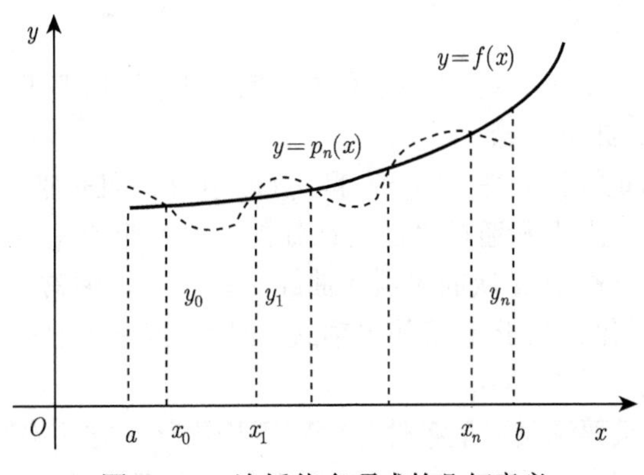

图 2-1　n 次插值多项式的几何意义

对于插值问题, 主要解决以下三个问题：

(i) 插值问题的解是否存在? 若解存在, 是否唯一?

(ii) 如果满足上述条件的插值多项式存在, 则应如何求解或构造?

(iii) 给定的是 $f(x)$ 的数据点 $(x_i, y_i)(i = 0, 1, \cdots, n)$, 由这些数据点所构造的多项式函数 $p(x)$ 虽然通过这些点 $(x_i, y_i)(i = 0, 1, \cdots, n)$, 即在这些点上, 插值多项式函数值与原来的函数值相等 $(p(x_i) = y_i, i = 0, 1, \cdots, n)$, 但是利用插值多项式计算的其他点 $(x \neq x_i, i = 0, 1, \cdots, n)$ 上的函数值 $p(x)$ 与原来的函数值 $y = f(x)$ 存在误差 $R(x) = y - p(x)(x \neq x_i, i = 0, 1, \cdots, n)$, 这个误差有多大?

2.1.2 插值多项式的存在唯一性

首先, 讨论多项式插值问题的可解性. 设所求的插值多项式为

$$p_n(x) = a_0 + a_1 x + a_2 x^2 + \cdots + a_n x^n,$$

则满足插值条件 (2.2) 具体写出来是关于系数 $a_0, a_1, a_2, \cdots, a_n$ 的线性方程组

$$\begin{cases} a_0 + a_1 x_0 + a_2 x_0^2 + \cdots + a_n x_0^n = y_0, \\ a_0 + a_1 x_1 + a_2 x_1^2 + \cdots + a_n x_1^n = y_1, \\ \qquad\qquad \cdots\cdots \\ a_0 + a_1 x_n + a_2 x_n^2 + \cdots + a_n x_n^n = y_n, \end{cases}$$

其系数行列式就是大家熟悉的范德蒙德 (Vandermonde) 行列式

$$V = \begin{vmatrix} 1 & x_0 & x_0^2 & \cdots & x_0^n \\ 1 & x_1 & x_1^2 & \cdots & x_1^n \\ \vdots & \vdots & \vdots & & \vdots \\ 1 & x_n & x_n^2 & \cdots & x_n^n \end{vmatrix}.$$

可以证明, 如果节点 $x_0, x_1, x_2, \cdots, x_n$ 互不相同, 则行列式 V 的值必不为零. 据此, 由线性代数知识, 有如下结论.

定理 2.1　满足插值条件 (2.2) 的解 $p_n(x)$ 存在并且是唯一的.

定理 2.1 在几何上表示通过平面上已知的 $n+1$ 个点 $(x_i, y_i)(i = 0, 1, \cdots, n)$, 可作唯一一条次数不高于 n 次的多项式曲线 $y = p_n(x)$. 通常, $y = p_n(x)$ 的次数为 n 次, 有时 $p_n(x)$ 退化为低于 n 次的多项式. 例如, 当 $n+1(n > 1)$ 个互异点共线时, $p_n(x)$ 就退化为一次多项式.

定理 2.1 表明只要满足插值条件 (2.2), 无论用什么方法构造出的不高于 n 次多项式 $p_n(x)$ 都是同一多项式. 定理 2.1 不仅解决了多项式插值 $y = p_n(x)$ 的存在和唯一性问题, 而且给出了求 $y = p_n(x)$ 的具体方法 (通过求解方程组, 得到 $p_n(x)$ 的 $n+1$ 个系数, 从而确定出 $p_n(x)$).

虽然从理论上讲, 多项式插值问题唯一可解, 但是通过求解线性方程组的办法来确定插值多项式的系数 $a_0, a_1, a_2, \cdots, a_n$, 计算量大. 尤其是当节点个数 n 比较大时, 用克拉默法则求解对应的线性方程组几乎是不可能的, 这一点在第 1 章就曾经讨论过. 从而, 在实际应用中是不方便的. 因此, 必须讨论构造求插值多项式的实用、快捷方法.

插值多项式的构造能否回避求解线性方程组呢? 回答是肯定的. 下面提供插值多项式的显式表达式.

2.2　拉格朗日插值公式

先考虑简单的两点插值.

2.2.1　两点插值

设给定含有两个节点的数据表 (表 2-3), 求作一次多项式 $p_1(x)$, 使满足条件

$$p_1(x_i) = y_i \quad (i = 0, 1). \tag{2.3}$$

从几何图形上看, $y = p_1(x)$ 表示通过两点 (x_i, y_i) $(i = 0, 1)$ 的直线, 因此, 一次插值也称为**线性插值**.

问题 2.1　设给定数据表 2-3, 求作满足条件 (2.3) 的插值公式.

表 2-3

x	x_0	x_1
y	y_0	y_1

上述简单的线性插值, 它的解 $p_1(x)$ 可以用下面的**点斜式**来表示

$$p_1(x) = y_0 + \frac{y_1 - y_0}{x_1 - x_0}(x - x_0). \tag{2.4}$$

线性插值公式 (2.4) 也可表示为下列**对称式**:

$$p_1(x) = \frac{x - x_1}{x_0 - x_1}y_0 + \frac{x - x_0}{x_1 - x_0}y_1. \tag{2.5}$$

若令

$$l_0(x) = \frac{x - x_1}{x_0 - x_1}, \quad l_1(x) = \frac{x - x_0}{x_1 - x_0},$$

则有

$$p_1(x) = l_0(x)y_0 + l_1(x)y_1. \tag{2.6}$$

注意, 这里的 $l_0(x)$ 和 $l_1(x)$ 分别可以看成满足下列条件:

$$l_0(x_0) = 1, \quad l_0(x_1) = 0,$$

$$l_1(x_0) = 0, \quad l_1(x_1) = 1,$$

的插值多项式. 这两个特殊的插值多项式称为线性插值的**插值基函数** (图 2-2 和图 2-3).

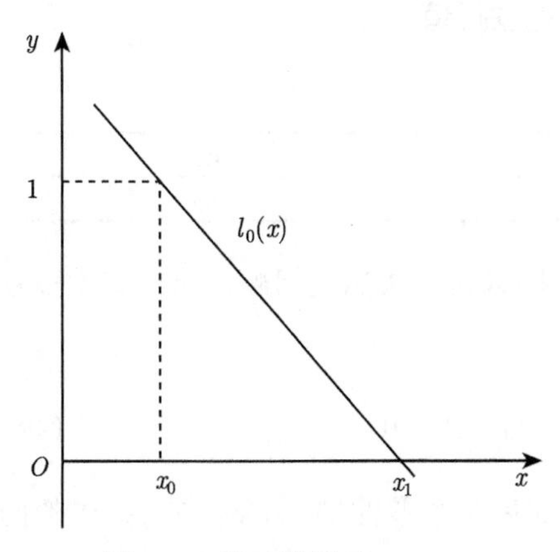

图 2-2　基函数图示 1

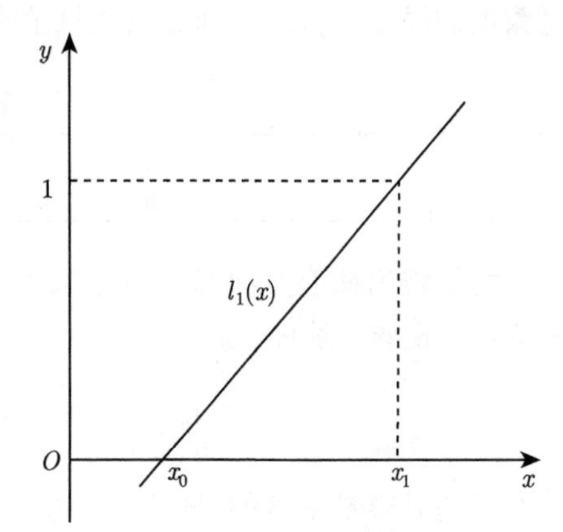

图 2-3　基函数图示 2

式 (2.6) 表明, 插值问题 2.1 的解 $p_1(x)$ 可以通过插值基函数 $l_0(x)$ 和 $l_1(x)$ 线性组合得出, 且组合系数恰为所给数据 y_0 和 y_1, 即插值条件.

例 2.1 已知 $\sqrt{4}=2, \sqrt{9}=3$, 求 $y=\sqrt{7}$ 的近似值.

解 考虑函数 $f(x)=\sqrt{x}$, 这里有 $x_0=4, y_0=2, x_1=9, y_1=3$. 于是有基函数如下

$$l_0(x)=\frac{x-9}{4-9}=-\frac{1}{5}(x-9), \quad l_1(x)=\frac{x-4}{9-4}=\frac{1}{5}(x-4),$$

插值多项式为

$$p_1(x)=l_0(x)y_0+l_1(x)y_1=\frac{1}{5}(x+6),$$

所以

$$\sqrt{7}\approx p_1(7)=2.6.$$

事实上 $y=\sqrt{7}$ 的精确值为 $2.64575\cdots$, 故绝对误差为

$$\sqrt{7}-p_1(7)=\sqrt{7}-2.6=2.64575\cdots-2.6\approx 0.04575.$$

2.2.2 三点插值

线性插值仅利用了两个节点上的信息, 准确度自然较低. 为了提高准确度, 进一步考察下述三点插值.

问题 2.2 设给定含有三个节点的数据表 (表 2-4), 求作二次多项式 $p_2(x)$, 使满足条件

$$p_2(x_i)=y_i \quad (i=0,1,2). \tag{2.7}$$

二次插值的几何解释是, 用通过三点 (x_i,y_i) $(i=0,1,2)$ 的抛物线 $p_2(x)$ 来近似所考察的曲线 $y=f(x)$, 因此, 这类插值也称为**抛物插值**.

表 2-4

x	x_0	x_1	x_2
y	y_0	y_1	y_2

为了得出插值多项式 $p_2(x)$, 先解决一个特殊的二次插值问题: 求作二次多项式 $l_0(x)$, 使满足条件

$$l_0(x_0)=1, \quad l_0(x_1)=l_0(x_2)=0. \tag{2.8}$$

这个问题是容易求解的, 事实上, 由式 (2.8) 的后两个条件知, x_1, x_2 是 $l_0(x)$ 的两个零点, 因此有

$$l_0(x)=c(x-x_1)(x-x_2).$$

再利用条件 $l_0(x_0)=1$ 可以确定系数 c, 结果得出

$$l_0(x)=\frac{(x-x_1)(x-x_2)}{(x_0-x_1)(x_0-x_2)}.$$

类似地可以构造出满足条件

$$l_1(x_1)=1,\quad l_1(x_0)=l_1(x_2)=0,$$

$$l_2(x_2)=1,\quad l_2(x_0)=l_2(x_1)=0$$

的插值多项式 $l_1(x)$ 与 $l_2(x)$, 其表达式分别为

$$l_1(x)=\frac{(x-x_0)(x-x_2)}{(x_1-x_0)(x_1-x_2)},\quad l_2(x)=\frac{(x-x_0)(x-x_1)}{(x_2-x_0)(x_2-x_1)},$$

这样构造出的 $l_0(x)$, $l_1(x)$ 和 $l_2(x)$ 称为抛物插值的**插值基函数**.

设取已知数据 y_0,y_1,y_2 作为组合系数, 将插值基函数 $l_0(x)$, $l_1(x)$ 和 $l_2(x)$ 组合得

$$p_2(x)=\frac{(x-x_1)(x-x_2)}{(x_0-x_1)(x_0-x_2)}y_0+\frac{(x-x_0)(x-x_2)}{(x_1-x_0)(x_1-x_2)}y_1+\frac{(x-x_0)(x-x_1)}{(x_2-x_0)(x_2-x_1)}y_2. \tag{2.9}$$

容易看出, 这样构造出的 $p_2(x)$ 满足条件 (2.7), 因而它就是问题 2.2 的解.

例 2.2 已知 $\sqrt{4}=2,\sqrt{9}=3,\sqrt{16}=4$, 求 $y=\sqrt{7}$ 的近似值.

解 考虑函数 $f(x)=\sqrt{x}$, 这里 $x_0=4,y_0=2,x_1=9,y_1=3,x_2=16,y_2=4$. 基函数分别是

$$l_0(x)=\frac{(x-9)(x-16)}{(4-9)(4-16)}=\frac{1}{60}(x-9)(x-16),$$
$$l_1(x)=\frac{(x-4)(x-16)}{(9-4)(9-16)}=-\frac{1}{35}(x-4)(x-16),$$
$$l_2(x)=\frac{(x-4)(x-9)}{(16-4)(16-9)}=\frac{1}{84}(x-4)(x-9).$$

将 $l_0(x)$,$l_1(x)$,$l_2(x)$ 和 y_0,y_1,y_2 代入式 (2.9) 可得插值多项式为

$$\begin{aligned}p_2(x)&=\frac{(x-x_1)(x-x_2)}{(x_0-x_1)(x_0-x_2)}y_0+\frac{(x-x_0)(x-x_2)}{(x_1-x_0)(x_1-x_2)}y_1+\frac{(x-x_0)(x-x_1)}{(x_2-x_0)(x_2-x_1)}y_2\\&=\frac{-x^2+55x+216}{210},\end{aligned}$$

所以

$$\sqrt{7}\approx p_2(7)=2.6285714\cdots.$$

因为 $y=\sqrt{7}$ 的精确值为 $2.64575\cdots$, 绝对误差大约为 0.0172, 结果比例 2.1 更精确.

2.2.3 多点插值

问题 2.3 对于给定的数据表 2-2, 求作一个 n 次多项式 $p_n(x)$, 满足插值条件 (2.2).

仿照线性插值和抛物插值所采用的方法, 仍从构造所谓插值基函数入手. 这里的**插值基函数** $l_i(x)(i=0,1,2,\cdots,n)$ 是 n 次多项式, 且满足条件

$$l_i(x_j)=\begin{cases}1, & i=j,\\ 0, & i\neq j.\end{cases} \tag{2.10}$$

这表明除 x_i 以外的所有节点都是 $l_i(x)(i=0,1,2,\cdots,n)$ 的零点, 因而

$$l_i(x)=c\prod_{\substack{j=0\\ j\neq i}}^{n}(x-x_j),$$

而按条件 $l_i(x_i)=1$ 可以确定其中的系数 c, 结果有

$$c=\prod_{\substack{j=0\\ j\neq i}}^{n}\frac{1}{x_i-x_j},$$

因此, 有

$$l_i(x)=\prod_{\substack{j=0\\ j\neq i}}^{n}\frac{x-x_j}{x_i-x_j}.$$

利用插值基函数容易得出问题 2.3 的解

$$p_n(x)=\sum_{i=0}^{n}l_i(x)y_i=\sum_{i=0}^{n}\left(\prod_{\substack{j=0\\ j\neq i}}^{n}\frac{x-x_j}{x_i-x_j}\right)y_i. \tag{2.11}$$

事实上, 由于每个插值基函数 $l_i(x)(i=0,1,2,\cdots,n)$ 都是 n 次式, $p_n(x)$ 的次数不高于 n, 又根据式 (2.10) 有

$$p_n(x_j)=\sum_{i=0}^{n}l_i(x_j)y_i=y_j,$$

即 $p_n(x)$ 满足插值条件 (2.2).

式 (2.11) 称为拉格朗日插值公式, 该公式的形式对称、结构紧凑, 因而容易编程 (算法 2.1 及图 2-4). 事实上, 式 (2.11) 在逻辑结构上表现为二重循环.

算法 2.1 (拉格朗日插值) 设给定数据表 $(x_i, y_i), i = 0, 1, \cdots, n$ 及插值节点 x.

第一步 对 $i = 0, 1, \cdots, n$, 计算

$$l_i(x) = \prod_{\substack{j=0 \\ j \neq i}}^{n} \frac{x - x_j}{x_i - x_j}.$$

第二步 按照式 (2.11) 计算

$$y = \sum_{i=0}^{n} l_i(x) y_i,$$

求得插值结果 y.

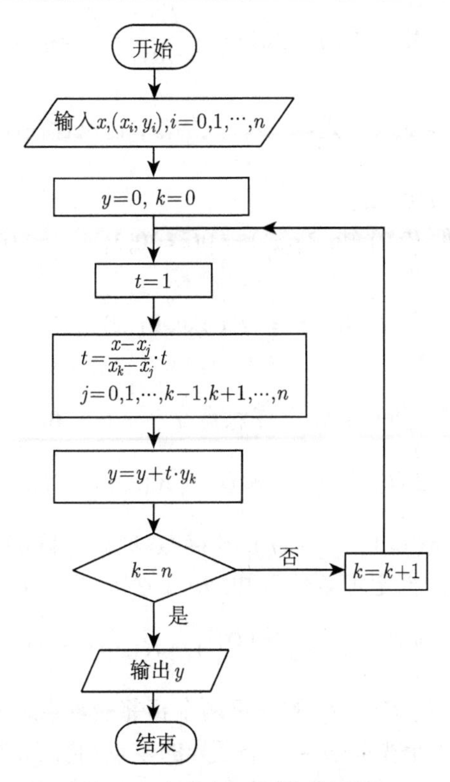

图 2-4 拉格朗日插值算法图

2.2.4 插值余项

依据 $f(x)$ 的数据表构造出它的插值函数 $p_n(x)$, 然后在给定点 x 计算 $p_n(x)$ 的值作为 $f(x)$ 的近似值, 这一过程称为插值. 点 x 则称为**插值点**.

在插值区间 $[a, b]$ 上用插值多项式 $p_n(x)$ 近似代替函数 $f(x)$ 时, 除了在插值节

点 $x_i(0 \leqslant i \leqslant n)$ 上没有误差外, 在插值点 x 处一般存在误差. 若记

$$R_n(x) = f(x) - p_n(x),$$

则 $R_n(x)$ 就是用多项式 $p_n(x)$ 替代函数 $f(x)$ 时所产生的截断误差, 称 $R_n(x)$ 为插值多项式 $p_n(x)$ 的余项. 利用简单的插值函数 $p_n(x)$ 替代原来复杂的函数 $f(x)$, 这种方法是否有效, 关键要分析截断误差是否满足所要求的精度. 下面导出著名的拉格朗日余项定理.

定理 2.2 设 $f(x)$ 在区间 $[a,b]$ 内有连续的直到 $n+1$ 阶导数, $x_i(i=0,1,2,\cdots,n)$ 为区间 $[a,b]$ 上 $n+1$ 个互异的节点, 且 $f(x_i)=y_i(i=0,1,2,\cdots,n)$ 已知, 则当 $x\in[a,b]$ 时, 对于由式 (2.11) 给出的 $p_n(x)$, 成立

$$R_n(x) = f(x) - p_n(x) = \frac{f^{(n+1)}(\xi)}{(n+1)!}\omega_{n+1}(x), \tag{2.12}$$

式中 $\omega_{n+1}(x) = \prod\limits_{k=0}^{n}(x-x_k)$, ξ 是与 x 有关的点, 它包含在由点 $x_0,x_1,\cdots,x_n$ 和 x 所界定的范围内, 因而 $\xi\in[a,b]$.

证明 由插值条件 (2.2) 知 $R_n(x_i)=0(i=0,1,\cdots,n)$, 即插值节点都是 $R_n(x)$ 的零点, 故可设

$$R_n(x) = K(x)\omega_{n+1}(x), \tag{2.13}$$

其中 $K(x)$ 为待定函数.

下面求 $K(x)$. 对于区间 $[a,b]$ 上任意点 $x\neq x_i(i=0,1,\cdots,n)$ 作辅助函数

$$F(t) = f(t) - p_n(t) - K(x)\omega_{n+1}(t).$$

显然 $F(x)=F(x_i)=0(i=0,1,\cdots,n)$, 即函数 $F(t)$ 在区间 $[a,b]$ 内有 $n+2$ 个零点 $x,x_i(i=0,1,\cdots,n)$. 据定理条件可知, $F(t)$ 在 $[a,b]$ 上有直到 $n+1$ 阶导数, 且

$$F^{(n+1)}(t) = f^{(n+1)}(t) - K(x)(n+1)!. \tag{2.14}$$

由罗尔 (Rolle) 定理可知, 在 $F(t)$ 的任意两个相邻的零点之间 $F'(t)$ 至少有一个零点. 故 $F'(t)$ 在 (a,b) 内至少有 $n+1$ 个互异的零点, 再对 $F''(t)$ 用罗尔定理, 可得 $F''(t)$ 在 (a,b) 内至少有 n 个互异的零点. 反复用罗尔定理, 可推得 $F^{(n+1)}(t)$ 在 (a,b) 内至少有一个零点, 记为 ξ, 则

$$F^{(n+1)}(\xi) = 0.$$

于是由式 (2.14) 得

$$f^{(n+1)}(\xi) - K(x)(n+1)! = 0,$$

即

$$K(x) = f^{(n+1)}(\xi)/(n+1)!.$$

将它代入式 (2.13), 即得式 (2.12).

当 $n=1$ 时, 取 $x_0=a, x_n=b$, 则由式 (2.12) 得到线性插值余项为

$$R_1(x) = f(x) - p_1(x) = \frac{f''(\xi)}{2!}(x-a)(x-b), \quad a<\xi<b.$$

令 $x_1 - x_0 = b - a = h, x = x_0 + th, 0<t<1$, 则

$$\omega_2(x) = -t(1-t)h^2.$$

易证, 当 $0<t<1$ 时, $t(1-t)$ 的最大值为 $\frac{1}{4}$, 从而

$$|R_1(x)| \leqslant \frac{h^2}{8}|f''(\xi)|. \tag{2.15}$$

当 $n=2$ 时, 由式 (2.12) 得到抛物插值的余项为

$$R_2(x) = f(x) - p_2(x) = \frac{f'''(\xi)}{3!}(x-x_0)(x-x_1)(x-x_2), \quad a<\xi<b.$$

上述拉格朗日余项定理刻画了拉格朗日插值的某些基本特征, 具有重要的理论价值. 又由于在余项公式中含有因子 $\omega_{n+1}(t) = \prod_{k=0}^{n}(t-x_k)$, 如果插值点 x 偏离插值节点 x_i 较远, 插值效果可能就不会太理想. 通常称插值节点所界定的范围 $[\min\limits_{0\leqslant i\leqslant n} x_i, \max\limits_{0\leqslant i\leqslant n} x_i]$ 为插值区间, 如果插值点 x 位于插值区间内, 这种插值过程称为**内插**, 否则称为**外推 (插)**, 同时余项定理 2.2 还表明插值的外推过程是不可靠的.

例 2.3 在物理学和工程中的一个误差函数

$$f(x) = \frac{2}{\sqrt{\pi}}\int_0^x \mathrm{e}^{-t^2}\mathrm{d}t$$

的函数值 $f(4)$ 和 $f(5)$ 已给. 假设在 4 和 5 之间用线性插值计算近似值, 问误差多大?

解 作线性插值多项式 $p_1(x)$. 根据误差估计 (2.15), 有

$$R_1(x) = f(x) - p_1(x) \leqslant \frac{(5-4)^2}{8}|f''(\xi)|, \quad 4<\xi<5.$$

由于

$$f'(x) = \frac{2}{\sqrt{\pi}}\mathrm{e}^{-x^2},$$

$$f''(x) = -\frac{4x}{\sqrt{\pi}}\mathrm{e}^{-x^2},$$

$$f'''(x) = \frac{4}{\sqrt{\pi}}(2x^2-1)\mathrm{e}^{-x^2} > 0, \quad x\in(4,5),$$

因此

$$\max_{x\in[4,5]}|f''(x)|=\max(|f''(4)|,|f''(5)|)=|f''(4)|<1.01586\times10^{-6},$$

故得

$$|R_1(x)|=|f(x)-p_1(x)|\leqslant\frac{1}{8}\max_{x\in[4,5]}|f''(x)|<0.127\times10^{-6}.$$

拉格朗日插值公式 (2.11) 是个累乘累加的二重算式, 它的结构紧凑；其中各个节点地位对等, 形式也很对称. 从数学的角度看, 这个公式很美.

不过, 在实际运用时, 如果需要增加一个节点, 则其所有系数都要重算 (不具有“承袭性”), 这造成计算量的浪费.

因此, 需要探索一种算法, 既具有拉格朗日插值公式 (2.11) 的优点, 又可以灵活地增加插值节点, 且具有所谓的 “承袭性”.

2.3　埃特金算法

前面已反复指出, 算法设计的基本要求是, 追求 “简单与统一”, 即将复杂化归为简单的重复, 或者说, 通过简单的重复生成复杂. 对于拉格朗日插值, 自然以两点插值最为简单. 本节将阐明这样一个奇妙的事实：多点的拉格朗日插值可以化归为两点插值的重复.

首先, 为插值多项式引入一个新的表述方法.

$p_{i,j}(x)$ 表示通过节点 $x_0,x_1,\cdots,x_i$ 以及 x_j (共 $i+2$ 个节点) 的 $i+1$ 次插值多项式. 其中, 第一个下标 i 表示插值多项式通过前 $i+1$ 个连续节点, 而第二个下标 j 表示插值多项式还通过第 $i+2$ 个节点 x_j. 例如：

$p_{k-1,k}(x)$ 表示通过节点 $x_0,x_1,\cdots,x_{k-1}$ 以及 x_k (共 $k+1$ 个节点) 的 k 次插值多项式.

$p_{k-1,k+1}(x)$ 表示通过节点 $x_0,x_1,\cdots,x_{k-1}$ 以及 x_{k+1} (共 $k+1$ 个节点) 的 k 次插值多项式.

对于插值多项式 $p_{k-1,k}(x)$ 和 $p_{k-1,k+1}(x)$, 它们通过的节点数是相同的, 都通过 $k+1$ 个节点, 它们都是 k 次插值多项式. 但是由于它们有一个节点不同, 因此它们是不同的, 余项也是不同的.

对于给定的插值点 x, 先考察数据 $(x_i,y_i)(i=0,1,2)$ 的三点插值.

根据式 (2.9), 可知由数据 (x_i,y_i) $(i=0,1)$ 与 (x_i,y_i) $(i=0,2)$ 的两点插值的结果分别为

$$p_{0,1}(x)=\frac{x-x_1}{x_0-x_1}y_0+\frac{x-x_0}{x_1-x_0}y_1,\tag{2.16}$$

$$p_{0,2}(x)=\frac{x-x_2}{x_0-x_2}y_0+\frac{x-x_0}{x_2-x_0}y_2. \tag{2.17}$$

将 $p_{0,1}(x)$ 与 $p_{0,2}(x)$ 分别作为节点 x_1, x_2 的新数据, 即产生一个新的含数据 $(x_1, p_{0,1}), (x_2, p_{0,2})$ 的两点插值问题. 于是根据式 (2.6) 有

$$p_{1,2}(x)=\frac{x-x_2}{x_1-x_2}p_{0,1}(x)+\frac{x-x_1}{x_2-x_1}p_{0,2}(x). \tag{2.18}$$

将式 (2.16) 和式 (2.17) 代入式 (2.18), 并整理得

$$p_{1,2}(x)=\frac{(x-x_1)(x-x_2)}{(x_0-x_1)(x_0-x_2)}y_0+\frac{(x-x_0)(x-x_2)}{(x_1-x_0)(x_1-x_2)}y_1+\frac{(x-x_0)(x-x_1)}{(x_2-x_0)(x_2-x_1)}y_2.$$

将上式与式 (2.9) 对照可知, 数据 $(x_1, p_{0,1}), (x_2, p_{0,2})$ 通过两点插值的结果 $p_{1,2}(x)$ 恰是数据 $(x_i, y_i)(i=0,1,2)$ 的三点插值的结果. 即三点插值可化归为两点插值的重复.

上述过程还可以继续进行下去.

一般地, 将两个 k 次插值 $p_{k-1,k}(x)$ 和 $p_{k-1,l}(x)(l>k)$ 再作线性插值, 结果得到 $k+1$ 次插值 $p_{k,l}(x)$, 即有递推公式

$$p_{k,l}(x)=\frac{x-x_l}{x_k-x_l}p_{k-1,k}(x)+\frac{x-x_k}{x_l-x_k}p_{k-1,l}(x). \tag{2.19}$$

式 (2.19) 表明, 利用两个 k 次插值多项式的结果再做线性插值, 结果得到 $k+1$ 次插值多项式.

反复执行这一算法, 令每一步增添一个新的节点, 直到遍历所有的节点为止, 这就是所谓的**埃特金 (Aitken) 逐步插值算法**, 可以构造出下面的插值表 (表 2-5).

表 2-5

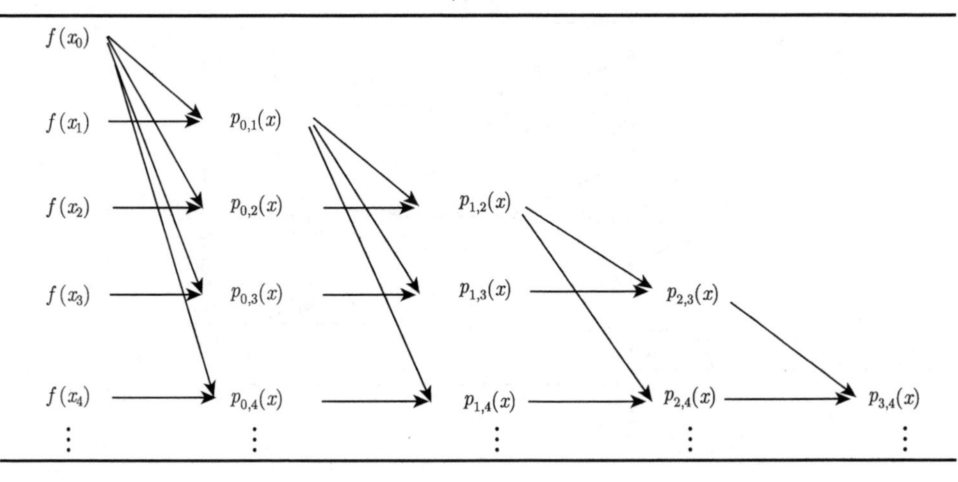

算法 2.2 (埃特金算法)　设给定数据表 $(x_i, y_i), i = 0, 1, \cdots, n$, 插值节点 x 和精度 ε.

第一步　按公式计算　记 $p_{-1,i}(x) = y_i, i = 0, 1, \cdots, n$. 对 $l = 1, 2, \cdots$, 按照公式 (2.19) 计算

$$p_{k,l}(x) = \frac{x - x_l}{x_k - x_l} p_{k-1,k}(x) + \frac{x - x_k}{x_l - x_k} p_{k-1,l}(x), \quad k = 0, 1, \cdots, l-1.$$

第二步　检查计算误差　当 $|p_{l,l+1} - p_{l-1,l}| < \varepsilon$ 时, 计算终止, 并输出 $p_{l,l+1}$.

第三步　自然停机　当 $l = n$ 时, 输出 $p_{l-1,l}$ 作为插值结果.

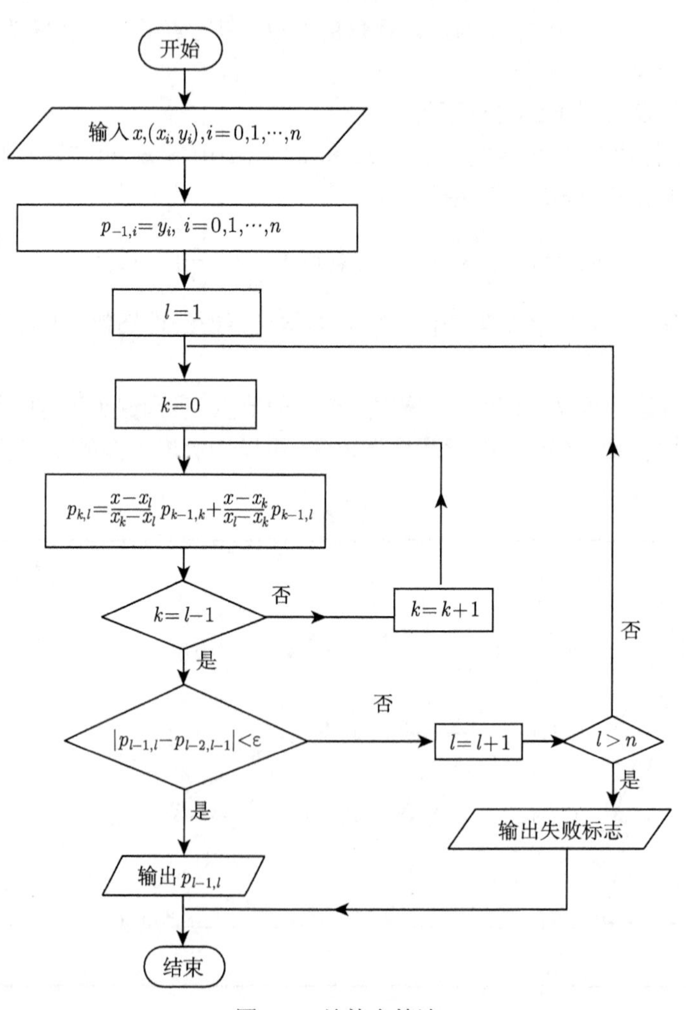

图 2-5　埃特金算法

例 2.4 根据数据点 (表 2-6) 求出埃特金插值多项式, 并计算当 $x = 1.5$ 时的 $y = \sin\alpha$ 的近似值.

表 2-6

x	1	1.3	1.7	2.6	3.9
y	0.8415	0.9636	0.9917	0.5155	−0.6878

解 根据埃特金算法, 得计算结果见表 2-7.

表 2-7

x_i	y_i	$p_{0,i}$	$p_{1,i}$	$p_{2,i}$	$p_{3,i}$
1	0.8415				
1.3	0.9636	1.0449497			
1.7	0.9917	0.9487523	0.9968510		
2.6	0.5155	0.7396055	0.9979736	0.9966015	
3.9	−0.6878	0.5778094	1.0090158	0.9957451	0.997367

于是其插值多项式为

$$p_4(x) = 0.0329281x^4 - 0.20481x^3 - 0.0171243x^2 + 1.05985x - 0.0293465,$$

且 $p_4(x)$ 在点 $x = 1.5$ 的值为 0.997367. 表 2-6 中的数据是按照 $y = \sin x$ 给出的, $\sin 1.5 \approx 0.997495$, 由此可以看出埃特金逐步算法的精度是比较高的.

注 虽然埃特金逐步算法将高次插值转化为了线性插值的简单重复, 但是其结果还是满足插值条件 (2.2) 的拉格朗日插值结果, 故其余项仍然满足式 (2.12).

2.4 埃尔米特插值公式

2.4.1 泰勒插值

已知泰勒多项式

$$p_n(x)=f(x_0)+f'(x_0)(x-x_0)+\frac{f''(x_0)}{2!}(x-x_0)^2+\cdots+\frac{f^{(n)}(x_0)}{n!}(x-x_0)^n \tag{2.20}$$

与 $f(x)$ 在点 x_0 具有相同的各阶导数值

$$p_n^{(k)}(x_0) = f^{(k)}(x_0), \quad k = 0, 1, \cdots, n.$$

因此, $p_n(x)$ 在点 x_0 邻近会很好地逼近 $f(x)$. 因而它可以作为下述泰勒插值的解.

问题 2.4 求作 n 次多项式 $p_n(x)$, 使满足下述条件

$$p_n^{(k)}(x_0) = f^{(k)}(x_0), \quad k = 0, 1, \cdots, n,$$

这里 $f^{(k)}(x_0)(k=0,1,\cdots,n)$ 为一组已知数据.

容易看出, 对于给定的函数 $f(x)$, 若导数值 $p_n^{(k)}(x_0)=f^{(k)}(x_0)\,(k=0,1,\cdots,n)$ 已给出, 则上述泰勒插值问题的解就是泰勒多项式 (2.20). 其插值余项为

$$R_n(x)=\frac{f^{(n+1)}(\xi)}{(n+1)!}(x-x_0)^{n+1}, \tag{2.21}$$

式中 ξ 介于 x 与 x_0 之间, 因而 $\xi\in[a,b]$.

例 2.5 求作 $f(x)=\sqrt{x}$ 在 $x_0=4$ 的一次和二次泰勒多项式, 利用它们计算近似值 $\sqrt{7}$, 并估计其误差.

解 由于 $x_0=4$, 且

$$f(x)=\sqrt{x},\quad f'(x)=\frac{1}{2\sqrt{x}},\quad f''(x)=-\frac{1}{4x\sqrt{x}},$$

即

$$f(x_0)=2,\quad f'(x_0)=\frac{1}{4},\quad f''(x_0)=-\frac{1}{32}.$$

故 $f(x)$ 在 x_0 处的一次泰勒多项式是

$$p_1(x)=f(x_0)+f'(x_0)(x-x_0)=2+0.25(x-4)=1+0.25x.$$

用 $p_1(x)$ 作为 $f(x)$ 的近似表达式, 容易求出当 $x=7$ 时, 有近似值为

$$\sqrt{7}=f(7)\approx p_1(7)=2.75.$$

可估计出其绝对误差为

$$0>f(7)-p_1(7)=\frac{f''(\xi)}{2}(7-4)^2>\frac{f''(4)}{2}(7-4)^2=-0.140625.$$

$\sqrt{7}$ 的精确值为 $2.64575\cdots$, 与精确值相比较, 近似值 2.75 的绝对误差大约等于 -0.1042, 因而它有 1 位有效数字.

同理, 可求得 $f(x)$ 在 x_0 处的二次泰勒多项式是

$$p_2(x)=f(x_0)+f'(x_0)(x-x_0)+\frac{f''(x_0)}{2!}(x-x_0)^2,$$

其绝对误差为

$$f(7)-p_2(7)=\frac{f'''(\xi)}{3!}(7-4)^3>\frac{f'''(4)}{3!}(7-4)^3\approx 0.052734.$$

与 $\sqrt{7}$ 的精确值比较，$p_2(7)$ 的绝对误差大约为 0.0339，它有 2 位有效数字.

2.4.2 埃尔米特插值

拉格朗日插值求出的多项式要求“过点”. 在某些问题中, 为了保证插值函数能更好地密合原来的函数, 不仅要求“过点”, 即两者在节点上具有相同的函数值, 而且要求“相切”, 即在节点上还具有相同的导数值, 这类插值称之为切触插值, 或称为**埃尔米特 (Hermite) 插值**, 这是泰勒插值和拉格朗日插值的综合和推广.

问题 2.5 求作二次多项式 $p_2(x)$, 使得满足

$$p_2(x_0)=y_0,\quad p_2'(x_0)=y_0',\quad p_2(x_1)=y_1. \tag{2.22}$$

设用这一插值函数 $p_2(x)$ 逼近某个取值为 $f(x_0)=y_0, f'(x_0)=y_0', f(x_1)=y_1$ 的函数 $f(x)$, 那么从图形上看, 曲线 $y=p_2(x)$ 与 $y=f(x)$ 不仅有两个交点 (x_0,y_0), (x_1,y_1), 而且在点 (x_0,y_0) 处两者还相切.

下面提供问题 2.5 的 3 种解法.

(i) **待定系数法**. 设所求多项式为

$$p_2(x)=a_0+a_1x+a_2x^2.$$

依据插值条件 (2.22) 可列出方程组

$$\begin{cases} a_0+a_1x_0+a_2x_0^2=y_0,\\ a_0+a_1x_1+a_2x_1^2=y_1,\\ a_1+2a_2x_0=y_0'. \end{cases}$$

据此解出系数 a_0,a_1,a_2, 即得 $p_2(x)$.

(ii) **余项校正法**. 再考察插值条件 (2.22) 的插值多项式是

$$p_1(x)=y_0+\frac{y_1-y_0}{x_1-x_0}(x-x_0).$$

设法用某个“余项”校正 $p_1(x)$ 获得所求的 $p_2(x)$, 令

$$\begin{aligned} p_2(x)&=p_1(x)+c(x-x_0)(x-x_1)\\ &=y_0+\frac{y_1-y_0}{x_1-x_0}(x-x_0)+c(x-x_0)(x-x_1). \end{aligned}$$

不论 c 怎样取值, 总有 $p_2(x_0)=y_0, p_2(x_1)=y_1$. 下面根据 $p_2'(x_0)=y_0'$ 确定 c, 即

$$p_2(x)=p_1(x)+c(x-x_0)(x-x_1)$$

$$= y_0 + \frac{y_1 - y_0}{x_1 - x_0}(x - x_0) + \frac{1}{x_1 - x_0}\left(\frac{y_1 - y_0}{x_1 - x_0} - y_0'\right)(x - x_0)(x - x_1).$$

运用余项校正法构造插值多项式, 目的在于尽可能地减少待定系数的个数, 从而使所归结的代数方程组比较容易求解.

(iii) **基函数方法**. 为了问题的简化讨论, 先设 $x_0 = 0, x_1 = 1$, 并令

$$p_2(x) = y_0\varphi_0(x) + y_1\varphi_1(x) + y_0'\phi_0(x),$$

式中基函数 $\varphi_0(x), \varphi_1(x), \phi_0(x)$ 均为二次多项式, 它们分别满足条件

$$\begin{aligned}
&\varphi_0(0) = 1, \quad \varphi_0(1) = \varphi_0'(0) = 0, \\
&\varphi_1(1) = 1, \quad \varphi_1(0) = \varphi_1'(0) = 0, \\
&\phi_0'(0) = 1, \quad \phi_0(0) = \phi_0(1) = 0.
\end{aligned}$$

满足这些条件的插值多项式容易构造出来：由条件 $\phi_0(0) = \phi_0(1) = 0$ 知 $x_0 = 0, x_1 = 1$ 都是二次多项式 $\phi_0(x)$ 的零点, 因而有 $\phi_0(x) = cx(x-1)$, 再利用 $\phi_0'(0) = 1$, 可得 $c = -1$, 即有 $\phi_0(x) = -x(x-1)$, 同理有

$$\varphi_0(x) = 1 - x^2, \quad \varphi_1(x) = x^2.$$

一般来说, 如果 x_0, x_1 是任给的两个节点, 则通过变换 $t = \dfrac{x - x_0}{h}$, $h = x_1 - x_0$, 即可得到节点 0, 1 的情形, 因而问题 2.5 的插值多项式具有形式

$$p_2(x) = y_0\varphi_0\left(\frac{x - x_0}{h}\right) + y_1\varphi_1\left(\frac{x - x_0}{h}\right) + hy_0'\phi_0\left(\frac{x - x_0}{h}\right). \tag{2.23}$$

基函数方法的设计思想依然是尽量简化所归结出的代数方程组. 如果所考察的插值问题具有对称结构, 则往往首选基函数方法.

例 2.6　求作二次多项式 $p_2(x)$, 满足插值条件

$$p_2(0) = 1, \quad p_2(1) = 2, \quad p_2'(0) = 0.$$

解法 1　令所求的插值多项式

$$p_2(x) = a_0 + a_1x + a_2x^2,$$

则

$$p_2'(x) = a_1 + 2a_2x,$$

依所给插值条件可列出方程

$$1 = p_2(0) = a_0, \quad 0 = p_2'(0) = a_1, \quad 2 = p_2(1) = a_0 + a_1 + a_2.$$

由此解出

$$a_0 = 1, \quad a_1 = 0, \quad a_2 = 1,$$

故有

$$p_2(x) = 1 + x^2.$$

解法 2 根据拉格朗日插值公式 (2.5) 可知满足条件 $p_1(0) = 1, p_1(1) = 2$ 的插值多项式为 $p_1(x) = 1 + x$, 于是设 $p_2(x) = p_1(x) + cx(x-1)$, 根据条件 $p_2'(0) = 0$, 可得到 c 满足方程

$$p_2'(0) = 1 + c(-1) = 0,$$

即确定出系数 $c = 1$, 故 $p_2(x) = p_1(x) + x(x-1) = 1 + x^2$.

解法 3 根据插值条件取 $x_0 = 0, x_1 = 1, y_0 = 1, y_1 = 2, y_0' = 0$, 用基函数方法, 按照式 (2.23) 可得

$$\begin{aligned} p_2(x) =& y_0\varphi_0\left(\frac{x-x_0}{h}\right) + y_1\varphi_1\left(\frac{x-x_0}{h}\right) + hy_0'\phi_0\left(\frac{x-x_0}{h}\right) \\ =& \varphi_0(x) + 2\varphi_1(x) = 1 + x^2. \end{aligned}$$

问题 2.6 求作三次多项式 $p_3(x)$, 满足插值条件

$$p_3(x_0) = y_0, \quad p_3'(x_0) = y_0', \quad p_3(x_1) = y_1, \quad p_3'(x_1) = y_1'. \tag{2.24}$$

设用插值函数 $p_3(x)$ 逼近某个取值为 $f(x_0) = y_0, f'(x_0) = y_0', f(x_1) = y_1, f'(x_1) = y_1'$ 的函数 $f(x)$, 那么从图形上看, 曲线 $y = p_3(x)$ 与 $y = f(x)$ 不仅有两个交点 (x_0, y_0) 和 (x_1, y_1), 而且在点 (x_0, y_0) 和 (x_1, y_1) 处两者还相切.

这个问题具有对称结构, 考虑用基函数方法求解. 记 $h = x_1 - x_0$, 令

$$\begin{aligned} p_3(x) =& y_0\varphi_0\left(\frac{x-x_0}{h}\right) + y_1\varphi_1\left(\frac{x-x_0}{h}\right) + hy_0'\phi_0\left(\frac{x-x_0}{h}\right) \\ &+ hy_1'\phi_1\left(\frac{x-x_0}{h}\right), \end{aligned} \tag{2.25}$$

式中基函数 $\varphi_0(x), \varphi_1(x), \phi_0(x), \phi_1(x)$ 均为三次多项式, 它们分别满足条件

$$\begin{aligned} &\varphi_0(0) = 1, \quad \varphi_0(1) = \varphi_0'(0) = \varphi_0'(1) = 0, \\ &\varphi_1(1) = 1, \quad \varphi_1(0) = \varphi_1'(0) = \varphi_1'(1) = 0, \\ &\phi_0'(0) = 1, \quad \phi_0(0) = \phi_0(1) = \phi_0'(1) = 0, \\ &\phi_1'(1) = 1, \quad \phi_1(0) = \phi_1(1) = \phi_1'(0) = 0. \end{aligned}$$

仿照问题 2.5 的基函数方法, 可以得到

$$\varphi_0(x)=(2x+1)(x-1)^2,\quad \varphi_1(x)=(-2x+3)x^2,$$
$$\phi_0(x)=x(x-1)^2,\quad \phi_1(x)=(x-1)x^2.$$

一般地, 设在 $n+1$ 个不同的插值节点 $x_0,x_1,\cdots,x_n$ 上, 给定 $y_i=f(x_i),m_i=f'(x_i)$, $i=0,1,\cdots,n$. 要求一个 $2n+1$ 次多项式 $p_{2n+1}(x)$, 使得满足插值条件

$$p_{2n+1}(x_i)=y_i,\quad p'_{2n+1}(x_i)=m_i,\quad i=0,1,\cdots,n. \tag{2.26}$$

满足这种插值条件的多项式称为**埃尔米特插值多项式**.

仿照拉格朗日插值余项的证明方法, 可得下面的余项定理.

定理 2.3　设 $x_0,x_1,\cdots,x_n$ 为 $[a,b]$ 上相异节点, $f(x)\in C^{2n+1}[a,b]$, 并且 $f^{(2n+2)}(x)$ 在 (a,b) 内存在, $p_{2n+1}(x)$ 是满足插值条件 (2.26) 的插值多项式, 则对任何 $x\in[a,b]$, 存在 $\xi\in(a,b)$, 使得

$$R_{2n+1}(x)=f(x)-p_{2n+1}(x)=\frac{f^{(2n+2)}(\xi)}{(2n+2)!}\omega_{n+1}^2(x). \tag{2.27}$$

2.5　分 段 插 值

2.5.1　高次插值的龙格现象

对 $f(x)$ 进行多项式插值, 为了很好地逼近 $f(x)$, 就需要增加 $f(x)$ 的已知数据, 也就是增加插值节点. 随着节点数的增加, 插值多项式的次数 n 将逐步提高. 是否 n 越大, 插值余项 $R_n(x)$ 就越接近零呢? 事实并非如此, 从插值多项式的余项公式

$$R_n(x)=f(x)-p_n(x)=\frac{f^{(n+1)}(\xi)}{(n+1)!}\omega_{n+1}(x),$$

可以知道, 截断误差与 $f^{n+1}(x)$ 和 $\omega_{n+1}(x)$ 有关. 随着 n 的增大, 不能保证插值多项式 $p_n(x)$ 充分逼近被插函数 $f(x)$. 20 世纪初, 龙格 (Runge) 就给出了一个这样的例子.

例 2.7　考察函数

$$f(x)=\frac{1}{1+x^2},\quad -5\leqslant x\leqslant 5.$$

将区间 $-5\leqslant x\leqslant 5$ 分为 n 等份, 以 $p_n(x)$ 表示取 $n+1$ 个等分点作节点的插值多项式. 5 次插值多项式 $p_5(x)$ 和 10 次插值多项式 $p_{10}(x)$ 的图像如图 2-6 所示.

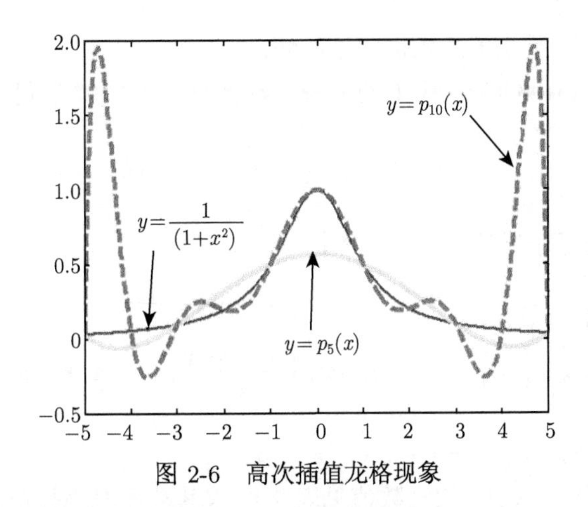

图 2-6 高次插值龙格现象

从图 2-6 中可以看出, 随着节点的加密, 采用高次插值, 虽然插值函数会在更多的节点上与所逼近的函数取相同的值, 但从整体上看, 不一定能改善逼近的效果. 事实上, 当节点数增加时, 上例的插值函数 $p_n(x)$ 在端点 $x = \pm 5$ 附近, 偏差很大, 会发生激烈的震荡现象, 即龙格现象.

龙格现象说明, 在大范围内使用高次插值, 逼近的效果往往是不理想的. 那么应该如何解决这个问题呢?

2.5.2 分段插值的概念

如果插值的范围比较小 (在某个局部), 则运用低次插值往往就能奏效. 例如, 对于上述函数 $f(x) = \dfrac{1}{1+x^2}$ (图 2-6), 如果在每个子段上用线性插值, 就是说, 用相邻节点的折线逼近所考察的曲线, 就能保证一定的逼近效果. 这种化整为零的处理方法称为分段插值法.

所谓**分段插值**, 就是将被插值函数逐段多项式化. 分段插值方法的处理过程分两步, 先在所考察的插值区间 $[a,b]$ 的每个子段 $[x_i, x_{i+1}]$ 上构造插值多项式; 第二步, 将每个子段上的插值多项式装配 (拼接) 在一起, 作为整个区间 $[a,b]$ 上的插值函数. 这样构造出的插值函数是分段多项式.

如果函数 $S_k(x)$ 在区间 $[a,b]$ 的每个子段 $[x_i, x_{i+1}]$ 上都是 k 次式, 则称 $S_k(x)$ 为**分段 k 次多项式**, 点 $x_i (i = 0, 1, \cdots, n)$ 称为 $S_k(x)$ 的**节点**.

可见, 所谓分段插值, 就是选取分段多项式作为插值函数.

2.5.3 分段线性插值

分段线性插值就是通过相邻两个插值节点作线性插值来构成的.

分段线性插值函数的几何意义就是通过 $n+1$ 个点 $(x_i, y_i), i = 0, 1, \cdots, n$ 的折线, 该折线函数可以看成下述插值问题的解.

问题 2.7 求作区间 $[a,b]$ 上的分段一次多项式 $S_1(x)$, 满足

$$S_1(x_i)=y_i \quad (i=0,1,\cdots,n).$$

解 注意到每个子段 $[x_i,x_{i+1}]$ 上 $S_1(x)$ 都是一次式, 且成立 $S_1(x_i)=y_i$, $S_1(x_{i+1})=y_{i+1}$, 知

$$S_1(x)=y_i\varphi_0\left(\frac{x-x_i}{h_i}\right)+y_{i+1}\varphi_1\left(\frac{x-x_i}{h_i}\right), \quad x_i\leqslant x\leqslant x_{i+1}, \tag{2.28}$$

其中 $h_i=x_{i+1}-x_i$, $\varphi_0(x)=1-x, \varphi_1(x)=x$.

例 2.8 已知 $y=\sqrt{x}$ 的函数值见表 2-8, 求其分段线性插值.

表 2-8

x	0	1	2	3
y	0.000	1.000	1.414	1.732

解 根据式 (2.28) 可得

$$S_1(x)=\begin{cases} x, & 0\leqslant x<1,\\ 0.414x+0.586, & 1\leqslant x<2,\\ 0.318x+0.778, & 2\leqslant x<3.\end{cases}$$

再考察分段线性插值公式的余项.

定理 2.4 设 $f(x)\in C^2[a,b], f(x_i)=y_i\,(i=0,1,\cdots,n)$ 已给出, 则当 $x\in[a,b]$ 时, 对于问题 2.7 的解 $S_1(x)$ 成立

$$|f(x)-S_1(x)|\leqslant\frac{h^2}{8}\max_{a\leqslant x\leqslant b}|f''(x)|, \tag{2.29}$$

式中 $h=\max\limits_i h_i$, $h_i=x_{i+1}-x_i$, 由此得知, $S_1(x)$ 在区间 $[a,b]$ 上一致收敛到 $f(x)$.

证明 根据式 (2.15), 在每个子段 $[x_i,x_{i+1}](i=0,1,\cdots,n)$ 上有

$$|f(x)-S_1(x)|\leqslant\frac{(x_{i+1}-x_i)^2}{8}\max_{x_i\leqslant x\leqslant x_{i+1}}|f''(x)|,$$

因此, 在整个区间 $[a,b]$ 上有式 (2.29) 成立.

该定理说明分段线性插值函数具有一致收敛性, 于是可以通过加密插值节点, 缩短插值区间的长度减小插值误差.

2.5.4 分段三次埃尔米特插值

分段线性插值的算法简单、计算量小且具有良好的一致收敛性, 但精度不高, 插值曲线也不光滑. 下面将提高插值次数以进一步改善逼近效果.

设已知函数 $f(x)$ 在每个节点 x_i 上的函数值 y_i 和导数值 y_i'.

问题 2.8 求作区间 $[a,b]$ 上的分段三次多项式 $S_3(x)$, 满足

$$S_3(x_i)=y_i,\quad S_3'(x_i)=y_i'\quad (i=0,1,\cdots,n).$$

解 注意到每个子段 $[x_i,x_{i+1}]$ 上 $S_3(x)$ 都是三次式, 且成立 $S_3(x_i)=y_i, S_3'(x_i)=y_i', S_3(x_{i+1})=y_{i+1}, S_3'(x_{i+1})=y_{i+1}'$, 根据式 (2.25) 知

$$S_3(x)=y_i\varphi_0\left(\frac{x-x_i}{h_i}\right)+y_{i+1}\varphi_1\left(\frac{x-x_i}{h_i}\right)+h_iy_i'\phi_0\left(\frac{x-x_i}{h_i}\right)+h_iy_{i+1}'\phi_1\left(\frac{x-x_i}{h_i}\right),\tag{2.30}$$

其中 $x_i\leqslant x\leqslant x_{i+1}, h_i=x_{i+1}-x_i$, 且

$$\varphi_0(x)=(2x+1)(x-1)^2,\quad \varphi_1(x)=(-2x+3)x^2,\quad \phi_0(x)=x(x-1)^2,\quad \phi_1(x)=(x-1)x^2.$$

例 2.9 已知 $f(x)=\dfrac{1}{1+x^2}$ 的函数值见表 2-9, 求其分段三次埃尔米特插值, 并利用它求 $f(1.5)$ 的近似值.

表 2-9

x	0	1	2	3
y	1	0.5	0.2	0.1
y'	0	-0.5	-0.16	-0.06

解 在每个子段 $[i,i+1]$ 上, 由式 (2.30) 得

$$\begin{aligned}S_3(x)=&(1+2(x-i))(x-i-1)^2y_i+(3-2(x-i))(x-i)^2y_{i+1}\\&+(x-i)(x-i-1)^2y_i'+(x-i-1)(x-i)^2y_{i+1}',\quad i=0,1,2.\end{aligned}$$

于是

$$f(1.5)\approx S_3(1.5)=0.3125.$$

定理 2.5 设 $f(x)\in C^4[a,b]$, 且 $f(x_i)=y_i, f'(x_i)=y_i'(i=0,1,\cdots,n)$ 已给出, 则当 $x\in[a,b]$ 时, 对于问题 2.8 的解 $S_3(x)$ 成立

$$|f(x)-S_3(x)|\leqslant\frac{h^4}{384}\max_{a\leqslant x\leqslant b}\left|f^{(4)}(x)\right|,\tag{2.31}$$

式中 $h=\max\limits_i h_i$, 由此得知, $S_3(x)$ 在 $[a,b]$ 一致收敛到 $f(x)$.

分段插值法是一种显式算法, 具有公式简单、计算量小、稳定性好 (不会像高次插值那样发生龙格现象)、一致收敛和良好的局部性质 (如果修改某个数据, 那么插值曲线仅在某个局部范围受到影响) 等优点.

但在子区间端点处, 分段线性插值不能保证一阶导数的连续性, 分段三次埃尔米特插值不能保证其二阶导数的连续性, 因而它们的光滑性也不高. 另外, 分段插值要求给出各个节点上的导数值, 所要提供的信息太多. 为了改进分段插值以克服其缺点, 下面将介绍三次样条插值方法 (问题).

2.6 样 条 插 值

分段低次埃尔米特插值函数的一阶或二阶导数不连续, 不满足实际问题的需要. 例如, 在飞机机翼外形设计、计算机辅助设计、船体放样等许多实际问题中, 要求曲线二阶光滑, 即要求函数的二阶导数连续.

为了把一些指定点 (样点) 连接成一条光滑曲线, 往往用一条富有弹性的细长材料, 如木条 (称为样条) 固定在样点上, 其他地方让它自由弯曲. 这一连接样点的曲线称为样条曲线. 样条插值函数就是对样条曲线进行数学模拟得到的. 将样条曲线抽象为数学问题称为样条函数.

舒恩伯格 (I. J. Schoenberg) 在 1946 年把样条曲线引入数学中, 构造了所谓 "样条函数" 的概念. 从 20 世纪 60 年代初开始, 由于航空、造船等工程设计的需要, 发展了所谓样条函数方法. 今天, 这种方法已成为数值逼近的一个极其重要的分支, 在外形设计乃至计算机辅助设计的许多领域, 样条函数都被认为是一种有效的数学工具.

2.6.1 样条函数的概念

所谓样条函数, 从数学上来说, 就是按一定光滑性要求 "装配" 起来的分段多项式. 具体地说, 称**具有划分**

$$\varDelta : a = x_0 < x_1 < \cdots < x_n = b$$

的分段 k 次式 $S_k(x)$ 为 k **次样条函数**, 如果它在每个内节点 $x_i(i = 1, 2, \cdots, n-1)$ 上具有直到 $k-1$ 阶连续导数. 点 $x_i(i = 1, 2, \cdots, n-1)$ 则称为样条函数的**节点**.

常用的阶梯函数和折线函数分别是简单的零次样条函数和一次样条函数.

样条函数简称样条, 其特点是, 它既是充分光滑的 ($S_k(x)$ 直到 $k-1$ 阶导数均连续), 又保留有一定的间断性 ($S_k(x)$ 的 k 阶导数在节点处可能是间断). 光滑性保证了外形曲线的美观, 间断性则使它能转折自如地被灵活运用.

所谓样条插值, 就是选取样条函数作为插值函数.

样条插值其实是一种改进的分段插值. 由于阶梯函数和折线函数分别是零次样条和一次样条, 因此就零次插值与一次插值来说, 样条插值与分段插值是一回事.

下面主要研究三次样条插值.

2.6.2 三次样条插值

对于给定的函数值 $y_i = f(x_i)(i = 0, 1, \cdots, n)$, 其中

$$a = x_0 < x_1 < \cdots < x_n = b,$$

若存在函数 $S_3(x)$ 满足:

(i) $S_3(x)$ 在每个子区间 $[x_i, x_{i+1}](i = 0, 1, \cdots, n-1)$ 上是不高于三次的多项式,

(ii) $S_3(x)$ 满足插值条件 $S_3(x_i) = y_i(i = 0, 1, \cdots, n)$,

(iii) $S_3(x)$ 在每个内节点 $x_i(i = 1, 2, \cdots, n-1)$ 上具有二阶连续导数, 则称 $S_3(x)$ 为函数 $f(x)$ 关于节点 $x_i(i = 0, 1, \cdots, n)$ 的三次样条插值函数.

对于具有划分 $\Delta : a = x_0 < x_1 < \cdots < x_n = b$ 的三次样条函数 $S_3(x)$, 由于它在每个子段上都是三次式, 总计有 $4n$ 个待定系数. 另外由条件 (i)、(ii) 和 (iii) 可得待定系数应满足 $4n - 2$ 个方程

$$\begin{cases} S_3(x_i - 0) = S_3(x_i + 0), & i = 1, 2, \cdots, n-1, \\ S_3'(x_i - 0) = S_3'(x_i + 0), & i = 1, 2, \cdots, n-1, \\ S_3''(x_i - 0) = S_3''(x_i + 0), & i = 1, 2, \cdots, n-1, \\ S_3(x_i) = y_i, & i = 0, 1, \cdots, n. \end{cases}$$

因而要确定三次样条函数 $S_3(x)$, 必须再补给两个条件. 通常可在边界点 x_0 和 x_n 处给出约束条件, 称为边界条件. 边界条件的类型很多, 常见的有以下三种.

(i) 第一种边界条件: 给定两个端点处的一阶导数值, 即

$$S_3'(x_0) = y_0', \quad S_3'(x_n) = y_n',$$

(ii) 第二种边界条件: 给定两个端点处的二阶导数值, 即

$$S_3''(x_0) = y_0'', \quad S_3''(x_n) = y_n''.$$

特别地, 称 $S_3''(x_0) = S_3''(x_n) = 0$ 为自然边界条件, 称满足自然边界条件的三次样条插值函数为自然样条插值函数.

(iii) 第三种边界条件: 当 $f(x)$ 是周期为 $b - a$ 的函数时, 则要求 $S_3(x)$ 及其导数都是以 $b - a$ 为周期的函数, 相应的边界条件为

$$S_3'(x_0 + 0) = S_3'(x_n - 0), \quad S_3''(x_0 + 0) = S_3''(x_n - 0).$$

例 2.10　已知 $f(-1)=1, f(0)=0, f(1)=1$, 求插值区间 $[-1,1]$ 上的三次自然样条插值函数 $S_3(x)$.

解　设所求的函数为

$$S_3(x)=\begin{cases} a_{10}+a_{11}x+a_{12}x^2+a_{13}x^3, & x\in[-1,0], \\ a_{20}+a_{21}x+a_{22}x^2+a_{23}x^3, & x\in(0,1]. \end{cases}$$

$S_3(x)$ 在 $x=0$ 处连续: $S_3(0-0)=S_3(0+0)$, 即

$$a_{10}=a_{20}.$$

因为一阶导函数

$$S_3'(x)=\begin{cases} a_{11}+2a_{12}x+3a_{13}x^2, & x\in[-1,0], \\ a_{21}+2a_{22}x+3a_{23}x^2, & x\in(0,1]. \end{cases}$$

$S_3'(x)$ 在 $x=0$ 处连续: $S_3'(0-0)=S_3'(0+0)$, 即

$$a_{11}=a_{21}.$$

因为二阶导函数

$$S_3''(x)=\begin{cases} 2a_{12}+6a_{13}x, & x\in[-1,0], \\ 2a_{22}+6a_{23}x, & x\in(0,1], \end{cases}$$

$S_3''(x)$ 在 $x=0$ 处连续: $S_3''(0-0)=S_3''(0+0)$, 即

$$a_{12}=a_{22}.$$

$S_3(x)$ 满足三个插值条件和两个自然边界条件, 则

$$\begin{aligned} &a_{10}-a_{11}+a_{12}-a_{13}=1, \\ &a_{10}=a_{20}=0, \\ &a_{20}+a_{21}+a_{22}+a_{23}=1, \\ &2a_{12}-6a_{13}=0, \\ &2a_{22}+6a_{13}=0, \end{aligned}$$

综合可得 $a_{10}=a_{11}=a_{20}=a_{21}=0, a_{12}=a_{22}=\dfrac{3}{2}, a_{13}=-a_{23}=\dfrac{1}{2}$. 因此

$$S_3(x)=\begin{cases} \dfrac{3}{2}x^2+\dfrac{1}{2}x^3, & x\in[-1,0], \\ \dfrac{3}{2}x^2-\dfrac{1}{2}x^3, & x\in(0,1]. \end{cases}$$

上述例子表明: 可以直接利用方程组和边界条件求出所有待定系数 a_{ij}, 从而得到三次样条插值函数 $S_3(x)$ 在各个子区间的表达式 $S_3(x)$, 但是这种做法的计算工作量大, 不便于实际应用. 一般地常采用比较简便的方法是通过求解三弯矩方程或三转角方程得到三次样条函数 $S_3(x)$.

2.6.3 三次样条插值函数的导出

问题 2.9 求作具有划分 Δ 的三次样条插值函数 $S_3(x)$, 满足

$$S_3(x_i) = y_i, \quad i = 0, 1, \cdots, n, \tag{2.32}$$

$$S_3(x_0) = y_0', \quad S_3(x_n) = y_n'. \tag{2.33}$$

(i) 导出在子段 $[x_{i-1}, x_i](i = 1, 2, \cdots, n)$ 上 $S_3(x)$ 的表达式.

由于 $S_3(x)$ 的二阶导数连续, 设 $S_3(x)$ 在内节点 x_i 处的二阶导数值 $S_3''(x_i) = M_i(i = 0, 1, \cdots, n)$, 其中 M_i 为未知的待定参数. 由 $S_3(x)$ 为分段三次多项式可知, $S_3''(x)$ 是分段线性函数, 因此在 $[x_{i-1}, x_i]$ 上可以表示为

$$\begin{aligned} S_3''(x) &= \frac{x - x_i}{x_{i-1} - x_i} M_{i-1} + \frac{x - x_{i-1}}{x_i - x_{i-1}} M_i \\ &= \frac{x_i - x}{h_i} M_{i-1} + \frac{x - x_{i-1}}{h_i} M_i, \quad x_{i-1} \leqslant x \leqslant x_i, \end{aligned} \tag{2.34}$$

其中 $h_i = x_i - x_{i-1}$. 对式 (2.34) 两端同时积分两次得

$$S_3(x) = \frac{(x_i - x)^3}{6h_i} M_{i-1} + \frac{(x - x_{i-1})^3}{6h_i} M_i + b_i(x_i - x) + c_i(x - x_{i-1}), \quad x_{i-1} \leqslant x \leqslant x_i, \tag{2.35}$$

其中 b_i, c_i 为积分常数. 现在确定 b_i, c_i. 由插值条件 $S_3(x_{i-1}) = y_{i-1}$, $S_3(x_i) = y_i$ 得

$$\frac{h_i^2}{6} M_{i-1} + b_i h_i = y_{i-1}, \quad \frac{h_i^2}{6} M_i + c_i h_i = y_i.$$

由此可得

$$b_i = \left(y_{i-1} - \frac{h_i^2}{6} M_{i-1} \right) \Big/ h_i, \quad c_i = \left(y_i - \frac{h_i^2}{6} M_i \right) \Big/ h_i.$$

将 b_i, c_i 代入式 (2.35), 则可得 $S_3(x)$ 在子区间 $[x_{i-1}, x_i](i = 1, 2, \cdots, n)$ 上的表达式为

$$\begin{aligned} S_3(x) =& \frac{(x_i - x)^3}{6h_i} M_{i-1} + \frac{(x - x_{i-1})^3}{6h_i} M_i + \left(y_{i-1} - \frac{h_i^2}{6} M_{i-1} \right) \frac{x_i - x}{h_i} \\ &+ \left(y_i - \frac{h_i^2}{6} M_i \right) \frac{x - x_{i-1}}{h_i}, \quad x_{i-1} \leqslant x \leqslant x_i, \end{aligned} \tag{2.36}$$

只要确定出 $M_i(i=0,1,\cdots,n)$ 这 $n+1$ 个值, 便可确定三次样条插值函数.

(ii) 建立关于参数 M_i 的方程组.

对式 (2.36) 求导得

$$\begin{aligned}S_3'(x)=&-\frac{(x_i-x)^2}{2h_i}M_{i-1}+\frac{(x-x_{i-1})^2}{2h_i}M_i+\frac{y_i-y_{i-1}}{h_i}\\&-\frac{M_i-M_{i-1}}{6}h_i,\quad x_{i-1}\leqslant x\leqslant x_i.\end{aligned}\tag{2.37}$$

在式 (2.37) 中, 令 $x=x_i$ 得 $S_3(x)$ 在 x_i 处的左导数

$$\begin{aligned}S_3'(x_i-0)&=\frac{h_i}{2}M_i+\frac{y_i-y_{i-1}}{h_i}-\frac{M_i-M_{i-1}}{6}h_i\\&=\frac{h_i}{6}M_{i-1}+\frac{h_i}{3}M_i+\frac{y_i-y_{i-1}}{h_i}.\end{aligned}\tag{2.38}$$

在式 (2.37) 中, 令 $x=x_{i-1}$ 得 $S_3(x)$ 在 x_{i-1} 处的右导数

$$\begin{aligned}S_3'(x_{i-1}+0)&=-\frac{h_i}{2}M_{i-1}+\frac{y_i-y_{i-1}}{h_i}-\frac{M_i-M_{i-1}}{6}h_i\\&=-\frac{h_i}{3}M_{i-1}-\frac{h_i}{6}M_i+\frac{y_i-y_{i-1}}{h_i}.\end{aligned}\tag{2.39}$$

由 $S_3(x)$ 在节点 x_i 处一阶导数的连续性知

$$S_3'(x_i-0)=S_3'(x_i+0),\quad i=1,2,\cdots,n-1,$$

即

$$\frac{h_i}{6}M_{i-1}+\frac{h_i+h_{i+1}}{3}M_i+\frac{h_{i+1}}{6}M_{i+1}=\frac{y_{i+1}-y_i}{h_{i+1}}-\frac{y_i-y_{i-1}}{h_i},\quad i=1,2,\cdots,n-1.$$

上式两端同乘 $\dfrac{6}{h_i+h_{i+1}}$ 得

$$\begin{aligned}&\frac{h_i}{h_i+h_{i+1}}M_{i-1}+2M_i+\frac{h_{i+1}}{h_i+h_{i+1}}M_{i+1}\\&=\frac{6}{h_i+h_{i+1}}\left(\frac{y_{i+1}-y_i}{h_{i+1}}-\frac{y_i-y_{i-1}}{h_i}\right).\end{aligned}\tag{2.40}$$

记

$$\begin{aligned}&\mu_i=\frac{h_i}{h_i+h_{i+1}},\\&\lambda_i=\frac{h_{i+1}}{h_i+h_{i+1}}=1-\mu_i,\\&d_i=\frac{6}{h_i+h_{i+1}}\left(\frac{y_{i+1}-y_i}{h_{i+1}}-\frac{y_i-y_{i-1}}{h_i}\right),\quad i=1,2,\cdots,n-1,\end{aligned}\tag{2.41}$$

则关于 M_i 的方程组 (2.40) 可写为

$$\mu_i M_{i-1} + 2M_i + \lambda_i M_{i+1} = d_i, \quad i = 1, 2, \cdots, n-1. \tag{2.42}$$

方程组 (2.42) 中的未知量 M_i 在力学上解释为细梁在 x_i 截面处的弯矩, 故称为三弯矩方程组. 三弯矩方程组 (2.42) 是一个含有 $n+1$ 个未知量 $M_i(i=0,1,\cdots,n)$ 的 $n-1$ 个方程的线性方程组, 要确定 $M_i(i=0,1,\cdots,n)$ 的值, 还需要用到边界条件.

(iii) 求解三弯矩方程.

由于 $S_3'(x_0)=y_0', S_3'(x_n)=y_n'$ 已知, 可得到包含 M_i 的另外两个线性方程. 由式 (2.38) 和式 (2.39) 得

$$-\frac{h_1}{3}M_0 - \frac{h_1}{6}M_1 + \frac{y_1 - y_0}{h_1} = y_0', \quad \frac{h_n}{6}M_{n-1} + \frac{h_n}{3}M_n + \frac{y_n - y_{n-1}}{h_n} = y_n',$$

即

$$2M_0 + M_1 = d_0, \quad M_{n-1} + 2M_n = d_n, \tag{2.43}$$

其中

$$d_0 = \frac{6}{h_1}\left(\frac{y_1 - y_0}{h_1} - y_0'\right), \quad d_n = \frac{6}{h_n}\left(y_n' - \frac{y_n - y_{n-1}}{h_n}\right).$$

将式 (2.43) 中的两个方程添加到方程组 (2.42), 得到关于第一种边界条件的三弯矩方程组

$$\begin{cases} 2M_0 + M_1 = d_0, \\ \mu_i M_{i-1} + 2M_i + \lambda_i M_{i+1} = d_i, \quad i = 1, 2, \cdots, n-1, \\ M_{n-1} + 2M_n = d_n, \end{cases} \tag{2.44}$$

用矩阵表示为

$$\begin{bmatrix} 2 & 1 & & & & \\ \mu_1 & 2 & \lambda_1 & & & \\ & \mu_2 & 2 & \lambda_2 & & \\ & & \ddots & \ddots & \ddots & \\ & & & \mu_{n-1} & 2 & \lambda_{n-1} \\ & & & & 1 & 2 \end{bmatrix} \begin{bmatrix} M_0 \\ M_1 \\ M_2 \\ \vdots \\ M_{n-1} \\ M_n \end{bmatrix} = \begin{bmatrix} d_0 \\ d_1 \\ d_2 \\ \vdots \\ d_{n-1} \\ d_n \end{bmatrix}, \tag{2.45}$$

该方程组的系数矩阵的非零元素集中在三条对角线上而被称为**三对角型**的. 求解这类方程组的一种有效方法是**追赶法**(参见 6.1 节)

注 也可以选取节点上的导数值 $S_3'(x_i) = m_i$ 作为参数, 进行类似地推导, 得到类似结果.

下面列出样条插值方法的算法 2.3 及相应流程图 2-7.

算法 2.3 (样条插值)　设给定数据 (如表 2-10) 及插值点 x.

第一步　计算系数 $\lambda_i, \mu_i, i = 1, 2, \cdots, n-1$.

第二步　根据所给边界条件类型, 用追赶法解方程组 (2.44), 得 $M_i, i = 0, 1, \cdots, n$.

第三步　判定插值点 x 所在子段 (x_i, x_{i+1}), 然后按式 (2.36) 计算插值结果 $S_3(x)$ 的值.

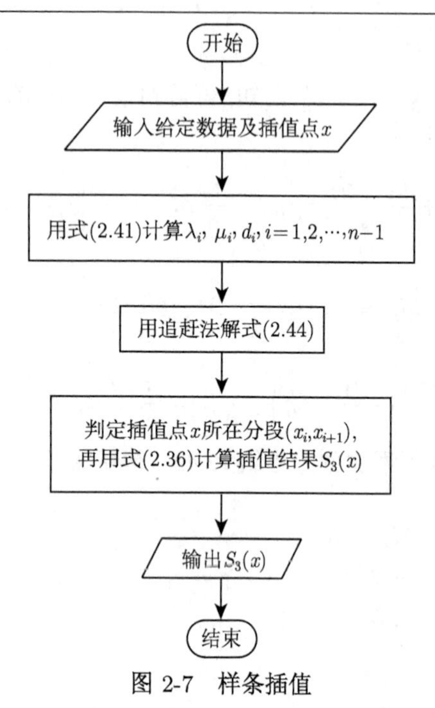

图 2-7　样条插值

例 2.11　设在节点 $x_i = i(i = 0, 1, 2, 3)$ 上, 试求三次样条插值函数 $S(x)$, 数据见表 2-10.

表 2-10

x_i	0	1	2	3
y_i	0	0.5	2	1.5
y'_i	0.2			−1

解　利用式 (2.42) 进行求解, 得式 (2.45) 的方程组

$$\begin{pmatrix} 2 & 1 & & \\ 0.5 & 2 & 0.5 & \\ & 0.5 & 2 & 0.5 \\ & & 1 & 2 \end{pmatrix} \begin{pmatrix} M_0 \\ M_1 \\ M_2 \\ M_3 \end{pmatrix} = \begin{pmatrix} 1.8 \\ 3 \\ -6 \\ -3 \end{pmatrix}.$$

求解可得 $M_0 = -0.36, M_1 = 2.52, M_2 = -3.72, M_3 = 0.36$.

用 M_0, M_1, M_2, M_3 的值代入三次样条插值函数的表达式 (2.36) 中, 经化简有

$$S(x) = \begin{cases} 0.48x^3 - 0.18x^2 + 0.2x, & x \in [0,1], \\ -1.04(x-1)^3 + 1.26(x-1)^2 + 1.28(x-1) + 0.5, & x \in [1,2], \\ 0.68(x-2)^3 - 1.86(x-2)^2 + 0.68(x-2) + 2, & x \in [2,3]. \end{cases}$$

2.7 曲线拟合的最小二乘法

在实际问题中, 常常需要从一组观察数据

$$(x_i, y_i), \quad i = 1, 2, \cdots, N$$

去预测函数 $y = f(x)$ 的表达式[19~23]. 从几何角度来说, 这个问题就是要由给定的一组数据点 (x_i, y_i) 去描绘曲线 $y = f(x)$ 的近似图像. 前述插值方法是处理这一类问题的一种数值方法. 不过, 由于插值曲线要求严格通过所给的每一个数据点, 这种限制会保留所给数据的误差. 如果个别数据的误差很大, 那么插值效果显然是不理想的.

现在面临的问题具有这样的特点: 所给数据本身不一定可靠, 个别数据的误差甚至可能很大, 但给出的数据很多. **曲线拟合方法**所要研究的课题是: 从给出的一大堆看上去杂乱无章的数据中找出规律性来, 就是说, 设法构造一条曲线 —— 所谓**拟合曲线** —— 反映所给数据点总的趋势, 以消除所给数据的局部波动.

2.7.1 直线拟合

假设所给数据点 $(x_i, y_i)(i = 1, 2, \cdots, N)$ 的分布大致呈一直线. 虽然不能要求所作的**拟合直线**

$$y = a + bx$$

严格地通过所有的数据点 (x_i, y_i), 但总希望它尽可能地从所给数据点附近通过, 也就是说, 要求近似地成立

$$y_i \approx a + bx_i, \quad i = 1, 2, \cdots, N,$$

这里, 数据点的数目通常远远大于待定系数的数目, 即 N 远远大于 2, 因此, 拟合直线的构造, 本质上是个解超定 (矛盾) 方程组的代数问题.

设

$$\hat{y}_i = a + bx_i, \quad i = 1, 2, \cdots, N$$

表示按拟合直线 $y = a + bx$ 求得的近似值, 一般地, 它不同于实测值 y_i, 两者之差

$$e_i = y_i - \hat{y}_i$$

称为**残差**. 显然, 残差的大小是衡量拟合好坏的重要标志. 具体地说, 构造拟合曲线可以采用下列三种准则之一：

(i) 使残差的最大绝对值为最小：

$$\max_i |e_i| = \min;$$

(ii) 使残差的绝对值之和为最小：

$$\sum_i |e_i| = \min;$$

(iii) 使残差的平方和为最小：

$$\sum_i e_i^2 = \min.$$

分析以上三种准则, (i) 和 (ii) 两种提法比较自然, 但由于含有绝对值运算不便于实际应用；基于准则 (iii) 来选取拟合曲线的方法则称为曲线拟合的**最小二乘法**.

确定了这种准则, **直线拟合**问题可用数学语言描述如下.

问题 2.10　对于给定的数据点 $(x_i, y_i)(i = 1, 2, \cdots, N)$ 求作一次式 $y = a + bx$, 使总误差

$$Q = \sum_{i=1}^{N} [y_i - (a + bx_i)]^2$$

为最小.

这个问题是不难求解的. 由微积分求极值的方法知, 使 Q 达到极值的参数 a, b 应满足

$$\frac{\partial Q}{\partial a} = 0, \quad \frac{\partial Q}{\partial b} = 0,$$

即成立

$$\begin{cases} aN + b\sum x_i = \sum y_i, \\ a\sum x_i + b\sum x_i^2 = \sum x_i y_i, \end{cases} \tag{2.46}$$

式中 $\sum$ 表示关于下标 i 从 1 到 N 求和.

例 2.12　用最小二乘多项式拟合离散数据见表 2-11.

表 2-11

x	7	9	10	13	14
y	15.6	18.2	21.1	27.5	29.0

解 把表 2-11 中所给数据画在坐标平面上, 将会看到, 数据点的分布可以用一条直线来近似描述, 于是设所求的拟合直线为 $y = a + bx$, 则方程组 (2.46) 的具体形式是

$$\begin{cases} 5a + 53b = 111.4, \\ 53a + 595b = 1247.5, \end{cases}$$

解出 $a = 2.0078, b = 0.9970$, 即得拟合直线 $y = 2.0078 + 0.9970x$.

2.7.2 多项式拟合

有时所给数据点用直线拟合并不合适, 这时可以考虑用多项式拟合.

问题 2.11 对于给定的一组数据 $(x_i, y_i)(i = 1, 2, \cdots, N)$, 求作 $m(m < N)$ 次多项式

$$y = \sum_{j=0}^{m} a_j x^j,$$

使总误差

$$Q = \sum_{i=1}^{N} \left(y_i - \sum_{j=0}^{m} a_j x_i^j \right)^2$$

为最小.

由于 Q 可以看成关于 $a_j(j = 0, 1, \cdots, m)$ 的多元函数, 故上述拟合多项式的构造问题可归结为多元函数的极值问题. 令

$$\frac{\partial Q}{\partial a_k} = 0, \quad k = 0, 1, \cdots, m,$$

得

$$\sum_{i=1}^{N} \left(y_i - \sum_{j=0}^{m} a_j x_i^j \right) x_i^k = 0, \quad k = 0, 1, \cdots, m,$$

即有

$$\begin{cases} a_0 N + a_1 \sum x_i + \cdots + a_m \sum x_i^m = \sum y_i, \\ a_0 \sum x_i + a_1 \sum x_i^2 + \cdots + a_m \sum x_i^{m+1} = \sum x_i y_i, \\ \cdots\cdots \\ a_0 \sum x_i^m + a_1 \sum x_i^{m+1} + \cdots + a_m \sum x_i^{2m} = \sum x_i^m y_i, \end{cases} \tag{2.47}$$

这个关于系数 a_j 的线性方程组通常称为**正则方程组**.

例 2.13 某研究所为了研究氮肥 (N) 的施肥量与土豆产量的影响做了 10 次实验, 实验数见表 2-12, 其中 ha 代表公顷, t 代表吨, kg 代表千克. 试分析氮肥的施肥量与土豆产量之间的关系.

表 2-12

施肥量/(kg/ha)	0	34	67	101	135	202	259	336	404	471
产量/(t/ha)	15.18	21.36	25.72	32.29	34.03	39.45	43.15	43.46	40.83	30.75

解　把表 2-12 中所给数据画在坐标平面上, 从图形中可看出用二次多项式拟合比较合适. 设所求的拟合曲线为 $y = a + bx + cx^2$, 按照最小二乘拟合原则得到方程组 (2.47) 的具体形式是

$$\begin{cases} 10a + 2009b + 639909c = 326.2200, \\ 2009a + 639909b + 237806561c = 7.5031 \times 10^4, \\ 639909a + 237806561b + (9.5221 \times 10^{10})c = 2.3986 \times 10^7. \end{cases}$$

解出方程组得

$$a = -0.0003, \quad b = 0.1971, \quad c = 14.7416.$$

从而, 拟合多项式为

$$y = -0.0003 + 0.1971x + 14.7416x^2.$$

利用正则方程组求解曲线拟合问题是一个古老的方法. 应当指出, 实际计算表明, 当 m 较大时, 正则方程组往往是病态的.

2.7.3　其他拟合类型

以上讨论的都是多项式曲线拟合问题, 而实际使用中还有其他函数曲线类型, 如幂函数、指数函数、三角函数和双曲函数等. 下面将从一个具体例子出发, 介绍指数函数拟合.

例 2.14　已知某化学反应过程中沉淀物的质量见表 2-13.

表 2-13

时间 x_i/时	1	2	3	4	5
质量 y_i/克	2.44	3.05	3.59	4.41	5.46

求它的形如 $y = a\mathrm{e}^{bx}$(a, b 为待定系数) 的最小二乘拟合.

解法 1　令

$$Q = \sum_{i=1}^{N} [y_i - (a\mathrm{e}^{bx_i})]^2,$$

由

$$\frac{\partial Q}{\partial a} = \frac{\partial Q}{\partial b} = 0$$

得方程组

$$\left\{\begin{array}{l}\left(\sum \mathrm{e}^{2bx_i}\right)a-\sum y_i\mathrm{e}^{bx_i}=0,\\ \left(\sum x_i\mathrm{e}^{2bx_i}\right)a^2-\left(\sum y_ix_i\mathrm{e}^{bx_i}\right)a=0.\end{array}\right. \tag{2.48}$$

将表 2-13 中数据代入式 (2.48) 并求解可得 $a=1.953, b=0.1997$, 即

$$y=1.953\mathrm{e}^{0.1997x}.$$

解法 2　对 $y=a\mathrm{e}^{bx}$ 两边取对数得

$$\ln y=\ln a+bx.$$

令 $\bar{y}=\ln y, c=\ln a, d=b$, 则拟合曲线为

$$\bar{y}=c+dx.$$

将 y_i 取对数后, 原数据变为新数据见表 2-14.

表 2-14

时间 x_i/时	1	2	3	4	5
$\bar{y}_i=\ln y_i$	0.892	1.115	1.278	1.484	1.697

对表 2-14 中数据, 用直线 $\bar{y}=c+dx$ 进行最小二乘拟合, 结合式 (2.46) 可得

$$c=0.6695,\quad d=0.1997,$$

因此 $\bar{y}=0.6695+0.1997x$, 故 $y=1.953\mathrm{e}^{0.1997x}$.

上述例子表明指数函数拟合问题可转化为多项式拟合问题, 同样地, 如果拟合曲线为幂函数 $y=ax^b$, 双曲型 $y=\dfrac{x}{ax+b}$(a,b 为待定系数) 等也可以转化为多项式拟合问题进行求解, 具体转化过程留给读者探索.

数值实验

例 2.15 (拉格朗日插值多项式)　已知数据见表 2-15, 试用拉格朗日插值多项式求 $x=0.5626$, 0.5635, 0.5645 时的函数近似值.

表 2-15

x_i	0.56160	0.56280	0.56401	0.56521
y_i	0.82741	0.82659	0.82577	0.81495

解　编写 MATLAB 的 M 文件如下:

Lagrange 程序

```
function y=Lagrange(xi,yi,x)
% xi, yi 为已知的插值点坐标
% x 为插值点
% y 为 Lagrange 多项式在 x 处的值
% z 为 Lagrange 插值函数的系数
m=length(xi); n=length(yi);
if m~=n, error(' 向量 xi 与 yi 的长度必须一致 ');end
y=0;
  for i=1:n
  z=ones(1,length(x));
  for j=1:n
    if j~=i
    z=z.*(x-xi(j))/(xi(i)-xi(j));
    end
  end
y=y+z*yi(i);
end
```

在命令窗口调用 M 文件 Lagrange,

```
xi=[0.56160, 0.56280, 0.56401, 0.56521];
yi=[0.82741, 0.82659, 0.82577, 0.82495];
x=[0.5625, 0.5635, 0.5645];
y=Lagrange(xi,yi,x)
```

输出结果如下:

```
y=0.8268 0.8261 0.8254
```

由于题目所给数据有四组, 因此拉格朗日插值的最高次数为三次, 上述演示结果实际上就是三次拉格朗日插值结果, 如果考虑用线性插值和抛物线插值, 可以调整 xi 和 yi 向量的维数, 例如在命令窗口调用 M 文件 Lagrange, 随机选择输入

```
xi=[0.56160, 0.56280];
yi=[0.82741, 0.82659];
x=[0.5625, 0.5635, 0.5645];
```

则输出的结果为线性插值结果.

```
xi=[0.56160, 0.56280, 0.56401];
yi=[0.82741, 0.82659, 0.82577];
x=[0.5625, 0.5635, 0.5645];
```

则输出的结果为抛物线插值结果.

请读者自行比较三种插值结果的精度, 进一步理解拉格朗日插值理论.

例 2.16　考察函数

$$f(x)=\frac{1}{1+4x^2},\quad x\in[-5,5]$$

高次 (10 次) 插值的龙格现象.

解　在例 2.15 的基础上 (需要调用 M 文件 Lagrange), 在命令窗口编写程序如下:

```
t=-5:0.05:5;
f=1./(1+4*t.*t);
x=-5:1:5;
y=1./(1+4*x.*x);
y1= Lagrange(x,y,t);
x1=-5:2:5;
y=1./(1+4*x1.*x1);
y2= Lagrange(x1,y,t);
plot(t,f,'b','linewidth',2)
hold on
plot(t,y2,'y','linewidth',3)
hold on
plot(t,y1,'r--','linewidth',3)
legend('函数 f(x) 曲线', '5 次 lagrange 插值曲线', '10 次 lagrange 插值曲线')
```

结果如图 2-8 所示, 10 次拉格朗日插值函数在两端发生了激烈的振荡, 即龙格现象.

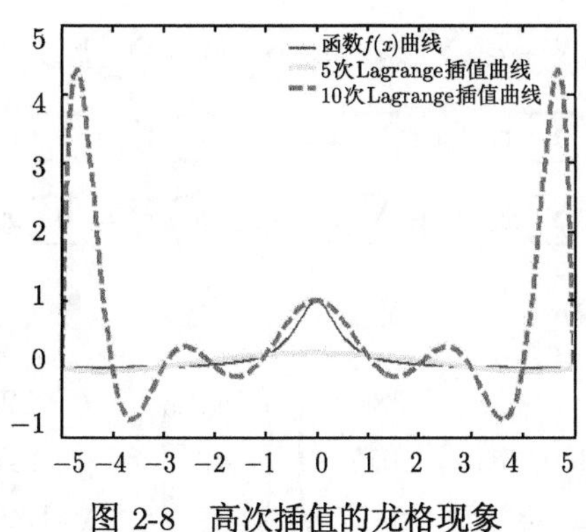

图 2-8　高次插值的龙格现象

例 2.17　设从某一实验中测得两个变量 x 和 y 的一组数据表见表 2-16.

表 2-16

i	1	2	3	4	5	6	7	8	9
x_i	1	3	4	5	6	7	8	9	10
y_i	10	5	4	2	1	1	2	3	4

求一代数多项式曲线, 使其最好地拟合这组给定数据.

解　(1) 画出数据分布趋势图 (程序如下), 如图 2-9 所示.

```
xi=[1,3,4,5,6,7,8,9,10];
yi=[10,5,4,2,1,1,2,3,4];
plot(xi,yi,'*')
```

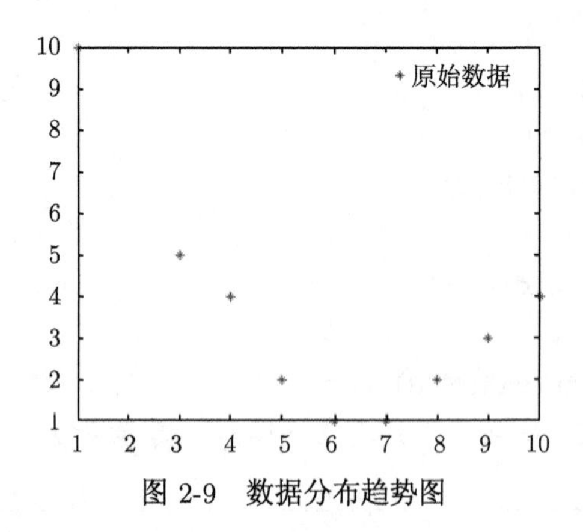

图 2-9　数据分布趋势图

(2) 观察数据分布趋势图, 可建立数学模型为 $y=a_0+a_1x+a_2x^2$. 根据多项式拟合准则建立超定方程组有

$$\begin{cases} a_0N+a_1\sum x_i+a_2\sum x_i^2=\sum y_i, \\ a_0\sum x_i+a_1\sum x_i^2+a_2\sum x_i^3=\sum x_iy_i, \\ a_0\sum x_i^2+a_1\sum x_i^3+a_2\sum x_i^4=\sum x_i^2y_i. \end{cases}$$

代入数据, 超定方程组为

$$\begin{pmatrix} 9 & 53 & 381 \\ 53 & 381 & 3017 \\ 381 & 3017 & 25317 \end{pmatrix}\begin{pmatrix} a_0 \\ a_1 \\ a_2 \end{pmatrix}=\begin{pmatrix} 32 \\ 147 \\ 1025 \end{pmatrix},$$

然后再求解系数得到拟合函数, 但这样做的计算量比较大. 针对数学模型为 $y = a_0 + a_1 x + a_2 x^2$ 可以看成 $y_i = a_0 + a_1 x_i + a_2 x_i^2$, 直接建立超定方程组的系数程序, 并求解系数矩阵为得到拟合函数, 编写程序为

二次多项式拟合程序

```
A=[ones(size(xi));xi;xi.^2]' ;      %求超定方程组的系数矩阵
a=A\yi';     %求超定方程组的最小二乘解
b=[];
b(1)=a(3);b(2)=a(2);b(3)=a(1);
b;       %交换最小二乘解的顺序
poly2str(b,'x')      %生成拟合函数
f=polyval(flipud(a),xi)     %计算多项式的值
plot(xi,yi,'r*',xi,f,'b')     %原数据与二次多项式拟合曲线
```

输出的拟合函数为

$$y = 0.2676x^2 - 3.6053x + 13.4597,$$

原始数据与二次多项式拟合曲线如图 2-10 所示.

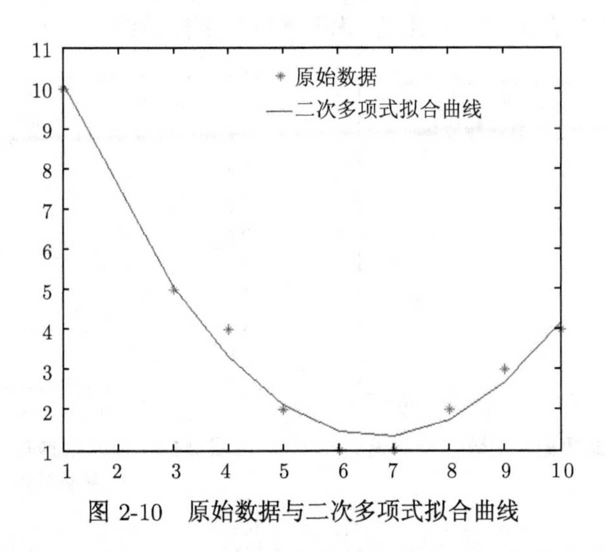

图 2-10 原始数据与二次多项式拟合曲线

(3) 根据数据分布趋势图, 也可以用其他形式的方程拟合曲线, 假设用方程 $y = ax^b$(幂函数) 拟合, 首先按照例 2.14 的解法 2 对其变形为线性函数, 再进行线性函数拟合, 最后变回幂函数, 编写程序为

幂函数拟合程序

```
xi=[1,3,4,5,6,7,8,9,10];
yi=[10,5,4,2,1,1,2,3,4];
x=[ones(size(xi));log(xi)];
A=x'\log(yi)';
c=A(1);
d=A(2);
y=exp(c)*xi.^d;
plot(xi,yi,'r*',xi,y,'b')
```

输出的幂函数拟合函数为

$$y = \mathrm{e}^{2.1257}x^{-0.6913},$$

原始数据与幂函数拟合曲线如图 2-11 所示.

将原始数据和两种拟合曲线进行对比 (图 2-12), 总体上来讲, 二次多项式函数更接近于原始数据. 实际上更一般的方法是从最小二乘法数据拟合的准则出发, 求出拟合函数与原始数据的总误差, 再进行大小比较即能够知道哪种曲线拟合更好, 请读者自行验证. 另外, 也可以用 MATLAB 中的 polyfit 命令来求多项式拟合, 与上述二次多项式拟合函数进行比较, 你能得到什么样的结论?

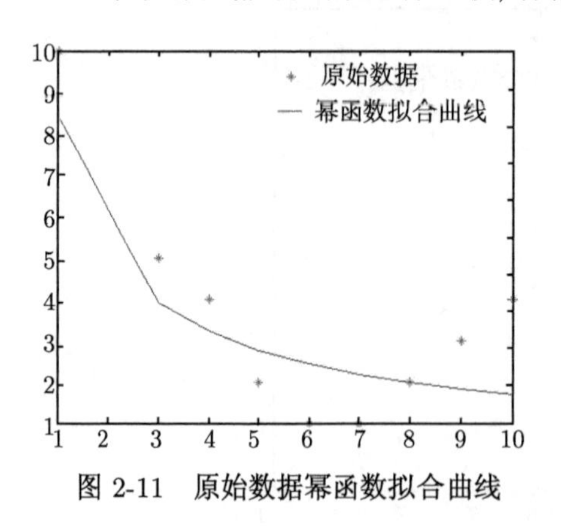

图 2-11 原始数据幂函数拟合曲线

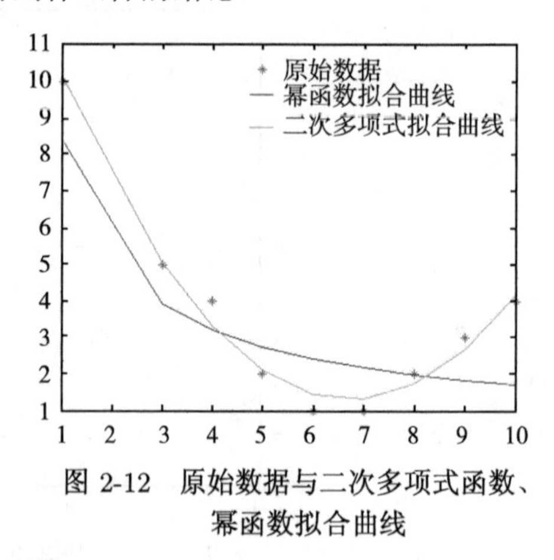

图 2-12 原始数据与二次多项式函数、幂函数拟合曲线

小 结

插值问题本质上是数据处理问题, 所谓“插值”, 就是在所给数据表中再“插进”所要求的值. 从微积分的角度来考察: 如果某个简单函数 $p(x)$ 适合所给的数据表, 自然可以将给定插值点 x 的函数值 $p(x)$ 作为插值结果, 这就是所谓的**插值逼近**

方法.

如果要求简单的多项式函数 $p_n(x)$ 满足"过点"$(x_i, y_i), i = 0, 1, \cdots, n$, 根据条件 $p_n(x_i) = y_i(i = 0, 1, \cdots, n)$ 可以导出拉格朗日公式. 如果要求简单的多项式函数 $p_n(x)$ 满足在某点 x_0 与函数 $f(x)$ 具有相同的直到 n 阶的导数值, 据此"相切"可以导出泰勒公式.

埃尔米特插值则是拉格朗日插值和泰勒插值的综合与推广: 不但要求"过点", 即两者在节点上具有相同的函数值, 而且要求"相切", 即在节点上还具有相同的导数值.

算法设计的基本原理是将复杂划归为简单的重复. 埃特金逐步插值方法正是如此: 将含有多个节点的拉格朗日插值分解为两点线性插值的重复.

插值函数可以有多种选择, 如分段插值、样条插值等, 其中样条插值方法有着广泛的实际应用.

插值逼近是数值微积分方法的理论基础, 用插值函数作为逼近函数, 可以导出多种数值求积公式和数值求导公式. 要得到具体数值求积公式, 不妨先思考下面的三个问题:

(i) 如果你已经找到 $\mathrm{e}^{\sqrt{\sin(0.2)}}$ 的近似值, 那么请近似计算定积分 $\int_0^1 \mathrm{e}^{\sqrt{\sin(x)}}\mathrm{d}x$ 的值?

(ii) 如果你会近似计算定积分 $\int_0^1 \mathrm{e}^{\sqrt{\sin(x)}}\mathrm{d}x$ 的值, 那么定积分 $\int_a^b f(x)\mathrm{d}x$ 的值又如何近似计算?

(iii) 你所给出的定积分 $\int_a^b f(x)\mathrm{d}x$ 的近似值精度如何?

习 题 2

1. 已知 $f(-1) = 2, f(0) = 0, f(2) = 8$. 求函数 $f(x)$ 过这 3 点的二次拉格朗日插值多项式 $p_2(x)$.

2. 给出 $\sin x$ 的函数表.

x	10°	11°	12°	13°	14°
$\sin x$	0.1736482	0.190809	0.2079117	0.2249511	0.2419219

试用三次插值多项式求 $\sin 12°54'$ 的近似值. 并通过插值余项估计绝对误差限.

3. 用泰勒插值多项式 $p(x)$ 逼近函数 $f(x) = \mathrm{e}^x$, 为保证当 $x = 0.1$ 时插值误差不超过 10^{-5}, 问 $p(x)$ 至少应取多少次?

4. 设函数 $y = f(x)$ 在区间 $[a, b]$ 上有定义, 且 $f(x)$ 在区间 (a, b) 内具有二阶导数. 如果当 $x \in (a, b)$ 时, 有 $|f''(x)| \leqslant M$, 证明一次插值余项

$$|R_1(x)| \leqslant \frac{M}{8}(b-a)^2.$$

5. 构造拉格朗日插值多项式 $p(x)$ 逼近 $f(x)=x^3+x+1$, 要求:

(1) 取节点 $x_0=-1, x_1=1$ 作线性插值;

(2) 取节点 $x_0=-1, x_1=0, x_2=1$ 作二次插值;

(3) 取节点 $x_0=-1, x_1=0, x_2=1, x_3=2$ 作三次插值.

6. 证明关于节点 x_0, x_1, x_2 的拉格朗日插值基函数 $l_0(x), l_1(x), l_2(x)$ 恒成立

$$l_0(x)+l_1(x)+l_2(x)-1=0.$$

7. 设 $x_0 \neq x_1$, 求作偶函数的二次多项式 $p(x)$, 使之满足条件

$$p(x_0)=f(x_0), \quad p(x_1)=f(x_1).$$

8. 求作二次多项式 $p(x)$, 使之满足条件

$$p(0)=1, \quad p(1)=2, \quad p'(0)=0.$$

9. 求作三次多项式 $H(x)$, 使之满足条件

$$H(-1)=-9, \quad H'(-1)=15, \quad H(1)=1, \quad H'(1)=-1.$$

10. 设 $f(x)=x^2$ 在区间 $[-1,2]$ 上作划分 $\Delta: x_0=-1, x_1=0, x_2=1, x_3=2$, 求 $f(x)$ 关于此划分的分段线性插值函数.

11. 设 $f(x)=x^4$ 在区间 $[-1,2]$ 上作划分 $\Delta: x_0=-1, x_1=0, x_2=1, x_3=2$, 求 $f(x)$ 关于此划分的分段三次埃尔米特插值函数.

12. 设给定划分点 $-1, 0, 1$, 试用待定系数构造满足下列条件的三次样条 $S_3(x)$:

$$S_3(-1)=-1, \quad S_3(0)=1, \quad S_3(1)=3, \quad S_3'(-1)=6, \quad S_3'(1)=1.$$

13. 用最小二乘法形如 $y=a+bx^2$ 的多项式, 使与下列数据相拟合:

x	1	2	3	5	8
y	0	−2	3	9	20

实 验 2

1. 某气象观测站测得某日 6:00~18:00 每隔 2 小时的室内外温度见实验表所示, 试用不同插值法分别求出该日室内外 6:30~17:30 每隔 2 小时各点的近似温度, 并对其结果进行比较.

时间 h	6:00	8:00	10:00	12:00	14:00	16:00	18:00
室内温度 t_1	18.0	20.0	22.0	25.0	30.0	28.0	24.0
室外温度 t_2	15.0	19.0	24.0	28.0	34.0	32.0	30.0

2. 在某海域测得一些点 (x, y) 处的水深 z 由海域数据表 (单位: 英尺) 给出, 在矩形区域 $(80,200)\times(-100,150)$ 内画出海底曲面的图形; 若船的吃水深度为 6 英尺 (1 英尺 $=0.3048$ 米), 请问在矩形区域为 $(70,200)\times(-100,150)$ 里的哪些地方船要避免进入.

x	129	140	103.5	88	185.5	195	105
y	7.5	141.5	23	147	22.5	137.5	85.5
z	4	8	6	8	6	8	8
x	157.5	107.5	77	81	162	162	117.5
y	−6.5	−81	3	56.5	−66.5	84	−33.5
z	9	9	8	8	9	4	9

3. 某研究所为了研究 N、P、K 三种肥料对于土豆的作用, 分别对每种作物进行了三组实验, 实验中将每种肥料的施用量分为 10 个水平, 其中土豆与 N、P、K 三种肥料之间的施用量数据如下表, 试分别建立土豆产量与三种肥料之间的关系.

土豆产量与 N 施用量

产量/(千克/公顷)	15.18	21.36	25.72	32.29	34.03	39.45	43.15	43.46	40.83	30.75
施肥量/(吨/公顷)	0	34	67	101	135	202	259	336	404	471

土豆产量与 P 施用量

产量/(千克/公顷)	33.46	32.47	36.06	37.96	41.04	40.09	41.26	42.17	40.36	42.73
施肥量/(吨/公顷)	0	24	49	73	98	147	196	245	294	342

土豆产量与 K 施用量

产量/(千克/公顷)	18.98	27.35	34.86	38.52	38.44	37.73	38.43	43.87	42.77	46.22
施肥量/(吨/公顷)	0	47	93	140	186	279	372	465	558	651

4. 已知山东省职工历年平均工资数据如下表, 预测从 2011~2035 年的山东省职工的年平均工资.

年份	1978	1979	1980	1981	1982	1983	1984	1985	1986	1987	1988	1989
平均工资	566	632	745	755	769	789	985	1110	1313	1428	1782	1920
年份	1990	1991	1992	1993	1994	1995	1996	1997	1998	1999	2000	2001
平均工资	2150	2292	2601	3149	4338	5145	5809	6241	6854	7656	8772	10007
年份	2002	2003	2004	2005	2006	2007	2008	2009	2010			
平均工资	11374	12567	14332	16614	19228	22844	26404	29688	32074			

5. 观测物体的直线运动, 得到以下数据, 求物体的运动方程.

时间t/秒	0	0.9	1.9	3.0	3.0	3.9	5.0
位移s/米	0	10	30	30	50	80	110

6. 已知 $\lg x$ 在 $[1, 101]$ 区间 10 个整数采样点的函数值见实验表所示, 试求 $\lg x$ 的五次拟合多项式 $p(x)$, 并绘制出 $\lg x$ 和 $p(x)$ 在 $[1, 101]$ 区间的函数曲线.

x	11	21	31	41	51	61	71	81	91	101
$\lg x$	1.0414	1.3222	1.4914	1.6128	1.7076	1.7853	1.8513	1.9805	1.9510	2.0043

7. 炼钢厂出钢时所用的盛钢水的钢包, 在使用过程中由于钢液及炉渣对耐火材料的侵蚀, 使其容积不断增大, 经试验, 钢包的容积与相应的使用次数的数据见下表, 选用双曲线 $\frac{1}{y}=a+b\frac{1}{x}$ 对数据进行拟合, 使用最小二乘法求出拟合函数, 作出拟合曲线图.

使用次数 x	2	3	4	5	7	8	10
容积 y	106.42	108.2	109.53	109.50	110.00	109.93	110.49
使用次数 x	11	14	15	16	18	19	
容积	110.59	100.60	110.90	110.76	111.00	111.20	

拉格朗日简介

图 2-13　拉格朗日

拉格朗日 (Joseph Louis Lagrange, 1736—1813) 全名为约瑟夫·路易斯·拉格朗日, 法国著名数学家、物理学家. 1736 年 1 月 25 日生于意大利都灵, 1813 年 4 月 10 日卒于巴黎. 他在数学、力学和天文学三个学科领域中都有历史性的贡献, 其中尤以数学方面的成就最为突出, 他研究力学和天文学的目的是表明数学分析的威力. 全部著作、论文、学术报告记录、学术通讯超过 500 篇.

拉格朗日的父亲是法国陆军骑兵里的一名军官, 后由于经商破产, 家道中落. 据拉格朗日本人回忆, 如果幼年时家境富裕, 他也就不会作数学研究了, 因为父亲一心想把他培养成为一名律师. 拉格朗日个人却对法律毫无兴趣.

拉格朗日科学研究所涉及的领域极其广泛. 他在数学上最突出的贡献是使数学分析与几何和力学脱离开来, 使数学的独立性更为清楚, 从此数学不再仅仅是其他学科的工具.

拉格朗日总结了 18 世纪的数学成果, 同时又为 19 世纪的数学研究开辟了道路, 堪称法国最杰出的数学大师. 同时, 他的关于月球运动 (三体问题)、行星运动、轨道计算、两个不动中心问题、流体力学等方面的成果, 在使天文学力学化、力学分析化上, 也起到了历史性的作用, 促进了力学和天体力学的进一步发展, 成为这些领域的开创性或奠基性研究.

主要参考文献

[1] 钱宝琮. 中国数学史[M]. 北京：科学出版社, 1992.

[2] 秦涛. Geostatistics Analyst 中空间内插方法的介绍[J]. 化工矿产地质, 2005, 27(4)：235–240.

[3] 吴春法, 李星. 地质模拟中数据插值方法的应用[J]. 地球信息科学, 2004, 6(2)：50–52.

[4] 张焱, 成秋明, 周永章, 等. 分形插值在地球化学数据中的应用[J]. 中山大学学报：自然科学版, 2011, 50(1)：133–137.

[5] 黄建东, 郑逢中, 彭荔红. 海洋资料整理中一种单调分段插值方法的应用[J]. 台湾海峡, 1995, 14(3)：220–225.

[6] 李令. 航迹插值在无人飞行棋电磁干扰分析中的应用[J]. 计算机仿真, 2009, 26(8)：63–67.

[7] 梅松, 周月娥, 李东波, 等. 基于最小二乘曲线拟合法的皮带垂直与张力关系研究[J]. 制造业自动化, 2012, 34(10)：123–126.

[8] 董改花. 零秒电阻最小二乘曲线拟合函数选择的探讨[J]. 微电机, 2012, 45(11)：75–77.

[9] 黄春林, 张祺, 杨宜民. 三次样条插值方法在 Nao 机器人步态规划中的应用[J]. 机电工程技术, 2011, 40(2)：62–65.

[10] 戴前伟, 彭振斌. 一种基于一元插值的网络化方法[J]. 中南工业大学学报, 1996, 27(2)：132–135.

[11] 罗春林, 崔浩, 舒朝君, 等. 基于三次样条插值的智能汽车酒驾测控系统设计 [J/OL]. 现代电子技术,2019(10):161-165.

[12] 刘海峰, 薛超, 梁星亮. 基于二元 Lagrange 插值多项式的门限方案[J/OL]. 计算机工程与应用, 2019(05):1-8.

[13] 盛彩英, 席唱白, 钱天陆, 等. 浮动车轨迹点地图匹配及插值算法[J/OL]. 测绘科学, 2019 (05):1-12.

[14] 邓志红, 汪进文, 尚剑宇, 等. 基于 Hermite 插值的制导炮弹姿态旋转矢量优化方法[J]. 兵工学报, 2018, 39(10): 2056–2065.

[15] 蒲阳, 王汝兰, 罗明良, 等. 不同雨量次降雨空间插值对比 —— 以四川省南充市降雨为例[J]. 水文, 2018, 38(4): 73–77.

[16] 于耕, 郝俊, 赵龙. 基于分片线性插值的北斗格网电离层延迟问题[J]. 科学技术与工程, 2018, 18(26): 141–146.

[17] 陈伟, 蔡占川. 一种显式 Hermite 曲线插值方法[J]. 计算机辅助设计与图形学学报, 2016, 28(08): 1326–1332.

[18] 李金洁, 王爱慧. 基于西南地区台站降雨资料空间插值方法的比较[J]. 气候与环境研究, 2019, 24(01): 50–60.

[19] 颜湘武, 王俣珂, 贾焦心, 等. 基于非线性最小二乘曲线拟合的虚拟同步发电机惯量与阻尼系数测量方法[J]. 电工技术学报, 2019, 34(07): 1516–1526.

[20] 丁克良, 沈云中, 欧吉坤. 整体最小二乘法直线拟合[J]. 辽宁工程技术大学学报 (自然科学版), 2010, 29(01): 44–47.

[21] 田垅, 刘宗田. 最小二乘法分段直线拟合[J]. 计算机科学, 2012, 39(S1): 482–484.
[22] 闫蓓, 王斌, 李媛. 基于最小二乘法的椭圆拟合改进算法[J]. 北京航空航天大学学报, 2008(03): 295–298.
[23] 曾清红, 卢德唐. 基于移动最小二乘法的曲线曲面拟合[J]. 工程图学学报, 2004(01): 84–89.

第3章　数值积分与数值微分

导　读

在科学研究和工程技术中常常需要计算函数 $f(x)$ 的积分. 根据牛顿–莱布尼茨公式

$$\int_a^b f(x)\mathrm{d}x = F(b) - F(a),$$

定积分的计算转化为被积函数 $f(x)$ 的原函数 $F(x)$ 的计算. 然而, 在实际问题中, 常遇到以下三种情况:

(i) 被积函数的原函数 $F(x)$ 不能由初等函数表示;

(ii) 被积函数的原函数 $F(x)$ 表达式比较复杂不利于实际计算;

(iii) 被积函数 $f(x)$ 表达式未知, 只给出由实验测量或数值计算得到的一张表, 此时原函数无意义.

以上三种情况下牛顿–莱布尼茨公式不能使用, 必须采用另一种求积方法——数值积分方法.

引例 3.1　已知一辆汽车在公路上某时刻的瞬时速度见表 3-1.

表 3-1

时刻 t/分	0	2	4	6	8	10
速度 $v(t)$/(千米/小时)	0	10	20	30	35	40

计算汽车从时刻 2 到时刻 10 所走的路程.

引例 3.2　如何计算定积分 $\displaystyle\int_0^1 \mathrm{e}^{x^2}\mathrm{d}x$?

引例 3.3　在土地丈量中会遇到各种各样的不规则地块, 如何求不规则地块的面积?

上述 3 个引例涉及以下 3 个问题.

(i) 被积函数未知, 而只给出被积函数在离散点上的取值, 如何计算定积分?

(ii) 被积函数的原函数不能使用初等函数表示, 如何计算定积分?

(iii) 实际问题中被积函数表达式未知, 如何计算定积分?

数值积分就是为了解决这些问题而发展起来的近似方法. 随着计算机的普遍使用, 数值积分方法已成为解决工程问题中积分计算的主要方法[1~5]. 本章介绍在实际计算中常用的几种数值积分方法, 分析各种方法的误差, 以及对这些方法进行加速.

在微积分中, 函数的导数是通过极限来定义的, 当函数用列表给出时, 就不能用定义求出它的导数, 只能用近似方法求数值导数. 本章还将介绍数值微分, 提供三种数值微分的转化途径：差商代替微商、插值函数与数值微分、数值积分与数值微分, 将微分转化为原函数值的线性组合, 避免求导数必须要知道原函数的困难.

本章所需要的数学基础知识与理论：导数的概念及计算, 积分第一中值定理, 牛顿–莱布尼茨公式.

3.1 数值积分基本概念

3.1.1 数值积分法

定义 3.1 **数值积分法**是指逼近 $I(f)=\int_a^b f(x)\mathrm{d}x$ 的任意数值方法, 其主要思想是用尽可能少的被积函数值计算来获得较高的逼近精度.

事实上, 对连续函数 $f(x)$, 根据积分中值定理, 存在 $\xi\in[a,b]$, 使得

$$\int_a^b f(x)\mathrm{d}x=(b-a)f(\xi).$$

这在几何上可理解为由 $x=a,x=b,y=0,y=f(x)$ 所围成的曲边梯形面积等于底为 $b-a$ 而高为 $f(\xi)$ 的矩形的面积, 称 $f(\xi)$ 为 $f(x)$ 在 $[a,b]$ 上的平均高度. 因此, 只要给出计算 $f(\xi)$ 的一种算法便相应地获得一种数值积分方法. 例如, 以 $c=a,c=\dfrac{a+b}{2},c=b$ 处的函数值作为平均高度 $f(\xi)$ 的近似值, 相应地得到的积分公式分别被称为**左矩形公式**、**中矩形公式**和**右矩形公式**.

(i) **左矩形公式**

$$\int_a^b f(x)\mathrm{d}x\approx(b-a)f(a);$$

(ii) **中矩形公式**

$$\int_a^b f(x)\mathrm{d}x\approx(b-a)f\left(\frac{a+b}{2}\right);$$

(iii) **右矩形公式**

$$\int_a^b f(x)\mathrm{d}x\approx(b-a)f(b).$$

此外, **梯形公式**

$$\int_a^b f(x)\mathrm{d}x \approx \frac{b-a}{2}[f(a)+f(b)]$$

和**辛普森公式**

$$\int_a^b f(x)\mathrm{d}x \approx \frac{b-a}{6}\left[f(a)+4f\left(\frac{a+b}{2}\right)+f(b)\right],$$

则分别可以看成用 a,b 两点高度的平均值 $\frac{1}{2}[f(a)+f(b)]$ 和 a,b 与 $\frac{a+b}{2}$ 三点高度的平均值 $\frac{1}{6}\left[f(a)+4f\left(\frac{a+b}{2}\right)+f(b)\right]$ 作为平均高度 $f(\xi)$ 的近似值.

更一般地, 取 $[a,b]$ 上若干节点 x_i 处的高度 $f(x_i)$ 通过加权平均的方法近似地得出平均高度 $f(\xi)$, 这类求积方法称为**机械求积法**, 表达式为

$$I(f) \approx (b-a)\sum_{k=0}^{n}\lambda_k f(x_k), \tag{3.1}$$

其中, $x_k(k=0,1,\cdots,n)$ 称为**求积节点**, $\lambda_k(k=0,1,\cdots,n)$ 称为**求积系数**或伴随节点 x_k 的**权**.

一般地, 数值积分法的构造主要依赖被积函数 $f(x)$ 在一个有限点集 $a \leqslant x_0 < x_1 < x_2 < \cdots < x_n \leqslant b$ 上的函数值, 数值逼近结果通常被表示成被积函数在这个有限点集上的线性组合:

$$I(f) \approx I_n(f) = \sum_{k=0}^{n} A_k f(x_k), \tag{3.2}$$

称式 (3.2) 为**数值积分公式**, 其中 $x_k(k=0,1,\cdots,n)$ 称为数值积分公式的节点 (注: 在本章没有特别说明时, x_k 均为此处的定义), $A_k(k=0,1,\cdots,n)$ 称为数值积分系数, A_k 的值只与求积区间和求积节点有关, 与被积函数无关.

数值积分公式的特点是将积分问题归结为被积函数值的计算, 这就避开了牛顿–莱布尼茨公式寻求原函数的困难.

3.1.2 代数精度

数值积分公式 (3.2) 是近似于 $I(f)=\int_a^b f(x)\mathrm{d}x$ 的, 但希望能够选择合适的求积节点和数值积分系数, 使得数值积分公式 $I_n(f)$ 尽可能地逼近 $I(f)$. 通常用 “代数精度” 的高低作为数值积分公式 “好” 与 “差” 的一个标准.

定义 3.2 称数值积分公式 (3.2) 具有 m **次代数精度**, 如果它对一切次数小于等于 m 的多项式是准确成立的, 但对于 $m+1$ 次多项式不准确成立, 或者说, 它

对于幂函数 $f(x)=x^l(l=0,1,\cdots,m)$ 均能准确成立, 即

$$\int_a^b x^l \mathrm{d}x=\sum_{k=0}^n A_k x_k^l, \quad l=0,1,\cdots,m, \tag{3.3}$$

而当 $l=m+1$ 时,

$$\int_a^b x^{m+1}\mathrm{d}x \neq \sum_{i=0}^n A_i x_i^{m+1}.$$

不难验证, 若数值积分公式 (3.2) 具有 m 次代数精度, 则对所有次数不超过 m 的代数多项式均准确成立. 从这种意义上讲, 代数精度越高, 数值积分公式的逼近程度越好. 因此, 代数精度可以完全刻画数值积分公式本身, 而与被积函数无关. 节点相同的数值积分公式, 代数精度越高的就越优.

例 3.1 试判定数值积分公式 $\int_0^1 f(x)\mathrm{d}x \approx \frac{3}{4}f\left(\frac{1}{3}\right)+\frac{1}{4}f(1)$ 的代数精度.

解 对于 $f(x)=x^k(k=0,1,\cdots)$, 验证上式能否准确成立. 因为

$$\int_0^1 1\mathrm{d}x=\frac{3}{4}f\left(\frac{1}{3}\right)+\frac{1}{4}f(1), \quad \int_0^1 x\mathrm{d}x=\frac{3}{4}f\left(\frac{1}{3}\right)+\frac{1}{4}f(1),$$

$$\int_0^1 x^2\mathrm{d}x=\frac{3}{4}f\left(\frac{1}{3}\right)+\frac{1}{4}f(1), \quad \int_0^1 x^3\mathrm{d}x \neq \frac{3}{4}f\left(\frac{1}{3}\right)+\frac{1}{4}f(1),$$

所以上述数值积分公式具有 2 次代数精度.

定义 3.3 如果数值积分公式 (3.2) 至少具有 n 次代数精度, 则称数值积分公式 (3.2) 为**插值型**的.

另外, 插值型数值积分公式还可以按照如下的方式定义.

设给定一组节点 $a \leqslant x_0 < x_1 < \cdots < x_n \leqslant b$ 且已知被积函数 $f(x)$ 在这些节点上的函数值 $f(x_i), i=0,1,\cdots,n$. 作 $f(x)$ 的拉格朗日插值多项式 $p_n(x)$. 由于代数多项式的 $p_n(x)$ 的原函数是容易求出的, 于是取 $I_n(f)=\int_a^b p_n(x)\,\mathrm{d}x$ 作为积分 $I(f)=\int_a^b f(x)\mathrm{d}x$ 的近似值, 这样构造的数值积分公式

$$I(f)\approx I_n(f)=\sum_{k=0}^n A_k f(x_k),$$

称为**插值型**的, 式中的求积系数 A_k 通过插值基函数 $l_k(x)$ 积分得出

$$A_k=\int_a^b l_k(x)\,\mathrm{d}x.$$

数值积分公式 (3.2) 的构造取决于求积节点和数值积分系数的选择, 主要有两种方式:

(1) 固定节点 x_k, 选择积分系数 A_k, 获得尽可能高的代数精度;

(2) 节点 x_k 和积分系数 A_k 都待定, 适当选择 x_k 和 A_k, 获得更高的代数精度.

3.2 插值型数值积分公式

本节介绍低阶的插值型数值积分公式以及牛顿–柯特斯数值积分公式.

3.2.1 低阶插值型数值积分公式

1. *梯形公式*

问题 3.1 已知被积函数 $f(x)$ 在两个端点 $x_0=a, x_1=b$ 的函数值 $f(a), f(b)$, 求插值型数值积分公式.

以 $x_0=a, x_1=b$ 为节点, 对被积函数 $f(x)$ 求拉格朗日插值多项式得

$$p_1(x)=f(a)\frac{x-b}{a-b}+f(b)\frac{x-a}{b-a},$$

从而

$$\int_a^b f(x)\mathrm{d}x \approx \int_a^b p_1(x)\mathrm{d}x=\frac{b-a}{2}[f(a)+f(b)],$$

记

$$T=\frac{b-a}{2}[f(a)+f(b)]. \tag{3.4}$$

称式 (3.4) 为**梯形公式**. 不难验证梯形公式具有 1 次代数精度.

下面考察梯形公式的余项. 根据拉格朗日插值余项定理知, 梯形公式 (3.4) 的余项为

$$E_T(f)=I(f)-T=\frac{f''(\xi)}{2}\int_a^b (x-a)(x-b)\mathrm{d}x,$$

这里被积函数 $(x-a)(x-b)$ 在区间 $[a,b]$ 上保号 (非正), 应用积分中值定理, 在 $[a,b]$ 内存在一点 ξ, 使得

$$E_T(f)=I(f)-T=\frac{f''(\xi)}{2}\int_a^b (x-a)(x-b)\mathrm{d}x=-\frac{f''(\xi)}{12}(b-a)^3. \tag{3.5}$$

2. *辛普森公式*

问题 3.2 已知被积函数 $f(x)$ 在三个节点 $x_0=a, x_1=\dfrac{a+b}{2}, x_2=b$ 的函数值 $f(a), f(x_1), f(b)$, 求插值型数值积分公式.

以 $x_0=a, x_1=\dfrac{a+b}{2}, x_2=b$ 为节点对 $f(x)$ 求拉格朗日插值多项式得

$$p_2(x)=f(x_0)\frac{(x-x_1)(x-x_2)}{(x_0-x_1)(x_0-x_2)}+f(x_1)\frac{(x-x_0)(x-x_2)}{(x_1-x_0)(x_1-x_2)}+f(x_1)\frac{(x-x_0)(x-x_1)}{(x_2-x_0)(x_2-x_1)},$$

从而

$$\int_a^b f(x)\mathrm{d}x \approx \int_a^b p_2(x)\mathrm{d}x = \frac{b-a}{6}\left[f(a)+4f\left(\frac{a+b}{2}\right)+f(b)\right],$$

记

$$S=\frac{b-a}{6}\left[f(a)+4f\left(\frac{a+b}{2}\right)+f(b)\right]. \tag{3.6}$$

称式 (3.6) 为**辛普森公式**. 不难验证辛普森公式具有 3 次代数精度.

再研究辛普森公式 (3.6) 的余项 $E_S(f)=I(f)-S$. 根据拉格朗日插值余项定理知, 辛普森公式 (3.6) 的余项为

$$E_S(f)=I(f)-S=\frac{f'''(\xi)}{3!}\int_a^b (x-a)\left(x-\frac{a+b}{2}\right)(x-b)\mathrm{d}x,$$

由于被积函数 $(x-a)\left(x-\dfrac{a+b}{2}\right)(x-b)$ 在区间 $[a,b]$ 上不保号, 故不能直接应用积分中值定理. 为此要考虑其他办法. 由于辛普森公式具有 3 次代数精度, 它对于满足条件

$$\begin{cases} p_3(a)=f(a), \quad p_3(b)=f(b), \\ p_3(c)=f(c), \quad p_3'(c)=f'(c), \quad c=(a+b)/2 \end{cases}$$

的三次插值多项式 $p_3(x)$ 是准确的, 即

$$\int_a^b p_3(x)\mathrm{d}x=\frac{b-a}{6}[p_3(a)+4p_3(c)+p_3(b)],$$

而利用插值条件知, 上式右端等于按辛普森公式 (3.6) 求得的积分值 S, 因此积分余项

$$E_S(f)=I(f)-S=\int_a^b [f(x)-p_3(x)]\mathrm{d}x.$$

利用埃尔米特插值的余项公式得

$$f(x)-p_3(x)=\frac{f^{(4)}(\xi)}{4!}(x-a)(x-c)^2(x-b),$$

故有

$$E_S(f)=I(f)-S=\frac{f^{(4)}(\xi)}{4!}\int_a^b (x-a)(x-c)^2(x-b)\mathrm{d}x.$$

这里被积函数 $(x-a)(x-c)^2(x-b)$ 在 $[a,b]$ 上保号 (非正), 再利用积分中值定理, 在 $[a,b]$ 内存在一点 ξ, 使得

$$E_s(f)=\frac{f^{(4)}(\xi)}{4!}\int_a^b (x-a)(x-c)^2(x-b)\mathrm{d}x=-\frac{b-a}{180}\left(\frac{b-a}{2}\right)^4 f^{(4)}(\xi). \tag{3.7}$$

3.2.2 牛顿–柯特斯公式

将区间 $[a,b]$ 进行 n 等分, 步长为 $h=\dfrac{b-a}{n}$, 对被积函数 $f(x)$ 建立以节点 $x_k=a+kh,(k=0,1,\cdots,n)$ 的 n 次拉格朗日插值多项式

$$p_n(x)=\sum_{k=0}^{n}\left(\prod_{\substack{j=0\\j\neq k}}^{n}\frac{x-x_j}{x_k-x_j}\right)f(x_k),$$

记 $x=a+th$, 将 $p_n(x)$ 代替 $f(x)$, 便得到等距节点的数值积分公式

$$\int_a^b f(x)\mathrm{d}x\approx\int_a^b p_n(x)\mathrm{d}x=\sum_{k=0}^{n}A_k f(x_k), \tag{3.8}$$

其中 $A_k=(b-a)\mathrm{C}_k^{(n)}$, 而

$$\mathrm{C}_k^{(n)}=\frac{1}{n}\int_0^n\prod_{\substack{j=0\\j\neq k}}^{n}\frac{t-j}{k-j}\mathrm{d}t=\frac{(-1)^{n-k}}{k!(n-k)!n}\int_0^n\prod_{\substack{j=0\\j\neq k}}^{n}(t-j)\mathrm{d}t,\quad k=0,1,2,\cdots,n. \tag{3.9}$$

式 (3.8) 称为**牛顿–柯特斯公式**, A_k 称为数值积分系数, 而 $\mathrm{C}_k^{(n)}$ 称为**柯特斯系数**. 数值积分公式 (3.8) 将连续形式的积分问题转化为离散形式的求和问题, 实现这个转化的桥梁是代数插值多项式. 由此可见, 数值积分是函数插值最直接的应用.

柯特斯系数 $\mathrm{C}_k^{(n)}$ 不但与被积函数无关, 而且与积分区间也无关, 由式 (3.9) 是容易求得的. 当 $n=1$ 时,

$$\mathrm{C}_0^{(1)}=\mathrm{C}_1^{(1)}=\frac{1}{2},$$

这时求积公式是梯形公式 (3.4).

当 $n=2$ 时, 按照式 (3.9), 这时的柯特斯系数为

$$\mathrm{C}_0^{(2)}=\frac{1}{4}\int_0^2(t-1)(t-2)\mathrm{d}t=\frac{1}{6},$$

$$\mathrm{C}_1^{(2)}=-\frac{1}{2}\int_0^2 t(t-2)\mathrm{d}t=\frac{4}{6},\quad \mathrm{C}_2^{(2)}=\frac{1}{4}\int_0^2 t(t-1)\mathrm{d}t=\frac{1}{6}.$$

这时相应的求积公式是辛普森公式 (3.6).

而 $n=4$ 的牛顿–柯特斯公式则特别称为**柯特斯公式**, 其形式是

$$C=\frac{b-a}{90}[7f(x_0)+32f(x_1)+12f(x_2)+32f(x_3)+7f(x_4)],$$

其中 $x_k=a+kh, h=\frac{b-a}{4}$.

柯特斯系数表开头的一部分见表 3-2.

表 3-2

n	$C_0^{(n)}$	$C_1^{(n)}$	$C_2^{(n)}$	$C_3^{(n)}$	$C_4^{(n)}$	$C_5^{(n)}$	$C_6^{(n)}$	$C_7^{(n)}$	$C_8^{(n)}$
1	$\frac{1}{2}$	$\frac{1}{2}$							
2	$\frac{1}{6}$	$\frac{4}{6}$	$\frac{1}{6}$						
3	$\frac{1}{8}$	$\frac{3}{8}$	$\frac{3}{8}$	$\frac{1}{8}$					
4	$\frac{7}{90}$	$\frac{16}{45}$	$\frac{2}{15}$	$\frac{16}{45}$	$\frac{7}{90}$				
5	$\frac{19}{288}$	$\frac{25}{96}$	$\frac{25}{144}$	$\frac{25}{144}$	$\frac{25}{96}$	$\frac{19}{288}$			
6	$\frac{41}{840}$	$\frac{9}{35}$	$\frac{9}{280}$	$\frac{34}{105}$	$\frac{9}{280}$	$\frac{9}{35}$	$\frac{41}{840}$		
7	$\frac{751}{17280}$	$\frac{3577}{17280}$	$\frac{1323}{17280}$	$\frac{2989}{17280}$	$\frac{2989}{17280}$	$\frac{1323}{17280}$	$\frac{3577}{17280}$	$\frac{751}{17280}$	
8	$\frac{989}{28350}$	$\frac{5888}{28350}$	$\frac{-928}{28350}$	$\frac{10496}{28350}$	$\frac{-4540}{28350}$	$\frac{10496}{28350}$	$\frac{-928}{28350}$	$\frac{5888}{28350}$	$\frac{989}{28350}$

通过表 3-2 可以看出:

(i) 对于每一个 n, 柯特斯系数的和等于 1, 即有 $\sum_{k=0}^{n} C_k^{(n)}=1$.

(ii) 对于每一个 n, 有 $C_k^{(n)}=C_{n-k}^{(n)}$.

下面讨论牛顿–柯特斯数值积分公式的稳定性, 即计算被积函数值 $f(x_k)$ 时的舍入误差对计算结果的影响. 在数值积分公式 (3.8) 中, 由于计算 $f(x_k)$ 可能产生舍入误差 δ_k, 实际得到 $\widetilde{f}(x_k)$, 即 $f(x_k)=\widetilde{f}(x_k)+\delta_k$. 因此牛顿–柯特斯数值积分公式产生的误差为

$$\left|\sum_{k=0}^{n} C_k^{(n)} f(x_k)-\sum_{k=0}^{n} C_k^{(n)} \widetilde{f}(x_k)\right| \leqslant \sum_{k=0}^{n}\left|C_k^{(n)}\right||\delta_k| \leqslant \max_k|\delta_k| \sum_{k=0}^{n}\left|C_k^{(n)}\right|.$$

由表 3-2 知, 当 $n \leqslant 7$ 时, $\sum_{k=0}^{n}|C_k^{(n)}|=1$, 计算过程中的舍入误差能得到有效控

制, 计算是稳定的. 但是当 $n \geqslant 8$ 时, $\sum\limits_{k=0}^{n}|\mathrm{C}_k^{(n)}| > 1$, 舍入误差越来越大, 可见高阶牛顿–柯特斯数值积分公式是不稳定的. 实际计算一般只用 $n \leqslant 7$ 时的牛顿–柯特斯数值积分公式.

3.3 复合数值积分公式

前面已经指出高阶牛顿–柯特斯数值积分公式不稳定, 因此通常不用高阶数值积分公式来提高代数精度. 在实际应用中, 为了既能提高计算精度, 又便于算法在计算机上实现, 往往采用复合求积方法.

所谓**复合求积方法**, 就是先把积分区间分成几个子区间 (通常是等分), 并在每个子区间上用低阶数值积分公式计算积分的近似值, 然后将这些近似值求和, 从而得到所求积分的近似值. 本节讨论复合梯形公式、复合辛普森公式、变步长梯形公式和龙贝格算法.

3.3.1 复合梯形公式

将区间 $[a, b]$ 划分为 n 等份, 分点 $x_k = a + kh(k = 0, 1, 2, \cdots, n)$, 在每个子区间 $[x_k, x_{k+1}](k = 0, 1, \cdots, n-1)$ 上采用梯形公式 (3.4), 则得

$$T_n = \frac{h}{2}\sum_{k=0}^{n-1}[f(x_k) + f(x_{k+1})] = \frac{h}{2}\left[f(a) + 2\sum_{k=1}^{n-1}f(x_k) + f(b)\right], \tag{3.10}$$

称为**复合梯形公式**. 复合梯形公式的本质就是将被积函数 $f(x)$ 用分段线性插值 (即折线) 来代替.

算法 3.1 (复合梯形公式) 用复合梯形公式计算积分 $I(f) = \int_a^b f(x)\mathrm{d}x$ (把积分区间 $[a, b]$ 分成 m 个相等子区间).

第一步 输入端点 a, b, 以及正整数 m, 计算步长 $h = \dfrac{b-a}{m}$.

第二步 计算两个端点处的函数值之和记为 U_1.

第三步 对 $x = a + ih, i = 1, 2, \cdots, m-1$, 计算函数值, 求和记为 U_2.

第四步 计算积分近似值 $T = \dfrac{h}{2}[U_1 + 2U_2]$.

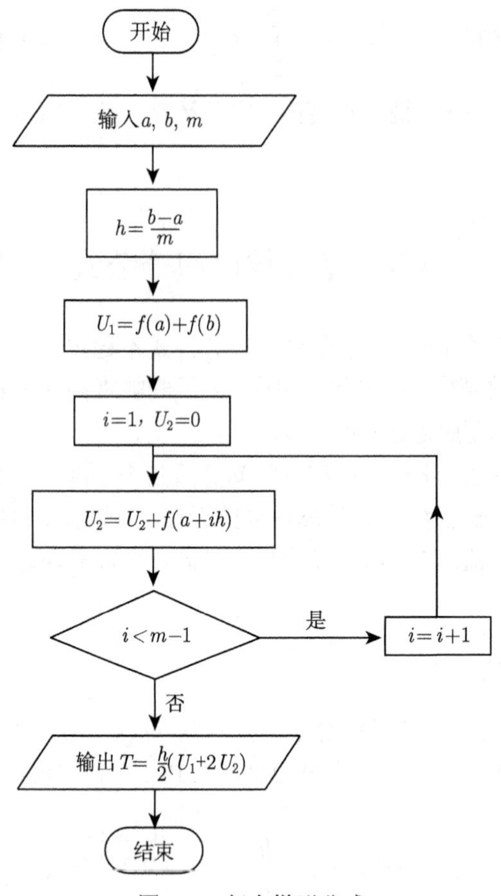

图 3-1　复合梯形公式

3.3.2　复合辛普森公式

将区间 $[a,b]$ 划分为 n 等份, 分点 $x_k=a+kh(k=0,1,2,\cdots,n)$, 在每个子区间 $[x_k,x_{k+1}](k=0,1,\cdots,n-1)$ 上采用辛普森公式 (3.6), 若记 $x_{k+\frac{1}{2}}=x_k+\dfrac{h}{2}$, 则得

$$\begin{aligned} S_n &= \frac{h}{6}\sum_{k=0}^{n-1}[f(x_k)+4f(x_{k+\frac{1}{2}})+f(x_{k+1})] \\ &= \frac{h}{6}\left[f(a)+4\sum_{k=0}^{n-1}f(x_{k+\frac{1}{2}})+2\sum_{k=1}^{n-1}f(x_k)+f(b)\right], \end{aligned} \tag{3.11}$$

称为**复合辛普森公式**. 复合辛普森公式的实质就是将 $[a,b]$ 等分之后, 每个小区间上采用二次插值, 也就是用分段二次插值来代替被积函数.

算法 3.2 (复合辛普森公式) 用复合辛普森公式计算积分 $I(f)=\int_a^b f(x)\mathrm{d}x$ (把积分区间 $[a,b]$ 分成 n 个相等子区间).

第一步 输入端点 a,b, 以及正整数 n, 计算步长 $h=\dfrac{b-a}{n}$.

第二步 计算两个端点处的函数值之和记为 U_1.

第三步 对 $x=a+ih/2, i=1,2,\cdots,2n-1$, 计算函数值, 若 i 是偶数, 函数值之和记为 U_2; 若 i 是奇数, 函数值之和记为 U_3.

第四步 计算积分近似值 $S=\dfrac{h}{6}[U_1+2U_2+4U_3]$.

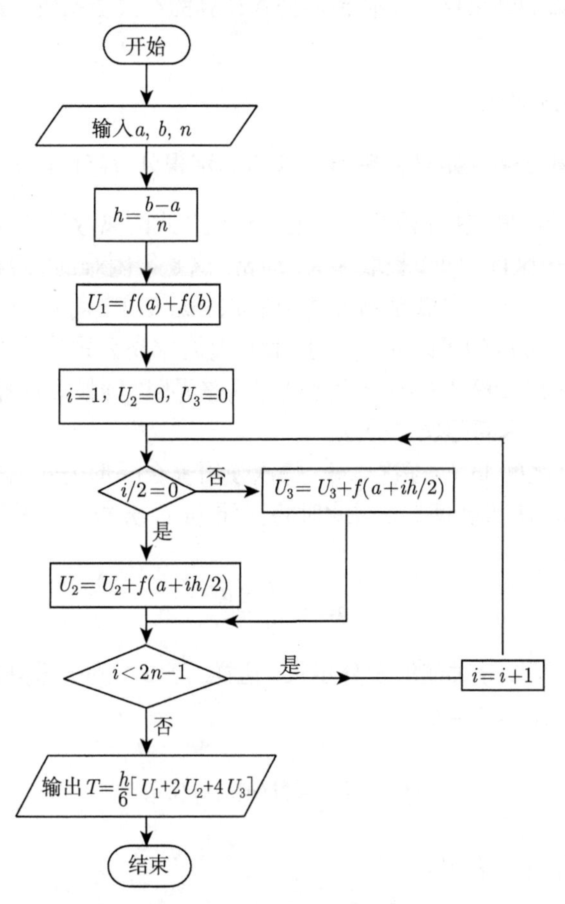

图 3-2 复合辛普森公式

例 3.2 取等分份数 $n=4$, 利用复合梯形公式和复合辛普森公式计算定积分 $\int_1^9 \sqrt{x}\mathrm{d}x$.

解 这里 $a=1, b=9, f(x)=\sqrt{x}$, 由复合梯形公式 (3.10), 可以得到, $h=2$,

$$T_4=\frac{h}{2}\left[\sqrt{1}+2(\sqrt{3}+\sqrt{5}+\sqrt{7})+\sqrt{9}\right]\approx 17.227740.$$

由复合辛普森公式 (3.11), 可以得到

$$S_4=\frac{h}{6}[\sqrt{1}+4(\sqrt{2}+\sqrt{4}+\sqrt{6}+\sqrt{8})+2(\sqrt{3}+\sqrt{5}+\sqrt{7})+\sqrt{9}]\approx 17.332087.$$

而 $\int_1^9\sqrt{x}\mathrm{d}x=\frac{52}{3}=17.333333\cdots$. 从上述计算过程来看, 同样是进行 4 等分, 用复合辛普森公式计算的结果比用复合梯形公式计算的结果更接近准确值, 有效数字的位数更多.

3.3.3 变步长梯形公式

应用复合求积公式, 如复合梯形公式计算定积分 $I(f)=\int_a^b f(x)\mathrm{d}x$ 时, 为了保证计算结果的精确度, 往往需要事先根据求积公式的离散误差界来确定积分区间 $[a,b]$ 分成多少个子区间, 即步长取多大. 通常, 这是很困难的. 现在, 希望让计算机自动选取积分步长, 计算出满足精度要求的积分近似值. 将积分区间逐次二分, 即每次总是将前一次分成的子区间再二分, 使用复合求积公式计算出积分近似值后比较相邻两次结果. 若二者之差小于所允许的误差界限, 则最后计算结果作为积分近似值, 这种方法称为**区间逐次二分法**.

现在, 将积分区间 $[a,b]$ 逐次二分, 每次使用复合梯形公式, 得到的积分近似值称为梯形值. 第 m 次将区间二分 (此时将区间 $[a,b]$ 分成 2^{m-1} 等份) 得到的梯形值记作 $T_{2^{m-1}}$. 令

$$h_m=\frac{b-a}{2^{m-1}},$$

它是第 m 次将区间二分时取的积分步长. 这样, 可以得到一系列的梯形值.

当 $m=1$ 时, $h_1=b-a$,

$$T_1=\frac{b-a}{2}[f(a)+f(b)].$$

当 $m=2$ 时, $h_2=h_1/2$,

$$\begin{aligned}T_2=&\frac{b-a}{4}\left[f(a)+f(b)+2f\left(a+\frac{b-a}{2}\right)\right]\\=&\frac{1}{2}\left[T_1+h_1f\left(a+\frac{h_1}{2}\right)\right].\end{aligned}$$

当 $m=3$ 时, $h_3=h_2/2$,

$$T_4=\frac{b-a}{8}\left\{f(a)+f(b)+2\left[f\left(a+\frac{b-a}{4}\right)+f\left(a+\frac{b-a}{2}\right)+f\left(a+\frac{3(b-a)}{4}\right)\right]\right\},$$
$$=\frac{1}{2}\left\{T_2+h_2\left[f\left(a+\frac{h_2}{2}\right)+f\left(a+\frac{3h_2}{2}\right)\right]\right\}.$$

一般地

$$\begin{cases} T_1=\dfrac{b-a}{2}[f(a)+f(b)], \\ T_{2^l}=\dfrac{1}{2}\left[T_{2^{l-1}}+h_l\displaystyle\sum_{k=1}^{2^{l-1}}f\left(a+\left(k-\frac{1}{2}\right)h_l\right)\right], \quad l=1,2,\cdots, \end{cases} \tag{3.12}$$

其中

$$h_m=\frac{b-a}{2^{m-1}}=\frac{1}{2}h_{m-1}, \quad h_1=b-a,$$

h_m 是将区间 $[a,b]$ 分成 2^{m-1} 等份的步长. 上式称为变步长梯形公式[6], 它与复合梯形公式没有本质区别. 由于在计算过程中将积分区间逐次二分, 因此变步长梯形公式中的步长不像定步长梯形公式那样固定不变, 而是随积分区间二分而逐次减半. 变步长梯形公式的优点是上一次计算的积分近似值对当前的计算仍然有用, 避免了存储资源的浪费, 节省计算时间, 提高运算速度.

算法 3.3 (变步长梯形公式) 用变步长梯形公式计算积分 $I(f)=\int_a^b f(x)\mathrm{d}x$.

第一步 输入端点 a,b, $h=b-a$ 计算 $T_1=\frac{h}{2}[f(a)+f(b)]$.

第二步 当 $m=1,2,\cdots$, 对 $[a,b]$ 进行 2^m 等分, $h_m=\frac{h}{2^m}$ 计算

$$T_{2^m}=\frac{1}{2}\left[T_{2^{m-1}}+h_m\sum_{k=1}^{2^{m-1}}f\left(a+\left(k-\frac{1}{2}\right)h_m\right)\right], \quad m=1,2,3,\cdots.$$

第三步 计算 $|T_{2^m}-T_{2^{m-1}}|$, 若 $|T_{2^m}-T_{2^{m-1}}|<\varepsilon$, 则 T_{2^m} 为积分近似值; 否则, 重复第二步、第三步.

第四步 输出 m, T_{2^m}.

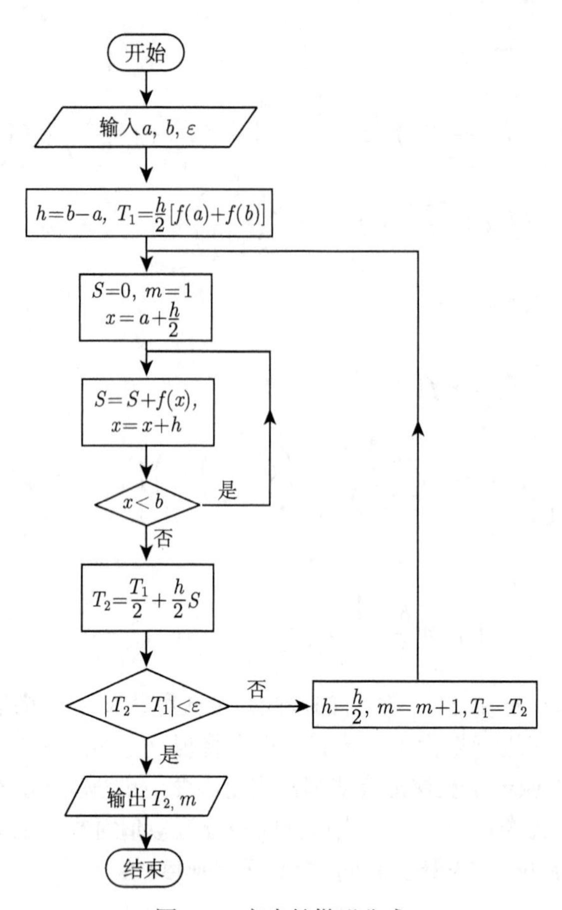

图 3-3　变步长梯形公式

例 3.3　利用变步长梯形公式计算 $\int_0^1 \frac{\sin x}{x}\,\mathrm{d}x$ 的近似值, 使误差不超过 $\varepsilon = 10^{-4}$.

解　在积分区间逐次二分的过程中依次计算积分近似值 $T_{2^{m-1}}, m = 1, 2, \cdots$, 并用是否满足不等式 $|T_{2^m} - T_{2^{m-1}}| < \varepsilon$ 来判断计算过程是否需要进行下去.

先对整个区间 $[0, 1]$ 使用梯形公式, 得

$$T_1 = \frac{1-0}{2}[f(0) + f(1)] = 0.92073549,$$

然后将区间二等分, 出现的新分点是 $x = \frac{1}{2}$, 由递推公式 (3.12) 得

$$T_2 = \frac{1}{2}T_1 + \frac{1}{2}f\left(\frac{1}{2}\right) = 0.93979328,$$

此时 $|T_2 - T_1| = 0.01905779 > \varepsilon$, 不满足精度要求. 因此再将各小区间二等分, 出现

的两个新分点是 $x=\frac{1}{4}$ 和 $x=\frac{3}{4}$, 由递推公式 (3.12) 得

$$T_4=\frac{1}{2}T_2+\frac{1}{4}\left[f\left(\frac{1}{4}\right)+f\left(\frac{3}{4}\right)\right]\approx 0.94451352,$$

此时 $|T_4-T_2|=0.00472027>\varepsilon$, 仍然不满足精度要求, 需要继续计算下去.

这样, 不断将各小区间二等分下去, 可利用递推公式 (3.12) 依次计算出 T_8, $T_{16},\cdots$, 计算结果见表 3-3. 由于 $|T_{32}-T_{16}|<\varepsilon$, 故 $T_{32}=0.94605856$ 为满足精度要求的积分近似值.

表 3-3

n	T_{2^n}	$T_{2^n}-T_{2^{n-1}}$
1	0.92073549	—
2	0.93979328	0.01905779
3	0.94451352	0.00472027
4	0.94569086	0.00117734
5	0.94598503	2.94170×10^{-4}
6	0.94605856	7.3530×10^{-5}

3.3.4 龙贝格算法

前面介绍的变步长梯形公式 (3.12), 虽然具有结构简单, 易在计算机上实现等优点, 但是由它产生的梯形序列 $\{T_{2^n}\}$, 其收敛速度却是缓慢的. 例如, 用此方法计算 $\int_0^1\frac{\sin x}{x}\,\mathrm{d}x$ 的近似值时, 要计算到 T_{32} 才能获得误差不超过 $\varepsilon=10^{-4}$ 的近似值, 用此方法计算更高精度要求的近似值, 显然是费时、费力, 甚至是不可能的. 如何提高收敛速度以节省计算量[7,8], 自然是数值计算中大家最为关心的课题.

龙贝格算法是在积分区间逐次二分的过程中, 对用复合梯形公式产生的近似值进行加权平均, 以获得准确程度较高的近似值的一种方法, 具有公式简练、使用方便、结果较可靠等优点. 下面介绍龙贝格算法的基本原理和应用方法.

根据复合梯形公式的余项

$$E_{T_n}(f)=I-T_n=-\frac{h^2}{12}(b-a)f''(\eta),\quad \eta\in[a,b],$$

梯形值 T_n 的截断误差大致与 h^2 成正比, 因此当步长二等分后截断误差

$$E_{T_{2n}}(f)=I-T_{2n}=-\frac{\left(\frac{h}{2}\right)^2}{12}(b-a)f''(\xi),\quad \xi\in[a,b],$$

从而得到

$$\frac{I-T_{2n}}{I-T_n}\approx\frac{1}{4}.$$

同样可以从下面的例子, 即用复合梯形公式计算定积分 $\int_0^{\pi} \mathrm{e}^x \mathrm{d}x$ 的近似值的过程中探究提高收敛速度的算法, 观察对积分区间逐次二分相邻两次得到的梯形值之间的关系, 对得到的近似值进行线性组合能否提高收敛速度.

例 3.4 利用变步长梯形公式计算定积分 $\int_0^{\pi} \mathrm{e}^x \mathrm{d}x$.

解 定积分的精确值为 $I = \int_0^{\pi} \mathrm{e}^x \mathrm{d}x = \mathrm{e}^{\pi} - 1$, 对积分区间逐次分半, 利用变步长梯形公式计算结果见表 3-4.

表 3-4

n	$e_n = I_n(f) - I$	e_n/e_{2n}
2	4.37564	—
4	1.12659	3.88
8	2.83802×10^{-1}	3.96
16	7.10871×10^{-2}	3.99
32	1.77803×10^{-2}	3.99
64	4.44562×10^{-3}	3.99

从表 3-4 可以看出, 步长减半后误差将减至 $\frac{1}{4}$, 即有

$$\frac{I - T_{2n}}{I - T_n} \approx \frac{1}{4},$$

将上式移项整理, 知

$$I - T_{2n} \approx \frac{1}{3}(T_{2n} - T_n).$$

当用 T_{2n} 作为 $I(f)$ 的近似值时, 其误差为 $\frac{1}{3}(T_{2n}-T_n)$, 反过来, 如果用 $\frac{1}{3}(T_{2n}-T_n)$ 作为 T_{2n} 的一种补偿, 可以期望得到的新近似值,

$$\overline{T} = T_{2n} + \frac{1}{3}(T_{2n} - T_n),$$

即

$$\overline{T} = \frac{4}{3}T_{2n} - \frac{1}{3}T_n = \frac{4T_{2n} - T_n}{4-1}. \tag{3.13}$$

那么, 按式 (3.13) 作线性组合得到的新近似值 $\overline{T}$, 其实质是什么呢?

由前面的递推公式得

$$T_{2n} = \frac{1}{2}T_n + \frac{h}{2}\sum_{k=0}^{n-1} f(x_{k+\frac{1}{2}}),$$

代入式 (3.13) 整理可得

$$\overline{T} = S_n.$$

T_{2n}, T_n 的线性组合后得到辛普森公式, 也可直接验证得

$$S_n = \frac{4}{3}T_{2n} - \frac{1}{3}T_n.$$

同样的方法考虑辛普森公式的余项

$$E_{S_n}(f) = I - S_n = -\frac{b-a}{180}\left(\frac{h}{2}\right)^4 f^{(4)}(\eta), \quad \eta \in [a,b],$$

可以得到

$$\frac{I - S_{2n}}{I - S_n} \approx \frac{1}{16},$$

将上式移项整理, 知

$$I - S_{2n} \approx \frac{1}{15}(S_{2n} - S_n).$$

当用 S_{2n} 作为 $I(f)$ 的近似值时, 其误差为 $\frac{1}{15}(S_{2n}-S_n)$, 反过来, 如果用 $\frac{1}{15}(S_{2n}-S_n)$ 作为 S_{2n} 的一种补偿, 可以期望得到的新近似值

$$\overline{S} = \frac{16}{15}S_{2n} - \frac{1}{15}S_n = \frac{16S_{2n} - S_n}{4^2 - 1}. \tag{3.14}$$

不难验证

$$C_n = \frac{16}{15}S_{2n} - \frac{1}{15}S_n = \frac{4^2 S_{2n} - S_n}{4^2 - 1}.$$

即 S_{2n} 与 S_n 线性组合后得到柯特斯公式.

同样, 根据柯特斯公式的余项可以得到

$$\frac{I - C_{2n}}{I - C_n} \approx \frac{1}{64},$$

可进一步导出下列公式

$$R_n = \frac{64}{63}C_{2n} - \frac{1}{63}C_n = \frac{4^3 C_{2n} - C_n}{4^3 - 1}. \tag{3.15}$$

这个公式称为**龙贝格(Romberg)公式**.

综上可知, 可以在积分区间逐次二分的过程中利用公式 (3.13)~(3.15), 将粗糙的近似值 T_n 逐步地 "加工" 成越来越精确的近似值 $S_n, C_n, R_n, \cdots$. 也就是说, 将收敛速度缓慢的梯形序列 $\{T_{2^k}\}$ 逐步地 "加工" 成收敛速度越来越快的新序列 $\{S_{2^k}\}$, $\{C_{2^k}\}$, $\{R_{2^k}\}, \cdots$. 这种加速的方法就称为**龙贝格算法**. 龙贝格算法是松弛技术的运用. 其加工过程如下:

设以 $T_{2^k}, S_{2^k}, C_{2^k}, R_{2^k}$ 分别表示二分 k 次后利用梯形公式、辛普森公式、柯特斯公式、龙贝格公式计算的结果, 则该方法计算顺序与计算步骤见表 3-5.

表 3-5

k	T_{2^k}	S_{2^k}	C_{2^k}	R_{2^k}
0	① T_1			
1	② T_2	③ S_1		
2	④ T_4	⑤ S_2	⑥ C_1	
3	⑦ T_8	⑧ S_4	⑨ C_2	⑩ R_1
4	⑪ T_{16}	⑫ S_8	⑬ C_4	⑭ R_2

例 3.5 利用龙贝格算法计算定积分 $\int_1^3 \mathrm{e}^x \sin x \, \mathrm{d}x$.

解 $T_1 = \dfrac{3-1}{2}(\mathrm{e}\sin 1 + \mathrm{e}^3 \sin 3) \approx 5.12182641, T_2 = \dfrac{1}{2}[T_1 + 2f(2)] \approx 9.2776291,$

$$S_1 = \frac{4}{3}T_2 - \frac{1}{3}T_1 \approx 10.6657417.$$

计算结果见表 3-6.

表 3-6

k	T_{2^k}	S_{2^k}	C_{2^k}	R_{2^k}
0	5.12182641			
1	9.27976291	10.6657417		
2	10.5205543	10.9341514	10.9520454	
3	10.8420435	10.9492005	10.9502102	10.9501811
4	10.9230939	10.9501107	10.9501710	10.9201704

由表 3-6 可以看出, 龙贝格算法的效果非常显著, 而计算量可以忽略不计, 因为只进行少量的四则运算, 没有涉及求函数值.

为了便于上机计算, 引用记号 $T_m^{(k)}$ 来表示各近似值, 其中 k 代表积分区间的二分次数, 下标 m 代表近似值 $T_m^{(k)}$ 所在序列的性质: 当 $m=0$ 时在梯形序列中, 当 $m=1$ 时在辛普森序列中, 当 $m=2$ 时在柯特斯序列中, $\cdots$. 引入上面的记号之后, 龙贝格算法所用的各个计算公式可以统一为

$$\begin{cases} T_0^{(0)} = \dfrac{b-a}{2}[f(a)+f(b)], \\ T_0^{(l)} = \dfrac{1}{2}T_0^{(l-1)} + \dfrac{b-a}{2^l}\displaystyle\sum_{i=1}^{2^{l-1}} f\left[a+(2i-1)\dfrac{b-a}{2^l}\right], \quad l=1,2,3,\cdots, \\ T_m^{(k)} = \dfrac{4^m T_{m-1}^{(k+1)} - T_{m-1}^{(k)}}{4^m - 1}, \quad k=0,1,2,\cdots; m=1,2,3,\cdots \end{cases} \tag{3.16}$$

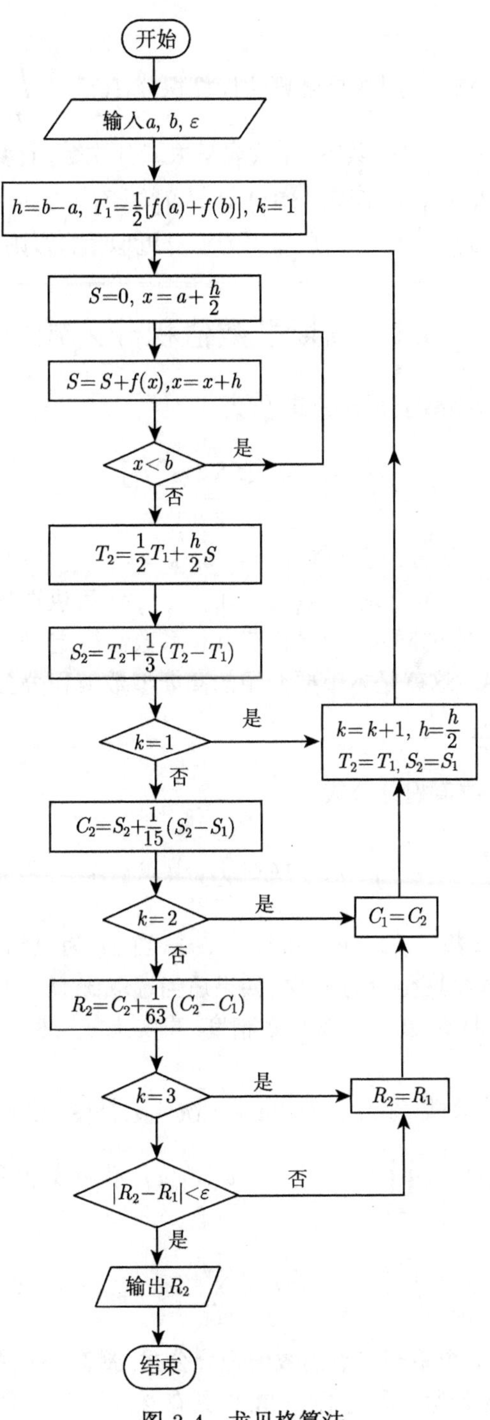
开始
输入a, b, ε
$h=b-a$, $T_1=\frac{1}{2}[f(a)+f(b)]$, $k=1$
$S=0$, $x=a+\frac{h}{2}$
$S=S+f(x)$,$x=x+h$
$x<b$
是
否
$T_2=\frac{1}{2}T_1+\frac{h}{2}S$
$S_2=T_2+\frac{1}{3}(T_2-T_1)$
$k=1$
是
否
$k=k+1$, $h=\frac{h}{2}$
$T_2=T_1$, $S_2=S_1$
$C_2=S_2+\frac{1}{15}(S_2-S_1)$
$k=2$
是
否
$C_1=C_2$
$R_2=C_2+\frac{1}{63}(C_2-C_1)$
$k=3$
是
$R_2=R_1$
$|R_2-R_1|<\varepsilon$
否
是
输出R_2
结束

图 3-4 龙贝格算法

算法 3.4 (龙贝格算法) 用龙贝格算法计算积分 $I(f)=\int_a^b f(x)\mathrm{d}x$.

第一步 输入端点 a,b,ε,k_0, 其中 k_0 代表最大二分次数, 计算 $T_0^{(0)}$.

第二步 当 $k=1,2,\cdots,k_0$, 按式 (3.16) 计算 $T_0^{(k)},T_1^{(k-1)},\cdots,T_k^{(0)}$.

第三步 若 $|T_m^{(k)}-T_{m-1}^{(k-1)}|<\varepsilon$, 则 $T_m^{(k)}$ 为积分近似值; 否则, 重复第二步.

3.4 高斯型数值积分公式

前面介绍的插值型数值积分公式 (3.2)

$$\int_a^b f(x)\mathrm{d}x \approx \sum_{k=0}^{n} A_k f(x_k)$$

一般都是将区间 $[a,b]$ 等分, 用这些等分点 $x_k(k=0,1,\cdots,n)$ 作为求积节点. 由于节点先固定后, 只有 $n+1$ 个系数 $A_k(k=0,1,\cdots,n)$ 可供选择, 因而该数值积分公式代数精度受到了一定的限制. 如果让节点和系数都待定, 则可以构造出代数精度更高的数值积分公式. 这就是本节要介绍的高斯型数值积分公式.

3.4.1 定义及其特征

形如式 (3.2) 的数值积分公式

$$\int_a^b f(x)\mathrm{d}x \approx \sum_{k=0}^{n} A_k f(x_k),$$

含有 $2n+2$ 个待定参数 $A_k,x_k(k=0,1,\cdots,n)$. 当 x_k 为已知节点时得到的插值型数值积分公式其代数精度至少为 n 次, 如果适当选取 $x_k(k=0,1,\cdots,n)$, 有可能使数值积分公式 (3.2) 具有 $2n+1$ 次代数精度. 事实上, 上述公式的代数精度最高为 $2n+1$.

不妨设数值积分公式 (3.2) 具有 $2n+2$ 次代数精度, 以数值积分公式 (3.2) 中的节点构造函数 $f(x)=\prod_{i=0}^{n}(x-x_i)^2=\omega_{n+1}^2(x)$, 代入数值积分公式 (3.2), 可以得到

$$0<\int_a^b \omega_{n+1}^2(x)\mathrm{d}x=\sum_{k=0}^{n} A_k\omega_{n+1}^2(x_k)=0,$$

矛盾, 从而具有 $n+1$ 个不同节点的数值积分公式, 最高的代数精度为 $2n+1$.

定义 3.4 若形如数值积分公式 (3.2) 具有 $2n+1$ 次代数精度, 则称它为**高斯型数值积分公式**, 积分节点称为**高斯点**.

为了讨论的方便, 引入变量替换

$$x=\frac{a+b}{2}+\frac{b-a}{2}t,$$

此时

$$\int_a^b f(x)\mathrm{d}x=\frac{b-a}{2}\int_{-1}^1 f\left(\frac{b+a}{2}+\frac{b-a}{2}t\right)\mathrm{d}t,$$

因此, 讨论高斯型数值积分公式的时候就可以只讨论函数 $f(x)$ 在 $[-1,1]$ 上的数值积分公式.

当 $n=0$ 时, 一点高斯型数值积分公式

$$\int_{-1}^1 f(x)\mathrm{d}x\approx A_0f(x_0),$$

对函数 $f(x)=1,x$ 上述积分公式准确成立, 即

$$\begin{cases}A_0=2,\\ A_0x_0=0,\end{cases}$$

解得

$$A_0=2,\quad x_0=0.$$

这样构造的一点高斯公式就是前面提到的中矩形公式 $\int_{-1}^1 f(x)\mathrm{d}x\approx 2f(0)$.

当 $n=1$ 时, 两点高斯型数值积分公式

$$\int_{-1}^1 f(x)\mathrm{d}x\approx A_0f(x_0)+A_1f(x_1),$$

对函数 $f(x)=1,x,x^2,x^3$ 上述积分公式准确成立, 即

$$\begin{cases}A_0+A_1=2,\\ A_0x_0+A_1x_1=0,\\ A_0x_0^2+A_1x_1^2=\dfrac{2}{3},\\ A_0x_0^3+A_1x_1^3=0.\end{cases}$$

这样归结出的方程组是含有 4 个未知数的非线性方程组, 它的求解似乎有实质性的困难.

可以运用对称性原则进行简化处理. 高斯公式具有高精度, 它的结构应当具有对称性. 特别地, 对于两点高斯公式, 令

$$A_0=A_1,\quad -x_0=x_1,$$

则方程组的第二与第四两个式子自然成立, 从而可将它化简为

$$\begin{cases} 2A_0 = 2, \\ 2A_0x_0^2 = \dfrac{2}{3}, \end{cases}$$

由此解得

$$A_0 = A_1 = 1, \quad -x_0 = x_1 = \frac{1}{\sqrt{3}},$$

即当 $n=1$ 时, 两点高斯型数值积分公式

$$\int_{-1}^{1} f(x)\mathrm{d}x \approx f\left(-\frac{1}{\sqrt{3}}\right) + f\left(\frac{1}{\sqrt{3}}\right).$$

当 $n=2$ 时, 三点高斯型数值积分公式

$$\int_{-1}^{1} f(x)\mathrm{d}x \approx A_0f(x_0) + A_1f(x_1) + A_2f(x_2),$$

对函数 $f(x) = 1, x, x^2, x^3, x^4, x^5$ 上述积分公式准确成立, 即

$$\begin{cases} A_0 + A_1 + A_2 = 2, \\ A_0x_0 + A_1x_1 + A_2x_2 = 0, \\ A_0x_0^2 + A_1x_1^2 + A_2x_2^2 = \dfrac{2}{3}, \\ A_0x_0^3 + A_1x_1^3 + A_2x_2^3 = 0, \\ A_0x_0^4 + A_1x_1^4 + A_2x_2^4 = \dfrac{2}{5}, \\ A_0x_0^5 + A_1x_1^5 + A_2x_2^5 = 0. \end{cases}$$

这是一个复杂的非线性方程组, 运用对称性原则, 令

$$A_0 = A_2, \quad -x_0 = x_2, \quad x_1 = 0,$$

则可将上述方程组化简为

$$\begin{cases} 2A_0 + A_1 = 2, \\ 2A_0x_0^2 = \dfrac{2}{3}, \\ 2A_0x_0^4 = \dfrac{2}{5}, \end{cases}$$

从而解得

$$A_0 = A_2 = \frac{5}{9}, \quad A_1 = \frac{8}{9},$$

$$-x_0 = x_2 = \sqrt{\frac{3}{5}}, \quad x_1 = 0.$$

即当 $n = 2$ 时, 三点高斯型数值积分公式

$$\int_{-1}^{1} f(x)\mathrm{d}x \approx \frac{5}{9} f\left(-\sqrt{\frac{3}{5}}\right) + \frac{8}{9} f(0) + \frac{5}{9} f\left(\sqrt{\frac{3}{5}}\right).$$

3.4.2 高斯公式的一般构造法

根据定义, 要使式 (3.2) 具有 $2n+1$ 次代数精度, 只要取 $f(x) = x^m$, 对 $m = 0, 1, \cdots, 2n+1$, 数值积分公式 (3.2) 准确成立, 即

$$\sum_{k=1}^{n} A_k x_k^m = \int_a^b x^m \mathrm{d}x, \quad m = 0, 1, \cdots, 2n+1,$$

则可由上式解得 x_k 及 $A_k (k = 0, 1, \cdots, n)$.

例 3.6 试构造 $\int_0^1 \frac{1}{\sqrt{x}} f(x)\mathrm{d}x \approx A_0 f(x_0) + A_1 f(x_1)$ 的高斯型数值积分公式.

解 该高斯型积分公式含两个求积节点, 故代数精度为 3, 从而对于 $f(x) = 1, x, x^2, x^3$ 准确成立, 即

$$\begin{cases} A_0 + A_1 = 2, \\ A_0 x_0 + A_1 x_1 = \dfrac{2}{3}, \\ A_0 x_0^2 + A_1 x_1^2 = \dfrac{2}{5}, \\ A_0 x_0^3 + A_1 x_1^3 = \dfrac{2}{7}. \end{cases}$$

利用上述方程组的第一式乘 x_0 减去第二式得到

$$-A_1(x_1 - x_0) = 2x_0 - \frac{2}{3},$$

同样地, 利用第二式乘 x_0 减去第三式, 利用第三式乘 x_0 减去第四式, 得到

$$-A_1 x_1 (x_1 - x_0) = \frac{2}{3} x_0 - \frac{2}{5},$$

$$-A_1 x_1^2 (x_1 - x_0) = \frac{2}{5} x_0 - \frac{2}{7}.$$

进而可以得到

$$\frac{1}{x_1} = \frac{2x_0 - \dfrac{2}{3}}{\dfrac{2}{3} x_0 - \dfrac{2}{5}} = \frac{\dfrac{2}{3} x_0 - \dfrac{2}{5}}{\dfrac{2}{5} x_0 - \dfrac{2}{7}},$$

由此解出

$$x_0 \approx 0.115587, \quad x_1 \approx 0.741556,$$

从而求出

$$A_0 \approx 1.30429, \quad A_1 \approx 0.69571.$$

于是 $\int_0^1 \frac{1}{\sqrt{x}} f(x)\mathrm{d}x \approx A_0 f(x_0) + A_1 f(x_1)$ 的高斯型数值积分公式是

$$\int_0^1 \frac{1}{\sqrt{x}} f(x)\mathrm{d}x \approx 1.30429 f(0.115587) + 0.64571 f(0.741556).$$

高斯型数值积分公式的优点是精度高, 但也有明显的缺点, 就是求积节点和系数较复杂, 无规律. 这虽然可以查表解决, 但当 n 改变时, 节点和系数都要改变, 需要占用较多存储单元. 在实际计算中, 也可用复合求积的思想, 将 $[a, b]$ 分成很多小区间, 每个小区间上使用低阶高斯型数值积分公式求积, 再将各区间段的积分值求和即得定积分 $I(f)$ 的近似值. 在数值积分的计算过程中追求高精度的算法就需要付出一定的代价, 因此实际计算中还是采用相对较低精度、代价少的计算方法. 在实际中, 往往采用复合中矩形公式.

3.5 数 值 微 分

当函数 $f(x)$ 的表达式过于复杂, 或者函数 $f(x)$ 只给出函数表格, 而又需要求出函数 $f(x)$ 在某些点上的导数值时, 就产生了数值微分的问题. 数值微分就是用函数值的线性组合近似函数在某点的导数值.

3.5.1 差商与微商

按导数定义可以简单地用差商近似导数, 这样得到几种数值微分公式:

$$f'(x_0) \approx \frac{f(x_0 + h) - f(x_0)}{h}, \qquad \text{(向前差商公式)}$$

$$f'(x_0) \approx \frac{f(x_0) - f(x_0 - h)}{h}, \qquad \text{(向后差商公式)}$$

$$f'(x_0) \approx \frac{f\left(x_0 + \dfrac{h}{2}\right) - f\left(x_0 - \dfrac{h}{2}\right)}{h}, \quad \text{(中心差商公式)}$$

其中 h 为一增量, 称为步长.

从理论上讲, 用差商代替微商 $f'(x_0)$:

$$f'(x_0) \approx \frac{f(x) - f(x_0)}{x - x_0}.$$

按理说是 x 越靠近 x_0, 差商作为微商的近似就越好, 实际计算时并非如此. 这是因为, x 越靠近 x_0, 就表明两个越来越相近的数作减法运算, 这将会产生很大的误差, 原因是差商中分子的舍入误差将被很大的数 (分母很小, 倒数很大) 放大, 因此差商作为微商的近似都存在一个最佳步长问题. 下面先看一个例子.

例 3.7 用中心差商公式求 $f(x)=\sqrt{x}$ 在 $x=2$ 处的一阶导数.

解 计算得到 $f'(x)=\dfrac{1}{2\sqrt{x}}$, $f'(2)=\dfrac{1}{2\sqrt{2}}=0.35355339\cdots$, 用步长为 h 的差商近似代替微商

$$f'(2)\approx\frac{f\left(2+\dfrac{h}{2}\right)-f\left(2-\dfrac{h}{2}\right)}{h}.$$

分别以不同的 h 计算出 $f'(2)$ 的近似值见表 3-7.

表 3-7

h	$f'(2)$ 的近似值	误差
2	0.3660	−0.01244661
1	0.3564	−0.00284661
0.2	0.3535	0.00005339
0.1	0.3536	−0.00004661
0.02	0.3550	−0.00144661
0.01	0.3500	0.00355339

从表 3-7 可以看出差商作为微商的近似, 在 $h=0.2$ 和 $h=0.1$ 两处最好. 或者说当 $h>0.2$ 和 $h<0.1$ 时误差都比较大. 从此例可以看出, 并不是 h 越小, 差商代替微商越好. 差商作为微商的近似都存在一个最佳步长问题, 这里由于篇幅限制就不再叙述, 有兴趣的读者可以查阅相关资料[9−10].

3.5.2 插值函数与数值微分

问题 3.3 若已知区间 $[a,b]$ 上的函数 $y=f(x)$ 在 $n+1$ 个不同节点 $x_0,x_1,\cdots,x_n$ 上的函数值 $y_0,y_1,\cdots,y_n$, 求函数 $y=f(x)$ 在某一点的导数值.

根据上述问题, 可以建立函数 $f(x)$ 的 n 次插值多项式 $p_n(x)$, 取 $p_n'(x)$ 的值作为 $f'(x)$ 的近似值, 这样建立的数值公式

$$f'(x)=p_n'(x), \tag{3.17}$$

统称为插值型的求导公式.

必须指出, 即使 $f(x)$ 与 $p_n(x)$ 值相差不多, 导数的近似值 $p_n'(x)$ 与导数的真值 $f'(x)$ 仍然可能差别很大, 因而在使用求导公式 (3.17) 时应该特别注意误差的分析. 下面以等距三个节点为例进行说明.

设已给出三个节点 $x_0, x_1 = x_0+h, x_2 = x_0+2h$ 上的函数值 $f(x_0), f(x_1), f(x_2)$, 求节点 x 处的导数值. 根据给出的节点 $x_0, x_1 = x_0 + h, x_2 = x_0 + 2h$, 建立拉格朗日插值多项式 $p_2(x)$, 不妨设 $x = x_0 + th$, 则有

$$\begin{aligned} p_2(x_0 + th) = &f(x_0)\frac{(t-1)(t-2)}{2} \\ &+f(x_1)\frac{t(t-2)}{-1} + f(x_2)\frac{t(t-1)}{2}, \end{aligned}$$

整理得

$$\begin{aligned} p_2(x_0 + th) = &f(x_0) + t[f(x_1) - f(x_0)] \\ &+\frac{t(t-1)}{2}[f(x_0) - 2f(x_1) + f(x_2)]. \end{aligned}$$

上式两端关于 t 求导, 有

$$p_2'(x_0 + th)h = f(x_1) - f(x_0) + \left(t - \frac{1}{2}\right)[f(x_0) - 2f(x_1) + f(x_2)]. \tag{3.18}$$

当 $t = 0, 1, 2$ 时得到三种三点公式

$$\begin{aligned} f'(x_0) &\approx p_2'(x_0) = -\frac{1}{2h}[-3f(x_0) + 4f(x_1) - f(x_2)], \\ f'(x_1) &\approx p_2'(x_0 + h) = \frac{1}{2h}[-f(x_0) + f(x_2)], \\ f'(x_2) &\approx p_2'(x_0 + 2h) = \frac{1}{2h}[f(x_0) - 4f(x_1) + 3f(x_2)]. \end{aligned}$$

用插值多项式 $p_n(x)$ 作为 $f(x)$ 的近似函数, 还可以建立高阶数值微分公式:

$$f^{(k)}(x) \approx p_n^{(k)}(x), \quad k = 1, 2, \cdots.$$

例如, 将式 (3.18) 再对 t 求导一次, 有

$$p_2''(x_0 + th)h^2 = f(x_0) - 2f(x_1) + f(x_2),$$

从而有

$$f''(x_1) \approx p_2''(x_0 + h) = \frac{1}{h^2}[f(x_0) - 2f(x_1) + f(x_2)].$$

3.5.3 数值积分与数值微分

微分是积分的逆运算, 因此可利用数值积分的方法来计算数值微分. 设 $f(x)$ 是区间 $[a,b]$ 上的一个充分光滑的函数, 设 $\varphi(x)=f'(x)$, $x_k=x_0+kh$, $k=0,1,\cdots,n$, $h=\dfrac{b-a}{n}$, 则有

$$f(x_{k+1})=f(x_{k-1})+\int_{x_{k-1}}^{x_{k+1}}\varphi(t)\mathrm{d}t,$$

对上式右边积分采用不同的数值积分公式就可得到不同的数值微分公式. 这里只介绍用中矩形公式建立的数值微分公式. 对 $\displaystyle\int_{x_{k-1}}^{x_{k+1}}\varphi(t)\mathrm{d}t$ 用中矩形公式, 则得

$$\int_{x_{k-1}}^{x_{k+1}}\varphi(t)\mathrm{d}t=2h\varphi(x_k).$$

从而得到中点微分公式

$$f'(x_k)=\frac{f(x_{k+1})-f(x_{k-1})}{2h}.$$

数 值 实 验

例 3.8 利用复合梯形公式计算定积分 $\displaystyle\int_1^2\frac{1}{2x}\,\mathrm{d}x$.

解 复合梯形公式法求积分的步骤和 MATLAB 代码如下所示. 首先建立 M 文件.

复合梯形公式程序

```
function s=CTiXing(f,a,b,n)
% f 被积函数
% a,b 积分区间 [a,b] 的端点
% n 为等分区间数
h=(b-a)/n;
x=linspace(a,b,n+1);
y=feval(f,x);
s=0.5*h*(y(1)+2*sum(y(2:n))+y(n+1));
```

其次, 建立另一个 M 文件.

数值积分函数 M 文件

```
function z=f1(x)
z=1./(2*x);
```

在 MATLAB 命令窗口中输入下列命令即可得到求解结果.

```
f=@f1;
a=1;
b=2;
n=10;     %取等分区间数为 10, 可以取其他
s=CTiXing(f,a,b,n)
```

求解的结果为

```
s=0.34688570158771
```

因此, 当等分区间数取 10 时, $\int_1^2 \frac{1}{2x}\,\mathrm{d}x \approx 0.3469$.

例 3.9　利用辛普森公式、辛普森 3/8 公式和复合辛普森公式计算定积分 $\int_0^{10} \sin x\,\mathrm{d}x$.

解　(1) 辛普森公式的 MATLAB 代码如下所示:

辛普森程序

```
a=0;
b=10;
c=(a+b)/2;
s=(b-a)/6*(sin(a)+4*sin(c)+sin(b))
```

求解的结果为

```
s=-7.29953034923654
```

(2) 辛普森 3/8 公式为

$$\int_a^b f(x)\,\mathrm{d}x = \frac{b-a}{8}\left[f(a)+3f\left(\frac{2a+b}{3}\right)+3f\left(\frac{a+2b}{3}\right)+f(b)\right].$$

辛普森 3/8 公式的 MATLAB 代码如下所示:

辛普森 3/8 公式程序

```
a=0;
b=10;
c=(2*a+b)/3;
d=(a+2*b)/3;
s=((b-a)/8)*(sin(a)+3*sin(c)+3*sin(d)+sin(b))
```

求解的结果为

```
s=0.00841086524729
```

(3) 复合辛普森公式的步骤和 MATLAB 代码如下所示. 首先, 建立 M 文件.

复合辛普森程序

```
function s=CSimpson(f,a,b,n)
% f 被积函数
% a,b 积分区间 [a,b] 的端点
% n 为等分区间数
h=(b-a)/n;
x=linspace(a,b,2*n+1);
y=feval(f,x);
s=(h/6)*(y(1)+2*sum(y(3:2:2*n-1))+4*sum(y(2:2:2*n))+y(n+1))
```

其次, 建立另一个 M 文件.

数值积分函数 M 文件

```
function z=f1(x)
z=sin(x);
```

在 MATLAB 命令窗口中输入下列命令即可得到求解结果.

```
f=@f1;
a=0;
b=10;
n=10;       %取等分区间数为 10, 可以取其他
s=CSimpson(f,a,b,n)
```

求解的结果为

```
s = 1.77057908519950
```

上面三种公式计算出的结果, 显然用复合辛普森公式算出来的才是正确答案, 即 $\int_0^{10} \sin x \mathrm{d}x \approx 1.8393$. 这是因为函数 $\sin x$ 在区间 $[0, 10]$ 上积分的准确值为 $-\cos(10) + 1$, 大约为 1.8391. 由此可见, 如果积分区间不是被积函数的单调区间, 则辛普森公式和辛普森 3/8 公式的误差会很大, 而复合辛普森公式则不存在这种问题. 因此, 复合辛普森公式的适用范围更广.

另外, 复合辛普森公式的 MATLAB 程序也可以为如下形式:

复合辛普森公式积分程序

```
function S=CSimpson(f,a,b,n)
% f 是被积函数, a,b 是积分区间 [a,b] 的端点, n 表示区间个数
% S 是用复合 Simpson 公式求得的积分值
h=(b-a)/n;
fa=feval(f,a);
fb=feval(f,b);
S=fb+fa;
x=a;
for i=1:n
    x=x+h/2;
  fx=feval(f,x);
  S=S+4*fx;
  x=x+h/2;
  fx=feval(f,x);
  S=S+2*fx;
end
S=h*S/6
```

在 MATLAB 命令窗口中输入下列命令:

```
令 f=@f1; a=0; b=10;
    S=CSimpson(f,a,b,n)  %(根据实际情况适当确定 n)
```

因此, 用计算机语言编程实现数值计算公式时, 即使是用同一门计算机语言, 同一个数值计算公式也可以用不同的表达和实现方式进行编译, 那么由于编程的思路和步骤不同, 也就会出现很多不同的程序, 但这些程序只是表现形式不一样, 而本质上肯定是相同的, 这就是算法的核心.

例 3.10 用龙贝格公式求定积分 $R=\int_0^1 \frac{x}{4+x^2}\,\mathrm{d}x$, 精度为 10^{-6}.

分析 龙贝格求积分的 MATLAB 代码如下所示:

龙贝格求积分程序

```
function [quad,R]=Romberg(f,a,b,eps)
% f 是被积函数, a,b 是积分区间 [a,b] 端点, eps 为精度
% quad 表示 Romberg 加速算法求得的积分值
% R 为 Romberg 表
% err 表示误差估计
h=b-a;
R(1,1)=h*(feval(f,a)+feval(f,b))/2;
m=1;j=0;err=1;
while err>eps
    j=j+1;
    h=h/2;
    s=0;
for p=1:m
    x=a+h*(2*p-1);
    s=s+feval(f,x);
end
R(j+1,1)=R(j,1)/2+h*s;
m=2*m;
for k=1:j
    R(j+1,k+1)=R(j+1,k)+(R(j+1,k)-R(j,k))/(4^k-1);
end
err=abs(R(j+1,j)-R(j+1,j+1));
end
quad=R(j+1,j+1);
```

在 MATLAB 命令窗口中输入下列命令:

```
f=@(x)x/(4+x.^2);
a=0;b=1;eps=10^-6;[quad,R]=Romberg(f,a,b,eps)
```

求解的结果为

```
R =
    0.100000000000000                  0                  0                  0
    0.108823529411765  0.111764705882353                  0                  0
    0.110892270501457  0.111581850864687  0.111569660530176                  0
    0.111402354529548  0.111572382538912  0.111571751317193  0.111571784504289
```

例 3.11　用三点高斯公式计算积分 $R=\int_0^1 \frac{\sin x}{x}\mathrm{d}x$.

分析　三点高斯公式是

$$\int_a^b f(x)\mathrm{d}x \approx \frac{b-a}{2}\left[\frac{5}{9}f\left(\frac{a+b}{2}-\frac{\sqrt{3}}{5}\frac{b-a}{2}\right)\right.$$
$$\left.+\frac{8}{9}f\left(\frac{a+b}{2}\right)+\frac{5}{9}f\left(\frac{a+b}{2}+\frac{\sqrt{3}}{5}\frac{b-a}{2}\right)\right].$$

三点高斯公式的 MATLAB 代码如下所示:

三点高斯公式程序

```
function G=TGauss(f,a,b)
%f 表示被积函数句柄
%a, b 表示被积区间 [a,b] 的端点
%G 是用三点 Gauss 公式求得的积分值
x1=(a+b)/2-sqrt(3/5)*(b-a)/2;
x2=(a+b)/2+sqrt(3/5)*(b-a)/2;
G=(b-a)*(5*feval(f,x1)/9+8*feval(f,(a+b)/2)/9+5*feval(f,x2)/9)/2;
```

在 MATLAB 命令窗口中输入下列命令:

```
f=@(x)sin(x)/x;a=0;b=1;
G=TGauss(f,a,b)
```

求解的结果为

```
G=0.946083134078472
```

小　　结

本章介绍积分和微分的数值计算方法, 着重论述了牛顿–柯特斯数值积分公式、龙贝格数值积分公式和高斯数值积分公式. 通过数学分析的学习知道, 积分和微分

都是用极限来定义的, 在计算机上不能模拟. 数值积分和数值微分则归结为函数值的四则运算, 从而使计算过程可以在计算机上完成. 本章基于插值方法推导了数值积分和数值微分的基本公式.

牛顿–柯特斯数值积分公式和高斯数值积分公式都是插值型数值积分公式. 前者采用等距节点, 算法简单而容易编制程序. 高斯数值积分公式具有较高的精度, 但节点没有规律, 通常可由勒让德多项式给出. 由于高阶牛顿–柯特斯数值积分公式的不稳定性, 所以实际计算采用复合数值积分公式为宜. 高斯数值积分公式是稳定的, 但高阶高斯数值积分公式的准备工作繁杂. 因此, 复合高斯数值积分公式也是一个良好的方法.

龙贝格公式, 通过利用误差不断修正近似积分值, 有效地加快了收敛速度, 并且程序简单、精度较高, 因而是一个可选取的方法.

有关数值积分公式的进一步讨论 (例如稳定性、收敛性等) 和其他方法的介绍可查阅文献[11~24], 其中二重积分、无穷积分、高振荡积分等的数值计算方法可查阅文献[15~19]. 二重积分、无穷积分的数值计算方法一般是通过一定的处理技术将其转化为定积分, 根据单重积分的数值计算方法构造相应的数值计算公式. 高维数值积分的主要方法有蒙特卡罗法、代数方法和数论方法等, 有兴趣的读者可以查阅相关文献. 关于高振荡积分的数值计算方法, 在文献 [19] 中介绍了基于微分同胚变换的 Filon 型数值方法.

微分的数值方法本章着重了介绍三种途径: 差商与微商; 插值函数与数值微分; 数值积分与微分. 数值微分将求导运算转化为函数值组合的计算, 便于在计算机上实现, 且涉及的运算相对简单.

通过本章的学习, 读者可以思考如下问题:

(i) 重积分、无穷积分的数值积分公式?

(ii) 在土地丈量中会遇到各种各样的不规则地块, 如何求不规则地块的面积?

习 题 3

1. 试判断下列数值积分公式的代数精度:

(1) $\displaystyle\int_0^3 f(x)\mathrm{d}x \approx \frac{3}{2}[f(1)+f(2)]$;

(2) $\displaystyle\int_0^1 f(x)\mathrm{d}x \approx \frac{2}{3}f\left(\frac{1}{4}\right)-\frac{1}{3}f\left(\frac{1}{2}\right)+\frac{2}{3}f\left(\frac{3}{4}\right)$.

2. 确定下列数值积分公式中的待定参数, 使其代数精度尽可能地高, 并指明数值积分公式所具有的代数精度:

(1) $\displaystyle\int_{-2h}^{2h} f(x)\mathrm{d}x \approx af(-h)+bf(0)+cf(h)$;

(2) $\int_{-1}^{1} f(x)\mathrm{d}x \approx a_1 f(-1) + b_1 f\left(-\frac{1}{3}\right) + c_1 f\left(\frac{1}{3}\right)$.

3. 分别用复合梯形公式和复合辛普森公式计算下列积分:

(1) $\int_0^1 \frac{x}{4+x^2}\mathrm{d}x, n=8$;　　(2) $\int_1^2 \frac{1}{x}\mathrm{d}x, n=10$.

4. 寻求如 $\int_{-1}^{1} f(x)\ \mathrm{d}x \approx af(x_1)+bf(x_2)$ 的高斯型数值积分公式.

5. 用龙贝格算法求积分 $\int_1^2 \frac{\mathrm{d}x}{x}$ 直到第五位小数不变.

6. 直接求下列数值微分方法的截断误差:

(1) $f'(a) \approx \frac{f(a+h)-f(a)}{h}$;　　(2) $f'(a) \approx \frac{f(a)-f(a-h)}{h}$;

(3) $f'(a) \approx \frac{f\left(a+\frac{h}{2}\right)-f\left(a-\frac{h}{2}\right)}{h}$.

实　验　3

1. 用复合梯形公式计算下面积分, 取 $n=2,4,8,25,100$,

$$I=\int_0^{\pi/2} \sin x\,\mathrm{d}x$$

并给出数值积分结果与精确值 1 之间的误差.

2. 用复合辛普森公式计算 $I=\int_0^1 \frac{4}{1+x^2}\mathrm{d}x$, 并分析剖分区间对误差的影响, 取 $n=2,4,8,16,32,64,128,258,512$, 积分的精确值 $I=\pi=3.141592653\cdots$.

3. 函数数据见下表.

i	1	2	3	4	5
x_i	0	0.25	0.5	0.75	1.0
$f(x_i)$	0.9162	0.8109	0.6931	0.5596	0.4055

(1) 用复合梯形公式计算 $I=\int_0^1 f(x)\mathrm{d}x$, 取 $h=0.25, 0.5$;

(2) 在 (1) 的结果基础上进行龙贝格积分.

4. 计算无穷限广义积分 $I=\frac{1}{\sqrt{\pi}}\int_{-\infty}^{\infty} \mathrm{e}^{-x^2}\mathrm{d}x$, 其精确值 $I=1$.

5. 用复合梯形公式计算重积分 $I=\int_0^1\int_0^1 \sin(xy)\mathrm{d}x\mathrm{d}y$.

勒让德简介

勒让德 (Adrien Marie Legendre, 1752—1833), 法国数学家. 勒让德 1770 年毕业于马萨林学院, 1782 年以外弹道方面的论文获柏林科学院奖, 1783 年被选为巴黎科学院助理院士, 两年后升为院士, 1795 年当选为法兰西研究院常任院士, 1813 年继任 J. L.Lagrange 在天文事务所的职位.

图 3-5 勒让德

勒让德的主要研究领域是分析学 (尤其是椭圆积分理论)、数论、初等几何与天体力学, 取得了许多成果, 导致了一系列重要理论的诞生. 勒让德是椭圆积分理论奠基人之一. 在欧拉提出椭圆积分加法定理后的 40 年中, 勒让德是仅有的在这一领域提供重大新结果的数学家. 但他未能像阿贝尔和雅可比那样洞察到关键在于考察椭圆积分的反函数, 即椭圆函数. 在关于天文学的研究中, 勒让德引进了著名的"勒让德多项式", 发现了它的许多性质. 他还研究了 B 函数和 Γ 函数, 得到了 Γ 函数的倍量公式. 他陈述了最小二乘法, 提出了关于二次变分的"勒让德条件".

勒让德对数论的主要贡献是二次互反律, 这是同余式论中的一条基本定理. 他还是解析数论的先驱者之一, 归纳出了素数分布律, 促使许多数学家研究这个问题.

主要参考文献

[1] 郑启富, 陈中源, 姜华. 数值积分在化工计算中的应用[J]. 化学工程师, 2004, 107(28): 19–21.

[2] 罗广恩, 崔维成. 不同数值积分方式对海洋结构物疲劳裂纹扩展模型模拟结果的影响[J]. 船舶力学, 2013, 10: 1161–1168.

[3] 李梦娇. 基于快速数值积分的电力系统预防控制[D]. 杭州: 浙江大学, 2013.

[4] 李盼池, 施光尧. 基于数值积分的离散过程神经网络算法及应用[J]. 系统工程理论与实践, 2013, 12: 3216–3222.

[5] 李蓝天, 王舒扬, 杨勤璞. 基于数值积分的储油罐的变位识别与罐容表标定[J]. 中国科技纵横, 2012, 9: 77–78.

[6] 刘小伟, 霍静. 基于 MATLAB 的变步长梯形数值积分法的研究预实验[J]. 廊坊师范学院学报 (自然科学版). 2010, 10(1): 39–42.

[7] 王勇. 数值积分中加速收敛法的应用[J]. 中国科技信息, 2012, 12: 64–65.

[8] 王少英. 数值积分的校正公式[J]. 辽宁科技大学学报, 2012, 3: 244–245.

[9] 王能超. 数值计算方法简明教程[M]. 北京：高等教育出版社, 2008：76–77.
[10] 黄友谦, 李岳生. 数值逼近[M]. 2 版. 北京：高等教育出版社, 1987：190–192.
[11] 黄明游, 冯果忱. 数值计算方法 (下册)[M]. 北京：高等教育出版社, 2008：160–164.
[12] 林成森. 数值计算方法[M]. 北京：科学出版社, 2002：212–214.
[13] 黄云清, 舒适, 陈艳萍, 等. 数值计算方法[M]. 北京：科学出版社, 2009：118–123.
[14] 朱方生, 李大美, 李素贞. 计算方法[M]. 武汉: 武汉大学出版社, 2003：189–192.
[15] 阿布都热西提 · 阿布都外力, 艾力江 · 依不拉音. 二重积分的数值计算方法[J]. 新疆大学学报 (自然科学维文版), 2013, 2：28–37.
[16] 和燕, 刘晓青, 胡钊. 多重积分的平均值估计算法的改进与仿真研究[J]. 计算机仿真, 2012, 11：185–188.
[17] 李松华, 郭涛, 符江鹏. 一类高振荡积分的快速数值方法[J]. 湖南理工学院学报 (自然科学版), 2013, 1：18–21.
[18] 李世建. 无穷积分的数值计算[J]. 数学学习与研究, 2012, 13：123–124.
[19] 向淑晃. 一些高振荡积分、高振荡积分方程的高性能计算[J]. 中国科学 (数学), 2012, 7：651–670.
[20] 洪越, 唐贞云, 王晟, 等. 数值积分算法对实时子结构试验系统稳定性耦合影响[J]. 北京工业大学学报, 2019, 45(03)：221–228.
[21] 沈艳, 尹金姗, 韩帅, 等. 基于数值积分公式的 GM(1,1) 模型优化研究[J/OL]. 计算机工程与应用:1-7[2019-05-17].
[22] 李振华, 胡蔚中, 闫苏红, 等. 基于龙贝格算法的高精度数字积分算法[J]. 电力系统自动化,2016, 40(16)：138–142.
[23] 龙爱芳, 胡军浩. 基于 Hermite 插值的高精度数值积分公式[J]. 华侨大学学报 (自然科学版), 2013, 34(03)：349–352.
[24] 马海腾, 孔建霞, 许贵桥, 等. 高斯求积公式对解析函数类上积分问题的逼近误差[J]. 内蒙古大学学报 (自然科学版), 2019, 50(01)：6–10.

第 4 章　非线性方程求根

导　　读

随着科学技术、生产力和经济的发展, 在工业生产、日常生活及科研领域中都存在一些方程求根问题. 例如, 工厂的最佳订货问题, 贷款购房问题等都需要求解一类非线性方程的根.

引例 4.1　如下是一则房产广告的数据 (表 4-1).

表 4-1

建筑面积/m^2	总价/万元	30%首付/万元	70%按揭年限	月还款/元
86	40	12	20	2095

不难算出买家向银行共借了 28 万元, 20 年内共要还款 50.3 万元, 这个案例中贷款月利率是多少?

分析　假设月利率为 r, 则可建立一个关于未知数 r 的非线性方程

$$28(1+r)^{240}-\frac{0.2095}{r}\left[(1+r)^{240}-1\right]=0.$$

上述引例涉及的问题为: 如何求解非线性方程?

求非线性方程 $f(x)=0$ 的一个或几个根是应用数学中最常见的问题之一. 早在 16 世纪就找到了三次、四次代数方程的求根公式, 但直到 19 世纪才证明了五次以上的一般代数方程不能用代数公式求解. 因此方程 $f(x)=0$ 的根能用解析式表示的很少, 求出具体的根也比较困难. 在实际应用中, 也不一定必须得到根的解析表达, 只要得到满足精度要求的近似根即可[1~4]. 因此, 寻求非线性方程的近似根成为实际应用的必要, 本章将介绍几种求非线性方程近似根的方法.

函数方程

$$f(x)=0. \tag{4.1}$$

若 $f(x)$ 不是 x 的线性函数, 则称方程 (4.1) 为非线性方程. 特别地, 若 $f(x)$ 是 n 次多项式, 则称方程 (4.1) 为 n 次多项式方程或代数方程; 若 $f(x)$ 是超越函数, 则称方程 (4.1) 为超越方程.

定义 4.1　设有非线性方程 $f(x)=0$, 其中 $f(x)$ 为实变量 x 的非线性函数, 如有 x^* 使得 $f(x^*)=0$, 则称 x^* 是方程 (4.1) 的根, 或称 x^* 是函数 $f(x)$ 的零点.

如果 $f(x)=(x-x^*)^r g(x)$, 其中 $g(x^*)\neq 0$, r 为正整数, 则称 x^* 是方程的 r 重根, 当 $r=1$ 时, 称 x^* 是方程的单根.

本章重点介绍根的迭代法, 在介绍迭代法之前先介绍一下根的搜索.

本章所需要的基础知识与理论：代数学基本定理、根的存在定理、微分中值定理.

4.1 根的搜索

4.1.1 逐步搜索法 (扫描法)

问题 4.1　在区间 $[a,b]$ 上讨论方程 $f(x)=0$ 的根, 并给出根的近似值.

首先进行根的分离, 即在给定区间 $[a,b]$ 上判定根的大致分布. 从区间的左端点 $x=a$ 出发, 按某个预订的步长 $h\left(h=\dfrac{b-a}{n}, n \text{ 为正整数}\right)$依次在区间 $[a,a+h],[a+h,a+2h],\cdots,[b-h,b]$ 内逐步进行**根的搜索**, 即检查每一步的起点 $a+ih$ 和终点 $a+(i+1)h$ 的函数值是否同号. 如果发现 $f(a+ih), f(a+(i+1)h)$ 非同号, 即成立

$$f(a+ih)\cdot f(a+(i+1)h)\leqslant 0,\quad i=0,1,\cdots,n-1,$$

即可找出一个压缩后的有根区间 $[a+ih,a+(i+1)h]$. 一般地, 要求误差不超过给定的正数 ε. 如果 $h<\varepsilon$, 则取 $x\in[a+ih,a+(i+1)h]$ 可作为近似根；反之, 可令步长 h 减半, 再次进行根的搜索, 直到步长 $h<\varepsilon$ 为止.

例 4.1　求 $f(x)=x^3-x-1=0$ 的一个有根区间.

解　因为 $f(1)=-1<0, f(2)=5>0$, 所以 $f(x)=0$ 在区间 $(1,2)$ 内有根. 可取 $h=0.25$, 因为 $f(1.25)f(1.5)<0$, 可断定在区间 $(1.25,1.5)$ 内必定有一根, 这样方程的有根区间得到了压缩.

4.1.2 区间二分法

设 $f(x)=0$ 在区间 $[a,b]$ 内有实根, 取中点 $c_1=(a+b)/2$, 计算 $f(c_1)$:

(i) 若 $f(c_1)=0$, 则 c_1 为方程的一个实根；

(ii) 若 $f(a)f(c_1)<0$, 则有一个实根在区间 $[a,c_1]$；

(iii) 若 $f(a)f(c_1)>0$, 则有一个实根在区间 $[c_1,b]$.

对于第一种情形, 输出根 c_1；对于第二种情形, 取 $a_1=a, b_1=c_1$；对于第三种情形, 取 $a_1=c_1, b_1=b$. 另外 $b_1-a_1=(b-a)/2$, 且 $[a_1,b_1]\subset[a,b]$, 再取中点 $c_2=(a_1+b_1)/2$, 重复上述过程, 可得根 c_2, 或含根区间 $[a_2,b_2]\subset[a_1,b_1]$, 且 $b_2-a_2=(b_1-a_1)/2=(b-a)/2^2$. 如此下去, 如果有限步求得根的值, 则计算中止,

否则得到一闭区间套:

$$\cdots \subset [a_n, b_n] \subset \cdots \subset [a_2, b_2] \subset [a_1, b_1] \subset [a, b],$$

其中每个区间长度都是前一区间长度的一半, 因此二分 k 次后有根区间 $[a_k, b_k]$ 的长度

$$b_k - a_k = \frac{1}{2^k}(b-a).$$

由于 $f(x)=0$ 的一个实根 $x^* \in [a_n, b_n]$, 且当 $n \to \infty$ 时, 区间长度 $[a_n, b_n]$ 趋于零. 由闭区间套定理, 可得 $\lim\limits_{n\to\infty} a_n = \lim\limits_{n\to\infty} b_n = x^*$.

在实际计算时, 不可能完成这个无限过程, 其实也没有这种必要, 因为实际计算的结果允许带有一定的误差. 由于二分 k 次后

$$|x^* - x_k| \leqslant \frac{1}{2}(b_k - a_k) = b_{k+1} - a_{k+1},$$

因此, 只要有根区间 $[a_{k+1}, b_{k+1}]$ 的长度小于 ε, 那么结果 x_k 在允许误差范围 $|x^* - x_k| \leqslant \varepsilon$ 内就能 "准确" 地满足方程 $f(x)=0$.

例 4.2 用二分法求方程 $x^3 + 4x^2 - 10 = 0$ 在 $[1,2]$ 内的根, 要求误差不超过 $\frac{1}{2} \times 10^{-2}$.

解 二分过程见表 4-2.

表 4-2

二分次数	含根区间 (a_n, b_n)	中点 x_n
0	$[1, 2]$	1.5
1	$[1, 1.5]$	1.25
2	$[1.25, 1.5]$	1.375
3	$[1.25, 1.375]$	1.1313
4	$[1.313, 1.375]$	1.344
5	$[1.344, 1.375]$	1.36
6	$[1.360, 1.375]$	1.368
7	$[1.360, 1.368]$	1.364

若取近似根 $x = 1.364$, 则

$$|x - x^*| \leqslant \frac{1}{2}(1.368 - 1.360) = 0.004 < \frac{1}{2} \times 10^{-2} \quad (\text{事后估计}).$$

也可利用先验估计 $|x^* - x_n| \leqslant \frac{1}{2^{n+1}}(b-a) < \frac{1}{2} \times 10^{-2}$, 先解出二分次数 $n+1 \geqslant 8$, 再计算近似值.

算法 4.1 (二分法)
第一步　初始化：并输入 a, b 函数 $f(x)$, 精度 ε.
第二步　从区间 $[a, b]$ 开始二分：令 $a_1 = a, b_1 = b, k = 0$.
第三步　取有根区间 $[a_1, b_1]$ 的中点 x 作为近似根：令 $x = (a_1 + b_1)/2, e = (b_1 - a_1)/2$. 判断 $e < \varepsilon$ 是否成立. 若成立, 则输出迭代步数 k, 近似值 x 和对应的函数值 $f(x)$. 反之则需要进一步二分：判断 $f(x)f(a_1)$ 的符号, 若 $f(x)f(a_1) = 0$, 则输出结果 x 及相应的函数值；若 $f(x)f(a_1) < 0$, 则令 $b_1 = x, k = k + 1$；若 $f(x)f(a_1) > 0$, 则令 $a_1 = x, k = k + 1$.

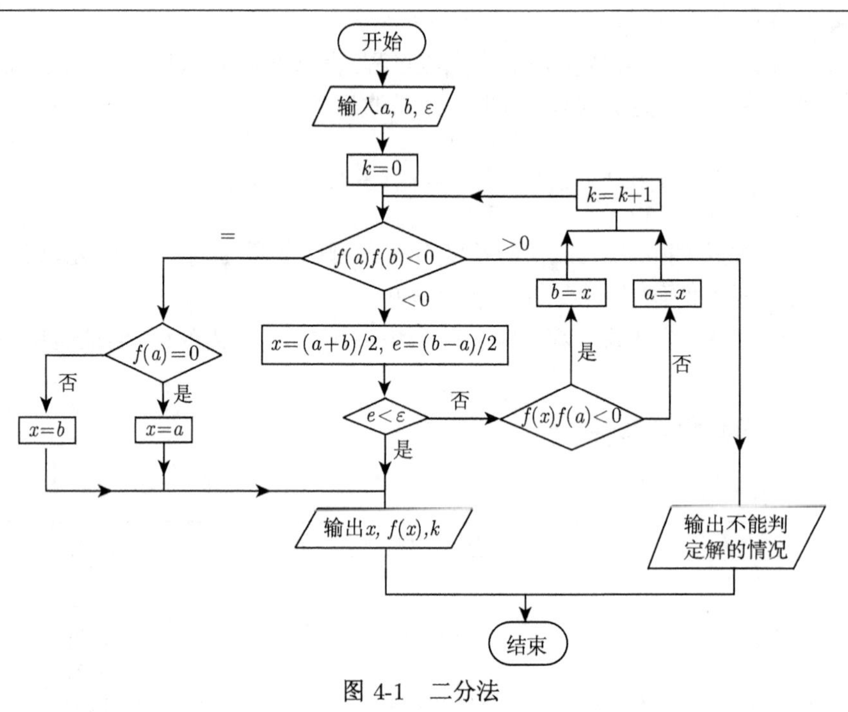

图 4-1　二分法

二分法是二分技术的体现. 利用区间二分法求非线性方程 $f(x) = 0$ 的根的原理比较简单, 但是有时收敛速度慢, 且不易求重根. 对方程根的进一步寻求, 大多使用迭代法.

4.2　迭　代　法

4.2.1　迭代法的设计思想

迭代法是一类重要的逐次逼近方法. 这种方法用某个固定公式反复校正根的

近似值, 使之逐步精确化, 最后得出满足精度要求的结果.

对于函数方程 $f(x)=0$, 具体求根通常分两步: 先用适当方法 (譬如用根的搜索方法) 获得根的某个初始近似值 x_0, 然后再反复迭代, 将 x_0 逐步加工成一系列近似根 $x_1, x_2, \cdots$, 直到满足精度要求为止.

算法 4.2 (迭代法)
第一步 初始化: 输入 a, b, 迭代初值 x_0, 误差精度 ε 和允许的最大迭代次数 N, 令 $k=1$.
第二步 迭代: 若 $k<N$, 计算 $x_1=\varphi(x_0)$, 反之则输出迭代失败标志.
第三步 判断误差: 若 $|x_1-x_0|<\varepsilon$, 则输出近似值 x_1 和迭代次数 k; 反之, 则令 $x_0=x_1, k=k+1$, 并返回第二步.

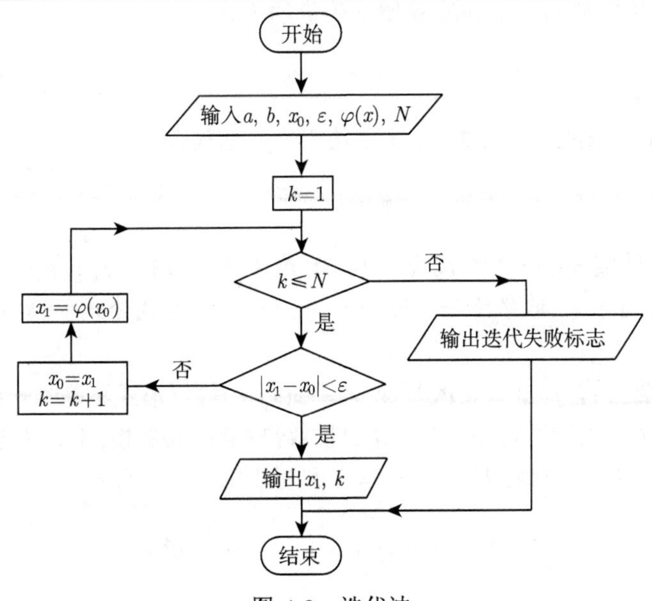

图 4-2 迭代法

例 4.3 用迭代方法求方程

$$x^3-x-1=0 \tag{4.2}$$

在 $x_0=1.5$ 附近的一个根, 要求误差不超过 10^{-5}.

解 将方程 (4.2) 改写成

$$x=\sqrt[3]{x+1} \tag{4.3}$$

用所给初始近似值 $x_0=1.5$ 作为预报值, 代入式 (4.3) 的右端, 得到校正值

$$x_1=\sqrt[3]{x_0+1}=1.35721.$$

这里迭代误差 $|x_1 - x_0| > 10^{-5}$, 表明根 x_1 不满足精度要求. 改用 x_1 作为预报值再代入式 (4.3) 的右端, 又得到新的校正值

$$x_2 = \sqrt[3]{x_1 + 1} = 1.33086.$$

由于 $|x_2 - x_1| > 10^{-5}$, 再取 x_2 作为预报值重复上述步骤. 如此继续下去, 这种逐步校正的过程称为迭代过程, 这里迭代公式为

$$x_{k+1} = \sqrt[3]{x_k + 1}, \quad k = 0, 1, 2, \cdots.$$

计算到第 9 次可得

$$x_9 = x_8 = 1.32472,$$

所以 $x^* = 1.32472$ 为所求实根.

一般地, 将方程 $f(x) = 0$ 改成如下等价的形式

$$x = \varphi(x), \tag{4.4}$$

其中 $\varphi(x)$ 是连续函数, 称为**迭代函数**, 从而产生迭代公式

$$x_{k+1} = \varphi(x_k), \tag{4.5}$$

选取合适的初始值 x_0, 代入迭代公式 (4.5), 产生迭代数列 $\{x_k\}, k = 0, 1, 2, \cdots$.

若迭代数列 $\{x_k\}$ 收敛于 x^*, 即 $\lim\limits_{k\to\infty} x_k = x^*$ 称迭代公式 (4.5) 收敛. 否则称迭代公式 (4.5) 发散.

注意到, 将方程 $f(x) = 0$ 改写成 $x = \varphi(x)$ 的等价形式不是唯一的, 所以迭代序列 $\{x_k\}$ 的敛散情况可能不一样, 有的收敛快, 有的收敛慢, 有的发散.

例如, 例 4.3 中也可将方程 $f(x) = 0$ 改写成以下几种形式:

$$x = x^3 - 1, \quad x = \sqrt{\frac{1}{x} + 1}, \quad x = \frac{1}{2}(x^3 + x - 1).$$

若令 $\varphi(x) = x^3 - 1, x_0 = 1.5$, 代入 $x_{k+1} = x_k^3 - 1$ 进行迭代, 则有

$$x_1 = 2.375, x_2 = 12.3965, x_3 = 1904.01, \cdots$$

显然不收敛.

那么迭代函数 $\varphi(x)$ 满足什么条件, 才能保证迭代过程 $x_{n+1} = \varphi(x_n)$ 是收敛的呢?

4.2.2 线性迭代的启示

从几何上解释, 求方程 $y = \varphi(x)$ 的根, 就是求曲线 $y = \varphi(x)$ 与直线 $y = x$ 交点的横坐标 x^*. 下面将从线性迭代入手考察迭代过程的敛散情况. 当迭代函数

$\varphi(x) = Lx + c$ 的导数 $\varphi'(x) = L$ 在根 x^* 处满足下述几种条件时, 迭代过程 $x_{k+1} = \varphi(x_k)$ 的收敛情况如图 4-3~图 4-6 所示.

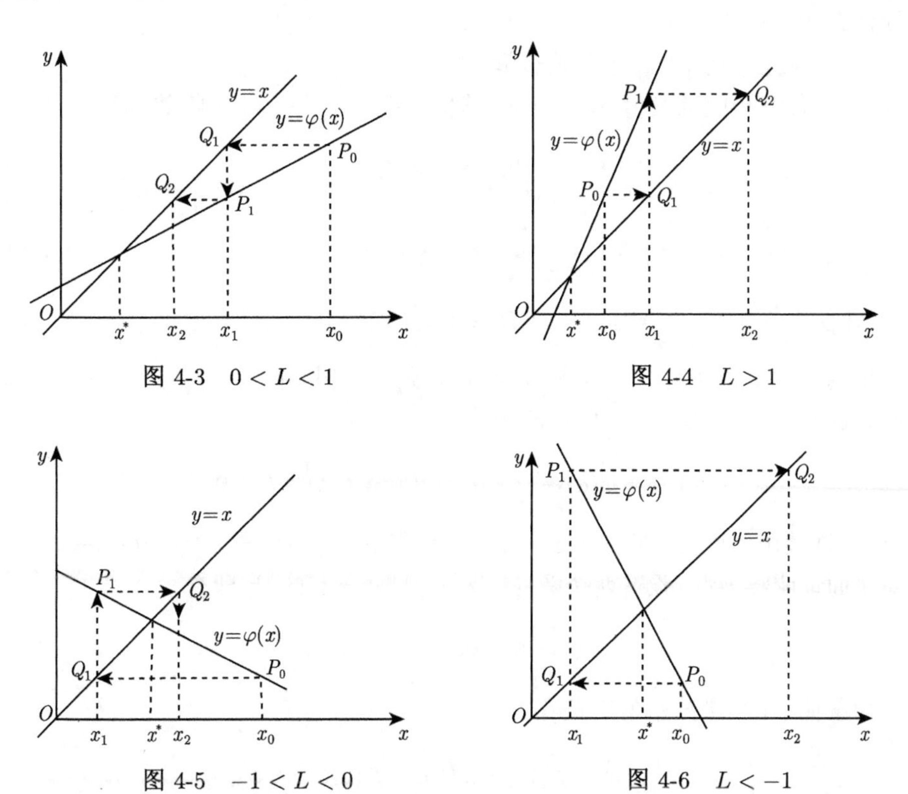

图 4-3 $0 < L < 1$

图 4-4 $L > 1$

图 4-5 $-1 < L < 0$

图 4-6 $L < -1$

从曲线 $y = \varphi(x)$ 上一点 $P_0(x_0, \varphi(x_0))$ 出发, 沿着平行于 x 轴方向交 $y = x$ 于一点 Q_1, 再从 Q_1 点沿平行于 y 轴的直线, 它与曲线 $y = \varphi(x)$ 的交点记作 $P_1(x_1, \varphi(x_1))$, 按图中箭头所示的路径继续做下去, 在曲线 $y = \varphi(x)$ 上得到点列 $\{P_k\}$, 其横坐标分别为依公式 $x_{k+1} = \varphi(x_k)$ 所确定的迭代序列 $\{x_k\}$, 且从几何上观察知道在图 4-3 和图 4-5 所示情况下 $\{x_k\}$ 收敛于 x^*, 在图 4-4 和图 4-6 所示情况下 $\{x_k\}$ 不收敛.

由迭代法的几何意义可知, 为了保证迭证过程收敛, 应该要求迭代函数的导数满足条件, 当 $x \in [a, b]$, $|\varphi'(x)| < 1$, 否则方程在 $[a, b]$ 内可能有几个根或迭代法不收敛, 为此, 有下述关于迭代法收敛性定理.

4.2.3 压缩映像原理 (不动点原理)

定理 4.1 设方程 $x = \varphi(x)$. 如果满足下列三项条件:

(i) 设 $\varphi(x)$ 在区间 $[a, b]$ 内一阶导数存在;

(ii) 当 $x \in [a,b]$ 时, 有 $\varphi(x) \in [a,b]$, 即 $\varphi(x)$ 满足封闭性条件;

(iii) 存在 $0 \leqslant L < 1$, 使得对于任意 $x \in [a,b]$ 满足: $|\varphi'(x)| \leqslant L$, 即 $\varphi(x)$ 满足压缩性条件, 则有

(1) $x = \varphi(x)$ 在 $[a, b]$ 上有唯一解 x^*;

(2) 对任意选取的初值 $x_0 \in [a,b]$, 迭代过程 $x_{k+1} = \varphi(x_k)$ 收敛, 即

$$\lim_{k\to\infty} x_k = x^*;$$

(3) $|x^* - x_k| \leqslant \dfrac{1}{1-L}|x_{k+1} - x_k|\ \ (k = 1,2,\cdots);$ (4.6)

(4) $|x^* - x_k| \leqslant \dfrac{L^k}{1-L}|x_1 - x_0|\ \ (k = 1,2,\cdots).$ (4.7)

证明 (1) 由条件 (ii) 可知: 当 $a \leqslant x \leqslant b$ 时, 有 $a \leqslant \varphi(x) \leqslant b$. 作函数 $h(x) = \varphi(x) - x$, 显然 $h(x)$ 在 $[a,b]$ 上连续, 且

$$h(a) = \varphi(a) - a \geqslant 0, \quad h(b) = \varphi(b) - b \leqslant 0,$$

于是, 由连续函数性质, 存在点 $x^* \in [a,b]$, 使得 $h(x^*) = 0$, 即 $x^* - \varphi(x^*) = 0$.

下面证明唯一性, 设有两个解 x^* 及 x, 且 $x^*, x \in [a,b]$, 即有

$$x^* = \varphi(x^*), \quad x = \varphi(x).$$

由条件 (i) 和微分中值定理有

$$x^* - x = \varphi(x^*) - \varphi(x) = \varphi'(\xi)(x^* - x),$$

其中 ξ 在 x^* 与 x 之间, 从而 $\xi \in [a,b]$. 将上式整理可得

$$(x^* - x)(1 - \varphi'(\xi)) = 0.$$

又由假设条件 (iii), 便得 $x^* = x$.

(2) 由定理假设条件 (ii), 当取 $x_0 \in [a,b]$ 时, 则有 $x_k \in [a,b], (k = 1,2,\cdots)$. 记误差 $e_k = x^* - x_k$, 由微分中值定理知

$$x^* - x_{k+1} = \varphi(x^*) - \varphi(x_k) = \varphi'(c)(x^* - x_k),$$

其中, c 在 x^* 与x_k之间, 从而$c \in [a,b]$. 又利用假设条件 (iii) 得到误差的递推关系

$$|x^* - x_{k+1}| \leqslant |\varphi'(c)|\,|x^* - x_k| \leqslant L\,|x^* - x_k| \quad (k = 0,1,2,\cdots), \tag{4.8}$$

反复利用式 (4.8) 可得

$$|x^* - x_k| \leqslant L\,|x^* - x_{k-1}| \leqslant L^2\,|x^* - x_{k-2}| \leqslant \cdots \leqslant L^k\,|x^* - x_0|,$$

由 $L \leqslant 1$, 即得

$$\lim_{k\to\infty} x_k = x^*.$$

(3) 由式 (4.8) 可得

$$\begin{aligned}|x_{k+1}-x_k| &= |x^*-x_k-(x^*-x_{k+1})| \geqslant |x^*-x_k|-|x^*-x_{k+1}| \\ &\geqslant |x^*-x_k|-L|x^*-x_k| = (1-L)|x^*-x_k|,\end{aligned}$$

即式 (4.6) 成立.

(4) 由迭代公式 $x_{k+1}=\varphi(x_k)$, 显然有

$$\begin{aligned}|x_{k+1}-x_k| &= |\varphi(x_k)-\varphi(x_{k-1})| = |\varphi'(c)(x_k-x_{k-1})| \\ &\leqslant L|x_k-x_{k-1}|, \quad k=1,2,\cdots,\end{aligned} \tag{4.9}$$

其中, c 在 x_{k-1} 与 x_k 之间. 故结合式 (4.6) 可得

$$|x^*-x_k| \leqslant \frac{1}{1-L}|x_{k+1}-x_k| \leqslant \frac{L}{1-L}|x_k-x_{k-1}|.$$

反复利用式 (4.9), 可得

$$|x^*-x_k| \leqslant \frac{L}{1-L}|x_k-x_{k-1}| \leqslant \cdots \leqslant \frac{L^k}{1-L}|x_1-x_0|.$$

由定理 4.1 的结果式 (4.6) 可知, 当相邻两次迭代结果满足条件

$$|x_{k+1}-x_k| < \varepsilon \tag{4.10}$$

时, 则误差

$$|x^*-x_k| < \frac{1}{1-L}\varepsilon.$$

所以在计算时可利用 $|x_{k+1}-x_k|<\varepsilon$ 来控制迭代终止, 但是要注意, 当 $L\approx 1$ 时, 即使 $|x_{k+1}-x_k|$ 很小, 但误差 $|x^*-x_k|$ 还可能较大.

当已知 $x_0, x_1, L(<1)$ 及给定精度要求 ε 时, 利用式 (4.7) 可确定使误差达到给定精度要求所需要的迭代次数 n.

事实上, 由 $|x^*-x_k| \leqslant \dfrac{L^k}{1-L}|x_1-x_0| < \varepsilon$ 则得

$$k > \left(\ln\varepsilon - \ln\frac{|x_1-x_0|}{1-L}\right) \Big/ \ln L. \tag{4.11}$$

例 4.4 已知非线性方程 $x^2-2x-3=0$ 在区间 $[2,4]$ 上有一实根, 考虑下列两种迭代过程的敛散性:

(i) $x_{n+1}=\sqrt{2x_n+3}\ (n=0,1,\cdots)$,

(ii) $x_{n+1}=(x_n^2-3)/2\ (n=0,1,\cdots)$.

解　(i) 令 $\varphi(x)=\sqrt{2x+3}$, 则 $\varphi'(x)=\dfrac{1}{\sqrt{2x+3}}$. 当 $x\in[2,4]$ 时, $\varphi'(x)>0$, 故 $\varphi(x)$ 单调增加, 且有

$$\varphi(x)\in[\varphi(2),\varphi(4)]=[\sqrt{7},\sqrt{11}]\subset[2,4],$$

即 $\varphi(x)$ 满足封闭性条件.

当 $x\in[2,4]$ 时, $\varphi'(x)$ 单调递减, $|\varphi'(x)|\leqslant|\varphi'(2)|\leqslant\dfrac{1}{\sqrt{7}}<1$, 即 $\varphi(x)$ 满足压缩性条件.

由压缩映像原理可知, 该迭代公式收敛.

(ii) 令 $\varphi(x)=\dfrac{1}{2}(x^2-3)$, 则 $\varphi'(x)=x$. 当 $x\in[2,4]$ 时, $|\varphi'(x)|\geqslant 2$, 该迭代公式发散.

例 4.5　已知极限 $\lim\limits_{n\to\infty}\underbrace{\sqrt{2+\sqrt{2+\cdots+\sqrt{2}}}}_{n\text{个}2}$.

(i) 把它写成迭代公式;

(ii) 证明该迭代公式收敛;

(iii) 求该极限.

解　(i) 考虑迭代公式

$$\begin{cases} x_0=0, \\ x_{n+1}=\sqrt{2+x_n}, \quad n=0,1,\cdots, \end{cases} \tag{4.12}$$

则 $x_1=\sqrt{2}, x_2=\sqrt{2+\sqrt{2}},\cdots,x_n=\sqrt{2+\sqrt{2+\cdots+\sqrt{2}}},\cdots$.

(ii) 令 $\varphi(x)=\sqrt{2+x}, \varphi'(x)=\dfrac{1}{2\sqrt{2+x}}$, 当 $x\in[0,2]$ 时, $\varphi'(x)>0$, 故 $\varphi(x)$ 单调增加, 且有

$$\varphi(x)\in[\varphi(0),\varphi(2)]=[\sqrt{2},2]\subset[0,2],$$

即 $\varphi(x)$ 满足封闭性条件.

当 $x\in[0,2]$ 时, $\varphi'(x)$ 单调递减, $|\varphi'(x)|\leqslant|\varphi'(0)|\leqslant\dfrac{1}{2\sqrt{2}}<1$, 即 $\varphi(x)$ 满足压缩性条件.

由压缩映像原理可知, 对任意 $x_0\in[0,2]$, 由迭代公式 (4.12) 产生的迭代序列收敛.

(iii) 迭代公式收敛于 x^*, 该迭代公式两边取极限, 得

$$x^* = \sqrt{2+x^*} \Rightarrow x^* = 2 \quad \text{或} \quad x^* = -1 \quad (\text{舍去}),$$

即 $\lim\limits_{n\to\infty} x_n = 2$.

定理 4.1 中的假设条件 (iii) 为存在 $0 \leqslant L < 1$, 使得对于任意 $x \in [a,b]$ 满足: $|\varphi'(x)| \leqslant L$. 在一般情况下, 可能对于大范围的含根区间不满足, 而在根的邻近是成立的. 为此, 有下述迭代法的局部收敛性.

4.2.4 迭代法的局部收敛性

在实际应用迭代法时, 通常首先在根 x^* 的邻近考察.

称一种迭代过程在根 x^* 的**邻近收敛**, 如果存在邻域 $\Delta : |x - x^*| \leqslant \delta$, 使迭代过程对于任意初值 $x_0 \in \Delta$ 均收敛. 这种在根的邻近所具有的收敛性称为**局部收敛性**.

定理 4.2 设 $\varphi(x)$ 在方程 (4.4) 的根 x^* 邻近有连续的一阶导数, 且有

$$|\varphi'(x^*)| < 1,$$

则迭代过程 $x_{k+1} = \varphi(x_k)$ 在 x^* 邻近具有局部收敛性.

证明 取 $[a,b] = [x^* - \delta, x^* + \delta]$, 于是只要验证定理 4.1 中条件 (ii) 成立, 定理 4.2 即得证.

事实上, 设 $x^* = \varphi(x^*)$, $x \in [x^* - \delta, x^* + \delta]$, 则由微分中值定理, 可得

$$|x - x^*| = |\varphi(x) - \varphi(x^*)| = |\varphi'(c)(x - x^*)| \ ,$$

其中 $c \in (x^* - \delta, x^* + \delta)$. 根据 $\varphi'(x)$ 在 x^* 邻近连续, 且 $|\varphi'(x^*)| < 1$, 故有

$$|\varphi(x) - \varphi(x^*)| \leqslant |\varphi'(c)|\, |x - x^*| < |x - x^*| \leqslant \delta.$$

于是由定理 4.1 可以断定 $x_{k+1} = \varphi(x_k)$ 对于任意初值 $x_0 \in [x^* - \delta, x^* + \delta]$ 均收敛.

4.2.5 迭代法的收敛速度

一种迭代法要具有实用价值, 不但要确定它是收敛的, 还要求它收敛得比较快. 所谓迭代过程的收敛速度, 是指迭代误差的下降速度.

定义 4.2 设迭代序列 $x_{n+1} = \varphi(x_n)$ 收敛于 $\varphi(x)$ 的不动点 x^*, 即 $\lim\limits_{n\to\infty} x_{n+1} = x^*$, 迭代误差为 $e_n = x_n - x^*$, 若存在常数 $p > 0$, 使得

$$\lim_{n\to\infty} \left| \frac{e_{n+1}}{e_n^p} \right| = C,$$

其中 $C>0$, 则称迭代过程是 p 阶收敛的, 相应的迭代方法称为 p 阶方法, C 为渐近误差常数. 特别地, $p=1(0=|C|<1)$ 时称线性收敛, $p>1$ 时称超线性收敛, $p=2$ 时称二阶收敛 (平方收敛).

显然, 收敛阶 p 的大小刻画了序列 $\{x_k\}$ 的收敛速度, p 越大, 收敛越快.

定理 4.3 设 $\varphi(x)$ 在 $\varphi(x^*)=x^*$ 的根 x^* 的邻近有连续的二阶导数, 且 $|\varphi'(x^*)|<1$, 则 $\varphi'(x^*)\neq 0$ 时, 迭代过程 $x_{k+1}=\varphi(x_k)$ 为线性收敛; 而当 $\varphi'(x^*)=0$, $\varphi''(x^*)\neq 0$ 时为平方收敛.

证明 对于在根 x^* 邻近收敛的迭代公式 $x_{k+1}=\varphi(x_k)$, 由于

$$x^*-x_{k+1}=\varphi'(\xi)(x^*-x_k),$$

其中 ξ 介于 x_k 与 x^* 之间, 故有

$$\frac{e_{k+1}}{e_k}\to\varphi'(x^*)\quad(k\to\infty),$$

这样, 若 $\varphi'(x^*)\neq 0$, 则该迭代过程仅为线性收敛. 若 $\varphi'(x^*)=0$, 由泰勒展式有

$$\varphi(x_k)=\varphi(x^*)+\frac{\varphi''(\xi)}{2}(x_k-x^*)^2.$$

又因为

$$\varphi(x_k)=x_{k+1},\quad x^*=\varphi(x^*),$$

由此可知

$$\frac{e_{k+1}}{e_k^2}\to\frac{\varphi''(x^*)}{2}\quad(k\to\infty),$$

于是当 $\varphi'(x^*)=0$, $\varphi''(x^*)\neq 0$ 时迭代过程是平方收敛.

4.3 牛 顿 法

解非线性方程 $f(x)=0$ 的牛顿法是一种将非线性函数线性化的方法. 牛顿法的最大优点是在方程单根附近具有较高的收敛速度, 牛顿法可用来计算 $f(x)=0$ 的实根, 还可计算代数方程的复根[5].

4.3.1 牛顿公式及误差分析

设有非线性方程 $f(x)=0$, $f(x)$ 为 $[a,b]$ 上一阶连续可微函数, 且 $f(a)f(b)<0$; 设 x_0 是 $f(x)$ 一个零点 $x^*\in(a,b)$ 的近似值 (设 $f'(x_0)\neq 0$), 现考虑用过曲线 $y=f(x)$ 上点 $p(x_0,f(x_0))$ 的切线方程近似代替函数 $y=f(x)$, 即用线性函数

$$y=f(x_0)+f'(x_0)(x-x_0)$$

代替 $y = f(x)$, 且用切线方程的根 (记为 x_1) 作为方程 (4.1) 根 x^* 的近似值, 即求解

$$f(x_0) + f'(x_0)(x - x_0) = 0,$$

得到

$$x_1 = x_0 - \frac{f(x_0)}{f'(x_0)}. \tag{4.13}$$

一般地, 若已求得 x_k, 将式 (4.13) 中的 x_0 换为 x_k, 重复上述过程, 即得到方程 $f(x) = 0$ 根的牛顿公式

$$\begin{cases} x_0(\text{初值}), \\ x_{k+1} = x_k - \dfrac{f(x_k)}{f'(x_k)}, \quad k = 0, 1, 2, \cdots. \end{cases} \tag{4.14}$$

下面利用 $f(x)$ 的泰勒公式进行误差分析. 设已知 $f(x) = 0$ 的根 x^* 的第 k 次近似值 x_k, 于是 $f(x)$ 在 x_k 点的泰勒公式为 (设 $f(x)$ 为二次连续可微)

$$f(x) = f(x_k) + f'(x_k)(x - x_k) + \frac{f''(c)}{2!}(x - x_k)^2, \tag{4.15}$$

其中, c 介于 x 与 x_k 之间.

如果用线性函数 $p(x) = f(x_k) + f'(x_k)(x - x_k)$ 近似代替函数 $f(x)$, 则其误差为 $\frac{1}{2}f''(c)(x - x_k)^2$. 在式 (4.15) 中取 $x = x^*$, 即有

$$0 = f(x^*) = f(x_k) + f'(x_k)(x^* - x_k) + \frac{f''(c)}{2!}(x^* - x_k)^2,$$

于是 $x^* = x_k - \dfrac{f(x_k)}{f'(x_k)} - \dfrac{f''(c)}{2f'(x_k)}(x^* - x_k)^2$, 设 $f'(x_k) \neq 0$.

利用牛顿公式 (4.14) 可得误差关系式

$$x^* - x_{k+1} = \left[-\frac{f''(c)}{2f'(x_k)}\right](x^* - x_k)^2. \tag{4.16}$$

误差公式 (4.16) 说明 x_{k+1} 的误差是与 x_k 误差的平方成比例的. 当初始误差 (即 $x^* - x_0 = \varepsilon_0$) 充分小时, 迭代的误差将非常快地减少.

由计算公式 (4.14) 可知, 用牛顿法求方程 $f(x) = 0$ 的根, 每计算一步需要计算一次函数值 $f(x_k)$ 及一阶导数值 $f'(x_k)$.

例 4.6 用牛顿法求方程 $f(x) = \sqrt{x} - x^3 + 2 = 0$ 的根.

解 显然, $f(0) \cdot f(2) < 0$, 方程在 $[0, 2]$ 内有一根. 求导 $f'(x) = -3x^2 + \dfrac{1}{2\sqrt{x}}$, 牛顿公式为

$$x_{k+1} = x_k - \frac{\sqrt{x_k} - x_k^3 + 2}{-3x_k^2 + \dfrac{1}{2\sqrt{x_k}}}, \quad k = 0, 1, 2, \cdots.$$

(i) 取 $x_0 = 1.0, \varepsilon = 10^{-6}$, 计算结果见表 4-3.

表 4-3

k	x_k	$x_k - x_{k-1}$
0	1.0000000	—
1	1.8000000	0.8000000
2	1.5335751	− 0.2664249
3	1.4781966	− 0.0553785
4	1.4758943	− 0.0023023
5	1.4758904	-3.9×10^{-6}
6	1.4758904	1×10^{-8}

(ii) 取 $x_0 = 8.0, \varepsilon = 10^{-6}$, 计算结果见表 4-4.

表 4-4

k	x_k	$x_k - x_{k-1}$
0	8.0000000	—
1	5.3560470	−2.643953
2	3.6164615	−1.7395855
3	2.5029535	−1.113508
4	1.8482191	− 0.6547344
5	1.5492436	− 0.2989755
6	1.4795632	−0.0696804
7	1.4758904	−0.0036728
8	1.4758904	1×10^{-8}

求得近似根 $x^* \approx 1.4758904, f(1.4758904) \approx -2.664535 \times 10^{-15}$.

说明当初值 x_0 选取靠近根 x^* 时牛顿法收敛且收敛较快, 当初值 x_0 不是选取接近方程根时, 牛顿法的收敛速度缓慢, 甚至可能发散.

4.3.2 牛顿法的局部收敛性

设有方程 $f(x) = 0$, 牛顿法是一种迭代法, 即

$$x_{k+1} = \varphi(x_k), \tag{4.17}$$

其中迭代函数为 $\varphi(x) = x - \dfrac{f(x)}{f'(x)}$(设 $f'(x) \neq 0$).

下面将用迭代法理论来考察牛顿法的收敛性.

定理 4.4 (牛顿法的局部收敛性) 牛顿迭代在 $f(x) = 0$ 单根 x^* 邻近至少平方收敛, 且有

$$\lim_{k\to\infty} \frac{x^* - x_{k+1}}{(x^* - x_k)^2} = -\frac{f''(x^*)}{2f'(x^*)}. \tag{4.18}$$

证明 牛顿法的迭代函数为

$$\varphi(x)=x-\frac{f(x)}{f'(x)},$$

计算导函数为

$$\varphi'(x)=1-\frac{(f'(x))^2-f(x)f''(x)}{(f'(x))^2}=\frac{f(x)f''(x)}{(f'(x))^2}.$$

由于单根 x^* 满足 $f(x^*)=0, f'(x^*)\neq 0$, 可知

$$\varphi'(x^*)=\frac{f(x^*)f''(x^*)}{(f'(x^*))^2}=0.$$

于是由迭代法局部收敛性定理, 迭代式 (4.17)(即牛顿法) 在单根 x^* 邻近至少平方收敛. 由式 (4.16) 取极限即得式 (4.18).

4.3.3 牛顿法的应用及算法

例 4.7 设 $c>0$, 试用牛顿法建立计算 $x=\sqrt{c}$ 的公式.

分析 开方实际上为求解方程 $f(x)=x^2-c=0$. 用牛顿法解此方程, 有计算公式如下

$$x_{k+1}=\frac{1}{2}\left(x_k+\frac{c}{x_k}\right).$$

试计算 $x=\sqrt{20}$, 要求 $|x_{k+1}-x_k|<10^{-6}$ 时迭代终止.

取 $x_0=5$, 用牛顿法计算结果见表 4-5.

表 4-5

k	0	1	2	3	4
x_k	5.0	4.5	4.47222222	4.47213595	4.47213595

所以 $\sqrt{20}\approx 4.47213595$.

例 4.8 用牛顿法求方程 $f(x)=(x-4.3)^2(x^2-54)=0$ 的正实根.

解 显然方程在 $[7,8]$ 内有一实根, 在 $[4,5]$ 内有二重根.

(i) 用牛顿法计算 $[7,8]$ 内单根, 要求 $|x_{k+1}-x_k|<10^{-6}$. 计算结果见表 4-6.

表 4-6

k	x_k	x_k-x_{k-1}
0	7.5	—
1	7.3628571	−0.13714286
2	7.3486169	−0.01424020
3	7.3484692	-1.4769935×10^{-4}
4	7.3484692	-1.5797475×10^{-8}

$x_4 = 7.348492$ 即为所要求的近似根.

(ii) 用牛顿法计算 $[4, 5]$ 内二重根, 要求 $|x_{k+1} - x_k| < 10^{-6}$. 计算结果见表 4-7.

表 4-7

k	x_k	$x_k - x_{k-1}$
0	4.5	—
1	4.3972603	−0.1027397
2	4.3480227	−0.0492376
3	4.3238676	−0.0241550
4	4.3118988	−0.0119688
5	4.3059408	−0.0059580
6	4.3029682	−0.0029725
7	4.3014836	−0.0014847
8	4.3007417	$-7.4192707 \times 10^{-4}$
9	4.3003708	$-3.7086347 \times 10^{-4}$
10	4.3001854	$-1.8540674 \times 10^{-4}$
11	4.3000927	$-9.2697126 \times 10^{-5}$
12	4.3000463	$-4.6347002 \times 10^{-5}$
13	4.3000232	$-2.3173111 \times 10^{-5}$
14	4.3000116	$-1.1586458 \times 10^{-5}$
15	4.3000058	$-5.7932046 \times 10^{-6}$
16	4.3000029	$-2.8965962 \times 10^{-6}$
17	4.3000014	$-1.4482966 \times 10^{-6}$
18	4.3000007	$-7.2414790 \times 10^{-7}$
19	4.3000004	$-3.6207386 \times 10^{-7}$

需要迭代 19 次, 则有 $x_{19} = 4.3000004$, 且 $|x_{19} - x_{18}| = 3.6207 \times 10^{-7}$.

由此可见, 牛顿法在单根附近具有较快的收敛速度 (达到一定的精度所需要的迭代次数较少), 而一般牛顿法求某一区间 (比如 $[4, 5]$) 内的重根时收敛速度较慢.

算法 4.3 (牛顿法)

第一步　令 $k = 1$, 选择合适的初值 x_0, 输入允许的最大迭代次数 N_0.

第二步　若 $k \leqslant N_0$, 计算

$$x_1 = x_0 - \frac{f(x_0)}{f'(x_0)},$$

若 $k > N_0$, 迭代终止, 并输出迭代失败的标志.

第三步　判断 $|x_1 - x_0| < \varepsilon$ 是否成立. 若成立, 则迭代终止, 并输出 x_1 的值作为根的近似值; 若不成立, 则 $k = k + 1$, 且取 $x_0 = x_1$, 并返回第二步.

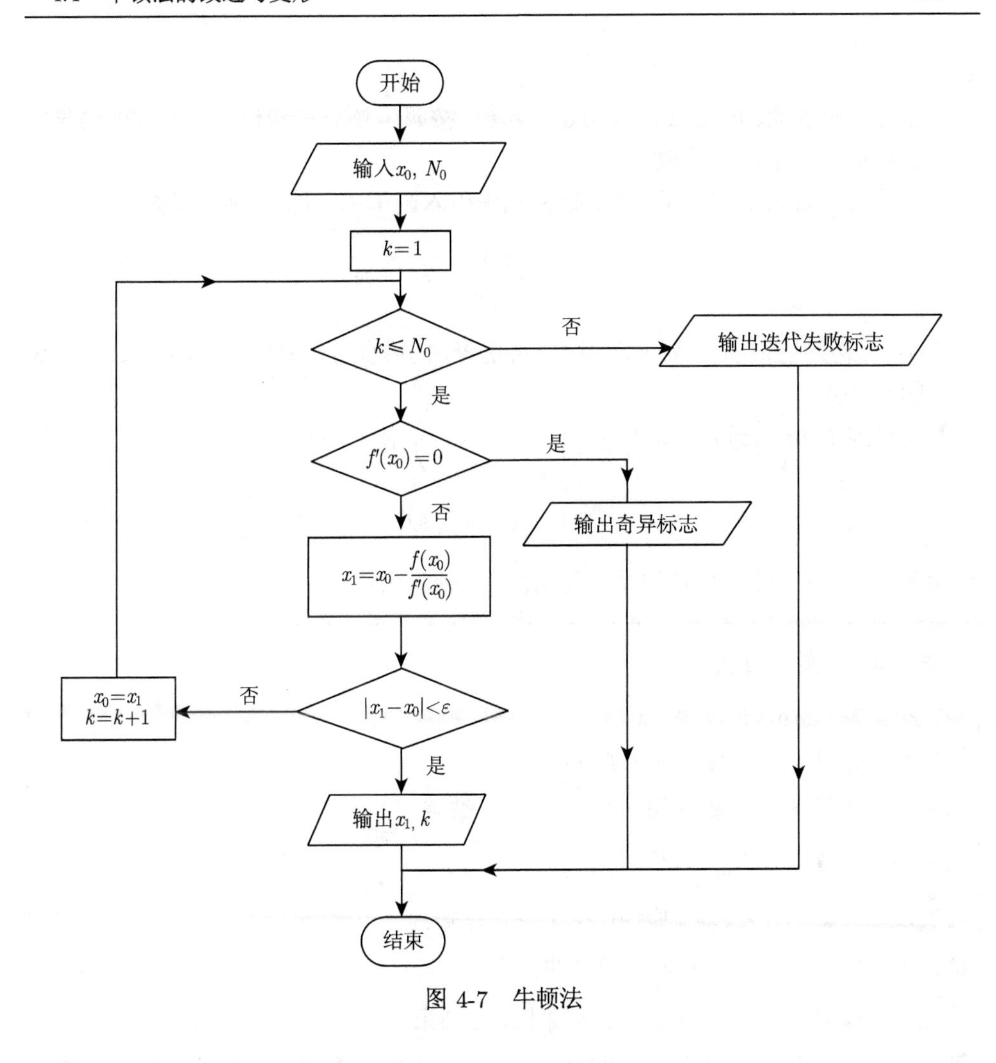

图 4-7 牛顿法

4.4 牛顿法的改进与变形

4.4.1 牛顿下山法

由牛顿法的局部收敛性定理知, 牛顿法对初值 x_0 的要求是很苛刻的, 即选取初始近似值 x_0 要在根 x^* 的邻近, 牛顿法才收敛较快, 否则牛顿法产生的序列 $\{x_k\}$ 可能不收敛.

例 4.9 用牛顿法求方程 $f(x)=x^3-x-1=0$ 在 $x=1.5$ 附近的一个根.

解 取 $x_0=0.6$, 按牛顿法计算

$$x_{k+1}=x_k-\frac{f(x_k)}{f'(x_k)},$$

有 $x_1 = 17.9\cdots$.

以上结果表明, 如果取 $x_0 = 0.6$ 为初值, 按照牛顿公式迭代一次得到的结果反而比初值更偏离了所求的根 x^*.

为了改善对初值的要求, 在牛顿公式中引入因子 t, 即将牛顿公式修改为

$$x_{k+1} = x_k - t\frac{f(x_k)}{f'(x_k)}, \quad k = 0, 1, \cdots,$$

其中 x_0 为初始近似值, t 为下山因子 (可选择的参数), 且满足 $0 < \varepsilon_t \leqslant t < 1$, ε_t 为下山因子下界.

选择因子 $t\left(\text{可选取 } t = 1, \frac{1}{2}, \frac{1}{2^2}, \cdots, t \geqslant \varepsilon_t\right)$ 使

$$|f(x_{k+1})| < |f(x_k)|,$$

称为下山, 将下山法和牛顿法结合使用, 即牛顿下山法.

算法 4.4 (牛顿下山法)

第一步 输入 $x_0, \varepsilon_1, \varepsilon_2, \varepsilon_t$.

第二步 计算 $f_0 = f(x_0), a = f'(x_0)$.

第三步 如果 $a = 0$, 则输出 “$f'(x_0) = 0$”, 结束.

第四步 计算 $x_1 = x_0 - t\dfrac{f_0}{a}, f_1 = f(x_1)$.

第五步 如果 $|f_1| \leqslant \varepsilon_2$, 则输出 x_1, f_1, ε_2, 结束.

第六步 如果 $|f_1| < |f_0|$, 则转第八步.

第七步 如果 $t \geqslant \varepsilon_t$, 则 $t = t/2$, 转第四步, 结束.

第八步 如果 $|x_1 - x_0| < \varepsilon_1$, 则输出 x_1, f_1, ε_1, 结束, 否则记 $x_0 = x_1$, 转第二步.

注意: 其中 ε_t 为下山因子下界, ε_1 是根的误差限, ε_2 是残量精度.

例 4.10 用牛顿下山法求方程 $f(x) = x^3 - x - 1 = 0$ 在 $x = 1.5$ 附近的一个根.

解 用牛顿下山法计算

$$x_{k+1} = x_k - t\frac{f(x_k)}{f'(x_k)}, \quad k = 0, 1, 2, \cdots$$

取 $x_0 = 0.6$, 计算结果见表 4-8.

表 4-8

k	t	x_k	$f(x_k)$
0	$\frac{1}{2^5}$	0.6	−1.384
1	1	1.140625	−0.6566
2	1	1.36681	0.1866
3	1	1.326280	0.00667
4	1	1.324720	8.771×10^{-6}

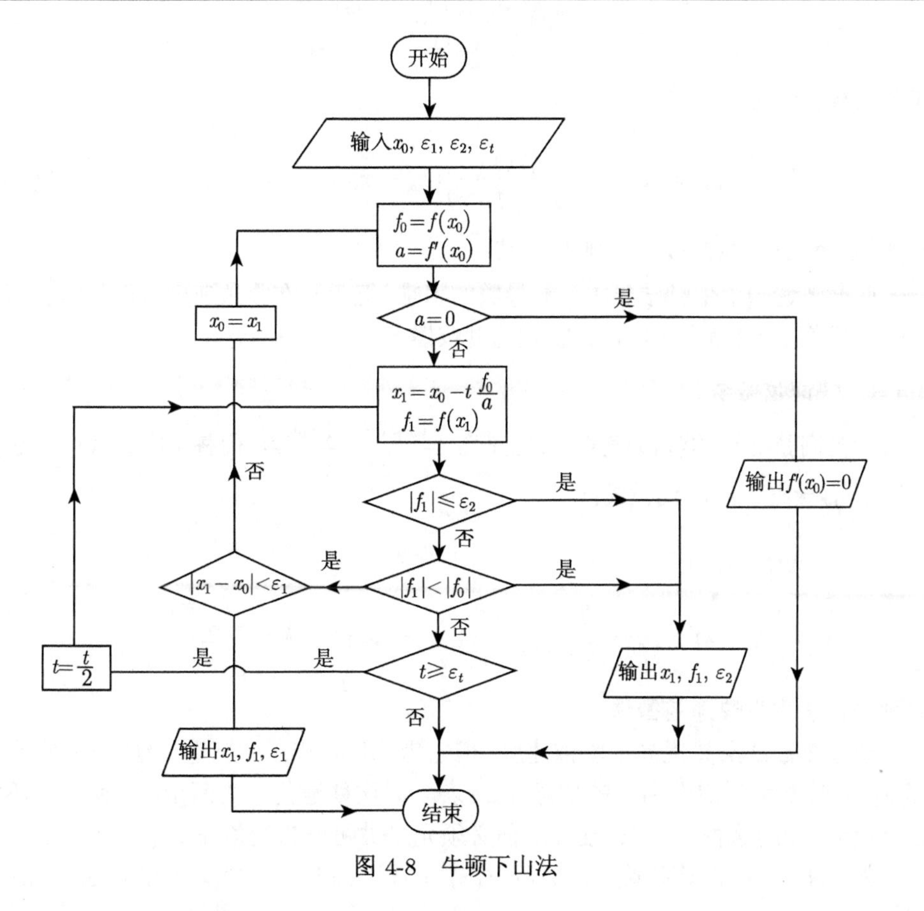

图 4-8 牛顿下山法

由此看出, 下山法保证 $f(x_k)$ 逐步下降, 即

$$|f(x_{k+1})| < |f(x_k)| < \cdots < |f(x_1)| < |f(x_0)|,$$

且牛顿法使这一过程收敛加速.

值得指出的是, 由于牛顿法的收敛性强烈地依赖于初值 x_0 的选取, 在实际求解方程 $f(x)=0$ 时, 往往先用二分法定出足够准确的近似根 x_0, 然后再用牛顿法

将 x_0 逐步精确化.

4.4.2 弦截法

用牛顿法解非线性方程 $f(x)=0$, 虽然在单根邻近具有较高收敛速度, 但需要计算 $f'(x)$. 如果函数 $f(x)$ 比较复杂, 求导数可能有困难, 需要更多的运算. 这种情况可将牛顿法公式中的 $f'(x)$ 近似用差商来代替, 即

$$f'(x) \approx \frac{f(x_k)-f(x_0)}{x_k-x_0},$$

于是得到计算公式:

$$x_{k+1}=x_k-\frac{f(x_k)}{f(x_k)-f(x_0)}(x_k-x_0), \quad k=1,2,\cdots. \tag{4.19}$$

公式 (4.19) 就是**弦截法 (正割法)**公式.

弦截法避开了牛顿法要求计算导数的困难, 但为此在收敛速度方面付出了不可低估的代价. 与牛顿法相比, 其收敛速度较慢.

4.4.3 快速弦截法

为提高弦截法的收敛速度, 改用差商 $\dfrac{f(x_k)-f(x_{k-1})}{x_k-x_{k-1}}$ 代替牛顿公式中的导数 $f'(x_k)$, 而导出下列迭代公式:

$$\begin{cases} \text{初值 } x_0, x_1, \\ x_{k+1}=x_k-\dfrac{f(x_k)}{f(x_k)-f(x_{k-1})}(x_k-x_{k-1}), \quad k=1,2,\cdots. \end{cases} \tag{4.20}$$

这种迭代法称为**快速弦截法**.

快速弦截法虽然提高了收敛速度, 但它为此也付出了 "沉重" 的代价: 它在计算 x_{k+1} 时要用到前面两步的信息 x_k, x_{k-1}, 即这种迭代法为两步法. 两步法不能自行启动. 使用这种迭代法, 在计算前必须先提供两个初始值 x_0, x_1.

例 4.11 用快速弦截法求方程 $f(x)=x^3-3x^2-x-9=0$ 在 $(-2,-1.5)$ 内的根.

解 用快速弦截法

$$x_{k+1}=x_k-\frac{x_k^3-3x_k^2-x_k-9}{(x_k^3-3x_k^2-x_k)-(x_{k-1}^3-3x_{k-1}^2-x_{k-1})}(x_k-x_{k-1}), \quad k=1,2,\cdots,$$

取初值 $x_0=-2, x_1=-1$, 计算结果见表 4-9.

表 4-9

k	x_k	$f(x_k)$
0	−2	−9
1	−1	6
2	−0.200000	−8.928000
3	2.125000	15.0761718
4	−3.576231	−89.5295391
5	3.2794490	−9.2740342
6	4.0716655	4.6949003
7	3.8054049	−1.1422500
8	3.8575084	−0.0974634
9	3.8623689	0.0023604
10	3.8622540	-4.681×10^{-6}
11	3.8622542	1×10^{-6}

数 值 实 验

例 4.12 (二分法) 求方程 $f(x)=x^3+4x^2-10=0$ 在区间 $[1,2]$ 内的实根, 使精度达到 $\frac{1}{2}\times 10^{-5}$.

解 二分法求方程的 MATLAB 代码如下所示:

二分法程序

```
function[x,k]=demimethod(a,b,f,eps)
% a,b 表示求解区间 [a,b] 的端点
% f 表示所求方程函数名
% eps 是精度指标
% x 表示所求近似解
% k 表示循环次数
fa=feval(f,a);
fab=feval(f,(a+b)/2);
k=0;
while abs((b-a)/2)>eps
    if fab==0
        x=(a+b)/2;
        return;
```

```
        elseif fa*fab<0
            b=(a+b)/2;
        else
            a=(a+b)/2;
        end
        fa=feval(f,a);
        fab=feval(f,(a+b)/2);
        k=k+1;
end
x=(a+b)/2;
```

在 MATLAB 命令窗口中输入下列命令

```
f=inline('x^3+4*x^2-10');
[x0,k]=demimethod(1,2,f,1/2*10^(-5))
```

求解的结果为

```
x0 =1.3652, k =17.
```

例 4.13 (黄金分割法)　求方程 $f(x) = x^3 - 3x + 1 = 0$ 在区间 $[0, 1]$ 内的一个根, 使精度达到 10^{-4}.

解　二分法是把求解区间的长度逐次减半, 而黄金分割法是把求解区间逐次缩短为前次的 0.618 倍. 黄金分割法求方程的 MATLAB 代码如下所示:

黄金分割法程序

```
function root=hj(f,a,b,eps)
if(nargin==3)
        eps=1.0e-4;
end
f1=subs(sym(f),findsym(sym(f)),a); %subs 为赋值函数
f2=subs(sym(f),findsym(sym(f)),b); %findsym 函数返回括号中的所有符号
变量
if(f1==0)
        root=a;
end
```

```
if(f2==0)
      root=b;
end
if(f1*f2>0)
      disp(' 两端点函数值乘积大于 0!');
      return;
else
      t1=a+(b-a)*0.382;
      t2=a+(b-a)*0.618;
      f_1=subs(sym(f),findsym(sym(f)),t1);
      f_2=subs(sym(f),findsym(sym(f)),t2);
      tol=abs(t1-t2);
      while(tol>eps) %精度控制
          if(f_1*f_2<0)
               a=t1;
               b=t2;
          else
               fa=subs(sym(f),findsym(sym(f)),a);
          if(f_1*fa>0)
               a=t2;
          else
               b=t1;
          end
      end
      t1=a+(b-a)*0.382;
      t2=a+(b-a)*0.618;
      f_1=subs(sym(f),findsym(sym(f)),t1);
      f_2=subs(sym(f),findsym(sym(f)),t2);
      tol=abs(t2-t1);
  end
  root=(t1+t2)/2; %输出根
end
```

在 MATLAB 命令窗口中输入下列命令:

```
r=hj('x^3-3*x+1',0,1)
```

求解的结果为

```
r=0.3473
```

由计算结果可知, 方程的一个近似解为 $x = 0.3473$.

例 4.14 (不动点迭代法)　求方程 $f(x) = \dfrac{1}{\sqrt{x}} + x - 2 = 0$ 的一个根, 使精度达到 10^{-4}.

解　不动点迭代法很可能不收敛, 因为它的本质是求函数 $y = f(x) + x$ 与直线 $y = x$ 的交点, 而它们不一定存在交点, 即使收敛其速度可能也十分慢. 不动点迭代法求方程的 MATLAB 代码如下所示:

不动点迭代法程序

```
function [root,n]=StablePoint(f,x0,eps)
if(nargin==2)
    eps=1.0e-4;
end
tol=1;
root=x0;
n=0;
while(tol>eps)
      n=n+1;
      r1=root;
      root=subs(sym(f),findsym(sym(f)),r1)+r1;
      tol=abs(root-r1);
end
```

在 MATLAB 命令窗口中输入下列命令

```
[r,n]=StablePoint('1/sqrt(x)+x-2',0.5)
[r,n]=StablePoint('1/sqrt(x)+x-2',0.2)
[r,n]=StablePoint('1/sqrt(x)+x-2',0.7)
```

求解的结果为

```
r=0.3820, n=4
r=0.3820, n=7
r=0.3820, n=6
```

上述求解结果看出, 选取的初始点不同会影响迭代次数, 因此, 在算法中合理地选择初始点是十分重要的.

例 4.15 (牛顿法) 求方程 $f(x)=\sqrt{x}-x^3+2=0$ 在区间 $[0.5,2]$ 内的一个根, 使精度达到 10^{-6}.

解 牛顿法求方程的 MATLAB 代码如下所示:

牛顿法程序

```
function [x,k]=NewtonRoot(f,df,x0,e,N)
% f 和 df 分别表示 f(x) 及其导数
% x0 为迭代初值
% e 为精度
% N 为最大迭代次数 (默认为 500)
% x,k 分别返回近似根和迭代次数
N=500;
k=0;
while k<N
     x=x0-feval(f,x0)/feval(df,x0);
      if abs(x-x0)<e
         break
      end
      x0=x;
      k=k+1;
end
```

在 MATLAB 命令窗口中输入下列命令

```
f=inline('sqrt(x)-x^3+2');
df=inline('1/(2*sqrt(x))-3*x^2');
[x,k]=NewtonRoot(f,df,1,1e-6) %选取初值为 1, 精度为 10^-6.
```

求解的结果为

```
x=1.4759, k=5
```

由计算结果可知, 通过牛顿方法迭代 5 次以后得到方程的一个近似根为 $x = 1.4759$. 事实上, 初始迭代值的选取非常重要, 初始迭代值越靠近精确值, 迭代效果越好. 然而精确值是未知的, 因此, 适当地选取初值是一件困难的事情, 下面介绍一种选取迭代初值的方法, 程序如下:

牛顿法程序 (包含迭代初值的选取)

```
function root=NewtonRoot1(f,a,b,eps)
if(nargin==3)
      eps=1.0e-6;
end
f1=subs(sym(f),findsym(sym(f)),a);
f2=subs(sym(f),findsym(sym(f)),b);
if(f1==0)
      root=a;
end
if(f2==0)
      root=b;
end
tol=1;
fun=diff(sym(f));     %求导数
fa=subs(sym(f),findsym(sym(f)),a);
fb=subs(sym(f),findsym(sym(f)),b);
dfa=subs(sym(fun),findsym(sym(fun)),a);
dfb=subs(sym(fun),findsym(sym(fun)),b);
if(dfa>dfb)      %初始值取两端点导数较大者
      root=a-fa/dfa;
else
      root=b-fb/dfb;
end     %以上为初始迭代值的选取
while(tol>eps)
      r1=root;
```

```
     fx=subs(sym(f),findsym(sym(f)),r1);
    dfx=subs(sym(fun),findsym(sym(fun)),r1);    %求该点的导数值
root=r1-fx/dfx;    %迭代的核心公式
     tol=abs(root-r1);
end
```

在 MATLAB 命令窗口中输入下列命令

```
r=NewtonRoot1('sqrt(x)-x^3+2',0.5,2)
```

求解的结果为

```
r=1.4759
```

由上仍然可以得到方程的一个近似解为 $x = 1.4759$.

例 4.16 (牛顿下山法) 求方程 $f(x) = \sqrt{x} - x^3 + 2 = 0$ 在区间 $[1, 2]$ 内的一个根, 使精度达到 10^{-6}.

解 牛顿下山法求方程的 MATLAB 代码如下所示:

牛顿下山法程序 (包含迭代初值的选取)

```
function root=NewtonDown(f,a,b,eps)
if(nargin==3)
    eps=1.0e-6;
end
f1=subs(sym(f),findsym(sym(f)),a);
f2=subs(sym(f),findsym(sym(f)),b);
if(f1==0)
    root=a;
end
if(f2==0)
    root=b;
end
if(f1*f2>0)
    disp(' 两端点函数值乘积大于 0!');
    return;
else
    tol=1;
```

```
    fun=diff(sym(f));
    fa=subs(sym(f),findsym(sym(f)),a);
    fb=subs(sym(f),findsym(sym(f)),b);
    dfa=subs(sym(fun),findsym(sym(fun)),a);
    dfb=subs(sym(fun),findsym(sym(fun)),b);
    if(dfa>dfb)
        root=a;
    else
        root=b;
    end     %以上为初始迭代值的选取
    while(tol>eps)
        r1=root;
        fx=subs(sym(f),findsym(sym(f)),r1);
        dfx=subs(sym(fun),findsym(sym(fun)),r1);
        toldf=1;
        alpha=2;
        while toldf>0
            alpha=alpha/2;
            root=r1-alpha*fx/dfx;
            fv=subs(sym(f),findsym(sym(f)),root);
            toldf=abs(fv)-abs(fx);
            end
            tol=abs(root-r1);
    end
end
```

在 MATLAB 命令窗口中输入下列命令:

```
r=NewtonDown('sqrt(x)-x^3+2',1,2)
```

求解的结果为

```
r=1.4759
```

由计算结果可知, 方程的一个近似解为 $x = 1.4759$.

注意　牛顿下山法的收敛速度很快, 请读者自行改写程序记录迭代次数, 比较牛顿法与牛顿下山法的收敛速度.

例 4.17 (弦截法)　求方程 $f(x) = \ln x + \sqrt{x} - 2 = 0$ 在区间 $[1, 4]$ 内的一个根, 使精度达到 10^{-6}.

解 弦截法求方程的 MATLAB 代码如下所示:

弦截法程序 (包含迭代初值的选取)

```
function root=Secant(f,a,b,eps)
if(nargin==3)
    eps=1.0e-6;
end
f1=subs(sym(f),findsym(sym(f)),a);
f2=subs(sym(f),findsym(sym(f)),b);
if(f1==0)
    root=a;
end
if(f2==0)
    root=b;
end
if(f1*f2>0)
    disp('两端点函数值乘积大于 0!');
    return;
else
    tol=1;
    fa=subs(sym(f),findsym(sym(f)),a);
    fb=subs(sym(f),findsym(sym(f)),b);
    root=a-(b-a)*fa/(fb-fa);      % 以上为初始迭代值的选取);
     while(tol>eps)
        r1=root;
        fx=subs(sym(f),findsym(sym(f)),r1
        s=fx*fa;
        if(s==0)
            root=r1;
        else
            if(s>0)
                root=b-(r1-b)*fb/(fx-fb);
            else
                root=a-(r1-a)*fa/(fx-fa);
```

```
            end
        end
        tol=abs(root-r1);
    end
end
```

在 MATLAB 命令窗口中输入下列命令

```
r=Secant('sqrt(x)+log(x)-2',1,4)
```

求解的结果为

```
r=1.8773
```

由计算结果可知, 方程的一个近似解为 $x = 1.8773$.

例 4.18 (快速弦截法)　求方程 $f(x) = 4\cos x - \mathrm{e}^x = 0$ 的根, 初值为 $x_1 = \pi/4$, $x_2 = \pi/2$, 使精度达到 10^{-6}.

解　快速弦截法求方程的 MATLAB 代码如下所示:

快速弦截法程序

```
function [x,k]=FastSecant(f,x1,x2,eps);
%f 表示非线性方程左端函数
%x1, x2 表示迭代初值
%eps 是精度指标
%k 表示循环次数
k=1;
y1=feval(f,x1);
y2=feval(f,x2);
x(k)=x2-(x2-x1)*y2/(y2-y1);
y(k)=feval(f,x(k));
k=k+1;
x(k)=x(k-1)-(x(k-1)-x2)*y(k-1)/(y(k-1)-y2);
while abs(x(k)-x(k-1))>eps
      y(k)=feval(f,x(k));
      x(k+1)=x(k)-(x(k)-x(k-1))*y(k)/(y(k)-y(k-1));
      k=k+1;
end
```

在 MATLAB 命令窗口中输入下列命令

```
f=inline('exp(x)-4*cos(x)');
[x,k]=FastSecant(f,pi/4,pi/2,10^-6);
```

求解的结果为

```
x=0.8770 0.8985 0.9049 0.9048 0.9048
k=5
```

由计算结果可知, 方程的一个近似解为 $x = 0.9048$.

小 结

本章介绍了非线性方程的数值解法: 逐步搜索法、二分法, 迭代法、牛顿法、弦截法、快速弦截法; 介绍了压缩映像原理、局部压缩映像原理和收敛阶等基本概念和理论.

方程求根的迭代法的设计思想是将隐式的非线性模型逐步地显式化、线性化, 从而达到化繁为简的目的. 这是算法设计理念"简单统一"的又一体现.

牛顿法是迭代法中实用的有效方法[6~15], 它至少具有二阶的收敛性. 近年来, 关于牛顿迭代法的文献研究主要围绕三个方面进行[16~25]: 第一方面是放宽牛顿法对初值的限制条件, 使初值的选取范围更大, 如: 牛顿下山法, 对初值选择并不苛刻; 第二方面是在迭代中避免计算导数, 进行多点迭代; 第三方面是提高迭代格式的收敛阶数, 将收敛阶提高到三阶、四阶或更高阶.

关于非线性方程的近似解法有如上所述的诸多方法, 那么这些方法能否推广到线性方程组 (非线性方程组) 呢? 对于线性方程组 (非线性方程组) 能否类似的构造相应的迭代格式呢? 如果可以, 那么通过迭代求出的解是否收敛呢? 满足什么条件, 解能收敛呢? 如何求解方程的重根?

习 题 4

1. 验证方程 $x^3 - x - 1 = 0$ 在区间 $[1, 2]$ 内有唯一的根. 用二分法求此根, 误差不超过 10^{-2}. 若要误差不超过 10^{-3} 或者 10^{-4}, 问要作多少次二分?

2. 用二分法求超越方程 $f(x) = \sin x - x/2 = 0$ 的唯一的正根 x^*, 要求 $|x_k - x^*| \leqslant 10^{-4}$ 或者 $|f(x_k)| \leqslant 10^{-4}$. 并且估计最多需要的迭代次数.

3. 为求方程 $x^3 - x^2 - 1 = 0$ 在 $x_0 = 1.5$ 附近的一个根, 现将方程改为下列的等价形式, 且建立相应的迭代公式:

(1) $x = 1 + \dfrac{1}{x^2}$, 迭代公式为 $x_{k+1} = 1 + \dfrac{1}{x_k^2}$;

(2) $x^3 = 1 + x^2$, 迭代公式为 $x_{k+1} = (1 + x_k^2)^{1/3}$;

(3) $x^2 = \dfrac{1}{x-1}$, 迭代公式为 $x_{k+1} = \dfrac{1}{(x_k - 1)^{1/2}}$.

试分析每一种迭代公式的收敛性, 任选一种收敛的迭代公式计算 1.5 附近的根, 要求 $|x_{k+1} - x_k| \leqslant$

10^{-5}.

4. 对下列方程, 试确定迭代函数 $\varphi(x)$ 及区间 $[a,b]$, 使对 $\forall x_0 \in [a,b]$, 不动点迭代 $x_{k+1} = \varphi(x_k)(k=0,1,\cdots)$ 收敛到方程的正根, 并求该正根, 使得 $|x_{k+1}-x_k| \leqslant 10^{-6}$.

(1) $x^2-2=0$; (2) $3x^2-\mathrm{e}^x=0$; (3) $x=\cos x$.

5. 证明方程 $f(x)=x^3-6x-12=0$ 在区间 $[2,5]$ 内有唯一实根 p, 并对任意的初始值 $x_0 \in [2,5]$, 牛顿序列都收敛于 p.

6. 应用牛顿法求方程 $x^2-3x-\mathrm{e}^x+2=0$ 的一个近似解, 取初始值 $x_0=1$, 要求近似解精确到小数点后第八位.

7. 应用牛顿下山法求方程 $x^3+4x-10=0$ 在 $[0,2]$ 内的根. 取初始值 $x_0=0.1$, 并且与牛顿法进行比较.

8. 用下列三种方法分别求 $f(x)=x^3-3x-1=0$ 在 $x_0=2$ 附近的根. 根的准确值 $x^*=1.87938524\cdots$, 要求计算结果准确到 4 位有效数字.

(1) 用牛顿法, $x_0=2$;

(2) 用弦截法, $x_0=2, x_1=1.9$;

(3) 用快速弦截法, $x_0=2, x_1=1.9$.

9. 将牛顿法用于解方程 $x^3-a=0$, 讨论其收敛性.

实 验 4

1. 用二分法求方程 $f(x)=x^3+x^2-3x-3=0$ 在 $x=1.5$ 附近的根.

2. 用不动点迭代法求方程 $f(x)=x(x+1)^2-1=0$ 在区间 $[0,1]$ 的一个实根. 初始值 $x_0=0.4$, 精确到 4 位有效数字.

3. 用牛顿法求方程 $f(x)=x^3-x-1=0$ 在区间 $[-3,3]$ 上误差不大于 10^{-5} 的根. 分别取初值 $x_0=1.5$, $x_0=0$, $x_0=-1$ 进行计算, 比较它们的迭代次数.

4. 用弦截法求方程 $f(x)=x(x+1)^2-1=0$ 在 0.4 附近的一个实根. 初始值 $x_0=0.4$, $x_0=0.6$, 精确到 4 位有效数字.

5. 设计一种求重根的方法求方程 $f(x)=x^2(\sin x-x+2)=0$ 在区间 $[-2,3]$ 的一个根, 精确到 4 位有效数字.

牛 顿 简 介

牛顿 (Isaac Newton, 1642—1727) 爵士, 英国皇家学会会长, 英国著名的物理学家, 百科全书式的“全才”, 著有《自然哲学的数学原理》和《光学》.

牛顿于 1661 年入剑桥大学三一学院, 受教于巴罗, 同时钻研伽利略、开普勒、笛卡儿和沃利斯等人的著作. 三一学院至今还保存着牛顿的读书笔记, 从这些笔记可以看出, 就数学思想的形成而言, 笛卡儿的《几何学》和沃利斯的《无穷算术》对他影响最深, 正是这两部著作引导牛顿走上了创立微积分之路.

1665 年 8 月, 剑桥大学因瘟疫流行而关闭, 牛顿离校返乡, 随后在家乡躲避瘟疫的两年, 竟成为牛顿科学生涯中的黄金岁月. 制定微积分, 发现万有引力和颜色理论, …… 可以说牛顿一生大多数科学创造的蓝图, 都是在这两年描绘的.

图 4-9 牛顿

牛顿最重要的著作《自然哲学的数学原理》总结了他一生中许多重要的发现和成果, 其中包括对万有引力和三大运动定律进行了描述. 这些描述奠定了此后三个世纪里物理世界的科学观点, 并成为了现代工程学的基础. 他通过论证开普勒行星运动定律与他的引力理论间的一致性, 展示了地面物体与天体的运动都遵循着相同的自然定律; 为太阳中心说提供了强有力的理论支持, 并推动了科学革命.

主要参考文献

[1] 何汉林. 数值计算方法 [M]. 2 版. 北京: 科学出版社, 2011: 114–133.

[2] 林成森. 数值计算方法 [M]. 北京: 科学出版社, 2006: 252–293.

[3] 黄云清, 舒适, 陈艳萍, 等. 数值计算方法 [M]. 北京: 科学出版社, 2008: 213–239.

[4] 王能超. 数值计算方法简明教程 [M]. 2 版. 北京: 高等教育出版社, 2008:126–153.

[5] 王礼广, 熊岳山, 蔡放. 一种适合迭代求复数根的抛物牛顿法 [J]. 湖南师范大学学报 (自然科学版), 2007, 30(4):11–14.

[6] 李福祥, 田金燕, 费兆福, 等. 非线性方程重根的三阶迭代方法 [J]. 哈尔滨理工大学, 2013, 18(6): 117–120.

[7] 王晓明, 张力, 智勇, 等. 采用改进牛顿法计算配电网理论线损 [J]. 工矿自动化, 2013, (1): 30–32.

[8] 徐勇. 牛顿迭代在盲信号处理中的应用 [J]. 科技创新, 2013, (25): 194–194; 201.

[9] 张丽娟. 基于牛顿迭代法校园网流量计费模型优化研究 [J]. 西南大学学报 (自然科学版), 2013, 35(8): 161–164.

[10] 邹武停, 辛全才, 张宽地. 基于牛顿迭代法的圆形断面临界水深直接计算法 [J]. 水电能源科学, 2012, 30(3): 100–102.

[11] 刘峰, 高世桥, 牛少华, 等. 基于 Jacobian 矩阵的牛顿迭代法惠斯通电桥调零 [J]. 传感技术学报,2019, 32(01): 96–99.

[12] 栾晓东, 底青云, 雷达. 基于牛顿迭代法和遗传算法的 CSAMT 近场校正 [J]. 地球物理学报,2018, 61(10): 4148–4159.

[13] 陈金平, 贺昱曜, 巨永锋, 等. 三电平逆变器 SHEPWM 牛顿下山法求解研究 [J]. 电力电子技术,2013, 47(09): 8–10.

[14] 蔺小林, 左墨. 牛顿下山法的电力系统暂态稳定并行算法 [J]. 电力系统及其自动化学报,2009, 21(05): 104–108.

[15] 张启坤, 刘宏哲, 袁家政, 等. 基于改进弦截法的 FastICA 算法研究 [J]. 计算机应用研究, 2019, 36(02): 425–429.

[16] 郑浩, 张月琴, 张传林. 两种七阶收敛的牛顿迭代修正格式 [J]. 西南大学学报 (自然科学版), 2012, 34(3): 32–35.

[17] 王晓锋, 陈静. 6 阶收敛的牛顿迭代修正格式 [J]. 河南师范大学学报 (自然科学版), 2010, 38(4): 26–28.

[18] 郑权, 黄松奇. 解线性方程的牛顿类方法及其变形 [J]. 清华大学学报 (自然科学版), 2004, 44(3): 372–375.

[19] 王晓锋. 修正的三阶收敛的牛顿迭代法 [J]. 数学的实践与认识, 2010, 40(3) : 1995: 216–218.

[20] 张荣, 薛国民. 修正的三次收敛的牛顿迭代法 [J]. 大学数学, 2005, 21(1): 80–82.

[21] 苏岐芳. 五阶收敛的牛顿迭代改进法 [J]. 河南师范大学学报 (自然科学版), 2009, 37(4): 22–24.

[22] 王晓锋. 一种修正的牛顿迭代法 [J]. 长春理工大学学报 (自然科学版), 2010, 33(1) : 178–179.

[23] 王霞, 田润果, 赵玲玲. 一类三阶牛顿变形方法 [J]. 郑州轻工业学院学报 (自然科学版), 2009, 24(2): 111–119.

[24] 闫慧, 郭清伟. 一种 15 阶收敛的牛顿迭代修正格式 [J]. 阜阳师范学院学报 (自然科学版), 2013, 34(4): 15–18.

[25] 吴新元. 对牛顿迭代法的一个重要修改 [J]. 应用数学和力学, 1999(08): 96–99.

第 5 章　线性方程组的迭代法

导　读

在自然科学和工程技术中很多问题的解决常常归结为解线性方程组或者非线性方程组的数学问题[1~4]. 例如, 结构分析、数据分析、电学中的网络问题、船体放样中建立三次样条函数问题、用最小二乘法求实验数据的曲线拟合问题、用差分法或者有限元方法解常微分方程、偏微分方程边值问题等, 都归结为线性方程组的求解问题.

引例 5.1　如第 2 章所提的最小二乘曲线拟合问题, 已知某化学反应过程中沉淀物的质量见表 5-1.

表 5-1

时间 x_i/时	1	2	3	4	5
质量 y_i/克	2.44	3.05	3.59	4.41	5.46

求它的形如 $y=a\mathrm{e}^{bx}(a,b$ 为待定系数) 的最小二乘拟合.

将 $y=a\mathrm{e}^{bx}$ 两边取对数有 $\bar{y}=\ln y=\ln a+bx$, 令 $c=\ln a, d=b$, 根据最小二乘法, 最终导出线性方程组

$$\begin{cases} cN+d\sum\limits_{i=1}^{5}x_i=\sum\limits_{i=1}^{5}\bar{y}_i, \\ c\sum\limits_{i=1}^{5}x_i+d\sum\limits_{i=1}^{5}x_i^2=\sum\limits_{i=1}^{5}x_i\bar{y}_i. \end{cases}$$

该线性方程组只含有 2 个未知数, 是容易求解的. 但是当线性方程组的未知数个数增加后 (如: 5 个, 20 个, 1000 个或者更多), 其计算还会容易吗? 如果困难, 那么就需要寻求简单的方法求解. 你能想到哪些相对简单的方法呢? 这些方法所求得的解精确吗? 如果不精确, 其近似程度如何? 你能给出满足精度要求的近似解吗?

一般地, 在工程实际问题中产生的线性方程组, 其系数矩阵大致有两种: 一种是低阶稠密矩阵 (例如, 阶数不超过 150), 另一种是大型稀疏矩阵 (即矩阵阶数高且零元素较多). 当线性方程组存在唯一解时, 可用克拉默 (Cramer) 法则进行求解. 但是用克拉默法则求解一个 n 阶方程组时, 需要计算 $n+1$ 个 n 阶行列式的值, 为此总共需要做 $n!\,(n-1)\,(n+1)$ 次乘法. 当 n 充分大时, 这个计算量大得惊人! 为

此, 需要寻求其他方法. 考虑到计算机本身的特点, 需要寻求计算量较小、存储量较小、计算过程有规律且能保证具有一定精度的数值解法.

求解线性方程组的数值方法大体上可分为直接法和迭代法两大类, 其中直接法, 就是经过有限步算术运算, 可求得方程组精确解的方法 (若计算过程中没有舍入误差). 但实际计算中由于舍入误差的存在和影响, 这种方法也只能求得线性方程组的近似解. 迭代法是用某种极限过程去逐步逼近线性方程组精确解的方法.

提到迭代法, 你能将第 4 章所学习的求解非线性方程迭代法的思想用来解决线性方程组吗?

本章讨论解线性方程组的几种迭代法, 包括雅可比迭代法, 高斯-赛德尔迭代法, 超松弛迭代法以及其收敛性、收敛速度等问题.

本章所需要的数学基础知识与理论: 线性方程组的解的存在唯一性定理、矩阵理论.

5.1　雅可比迭代法和高斯-赛德尔迭代法

迭代法的基本思想是用逐次逼近的方法去求线性方程组的解. 设有线性代数方程组

$$\boldsymbol{A}\boldsymbol{x} = \boldsymbol{b}, \tag{5.1}$$

其中 $\boldsymbol{A} = (a_{ij})_{n\times n}$ 为非奇异矩阵, $\boldsymbol{x}^{\mathrm{T}} = (x_1, x_2, \cdots, x_n)(n \geqslant 1), \boldsymbol{b}^{\mathrm{T}} = (b_1, b_2, \cdots, b_n)$ $(n \geqslant 1)$, 将方程组 (5.1) 改写成等价的方程组

$$\boldsymbol{x} = \boldsymbol{B}\boldsymbol{x} + \boldsymbol{f}. \tag{5.2}$$

选定初始向量 $\boldsymbol{x}^{(0)} = (x_1^{(0)}, x_2^{(0)}, \cdots, x_n^{(0)})^{\mathrm{T}}$, 按照迭代格式

$$\boldsymbol{x}^{(k+1)} = \boldsymbol{B}\boldsymbol{x}^{(k)} + \boldsymbol{f}, \quad k = 0, 1 \cdots. \tag{5.3}$$

构造迭代向量序列 $\boldsymbol{x}^{(1)}, \boldsymbol{x}^{(2)}, \cdots, \boldsymbol{x}^{(k)}, \boldsymbol{x}^{(k+1)}, \cdots$.

如果迭代向量序列 $\{\boldsymbol{x}^{(k)}\}$ 收敛, 且 $\lim\limits_{k\to\infty} \boldsymbol{x}^{(k)} = \boldsymbol{x}^*$, 则 $\boldsymbol{x}^*$ 是方程组 (5.2) 的解, 也是方程组 (5.1) 的解. 从而当 k 充分大时, $\boldsymbol{x}^{(k+1)}$ 约等于解向量 $\boldsymbol{x}^*$, 称迭代格式 (5.3) 中的矩阵 $\boldsymbol{B}$ 为**迭代矩阵**.

同非线性方程的迭代法思想一样, 迭代矩阵不唯一, 且迭代矩阵 $\boldsymbol{B}$ 影响收敛性.

5.1.1　雅可比迭代法

下面以三阶线性方程组为例说明雅可比迭代法的求解过程.

首先将线性方程组

$$\begin{cases} a_{11}x_1 + a_{12}x_2 + a_{13}x_3 = b_1, \\ a_{21}x_1 + a_{22}x_2 + a_{23}x_3 = b_2, \\ a_{31}x_1 + a_{32}x_2 + a_{33}x_3 = b_3, \end{cases}$$

改写成

$$\begin{cases} a_{11}x_1 = -a_{12}x_2 - a_{13}x_3 + b_1, \\ a_{22}x_2 = -a_{21}x_1 - a_{23}x_3 + b_2, \\ a_{33}x_3 = -a_{31}x_1 - a_{32}x_2 + b_3, \end{cases}$$

这里假设 $a_{ii} \neq 0(i = 1, 2, 3)$. 选定初始向量 $\boldsymbol{x}^{(0)} = (x_1^{(0)}, x_2^{(0)}, x_3^{(0)})^{\mathrm{T}}$, 按照迭代格式

$$\begin{cases} x_1^{(k+1)} = \dfrac{1}{a_{11}}(-a_{12}x_2^{(k)} - a_{13}x_3^{(k)} + b_1), \\ x_2^{(k+1)} = \dfrac{1}{a_{22}}(-a_{21}x_1^{(k)} - a_{23}x_3^{(k)} + b_2), \\ x_3^{(k+1)} = \dfrac{1}{a_{33}}(-a_{31}x_1^{(k)} - a_{32}x_2^{(k)} + b_3), \end{cases}$$

构造迭代向量序列 $\boldsymbol{x}^{(1)}, \boldsymbol{x}^{(2)}, \cdots, \boldsymbol{x}^{(k)}, \boldsymbol{x}^{(k+1)}, \cdots$.

由这种迭代格式得到迭代向量序列 $\{\boldsymbol{x}^{(k)}\}$ 的方法称为**雅可比迭代法**.

对于一般 n 元线性方程组 $\boldsymbol{Ax} = \boldsymbol{b}$, 即

$$\sum_{j=1}^{n} a_{ij}x_j = b_i, \quad i = 1, 2, \cdots, n, \tag{5.4}$$

设从式 (5.4) 中分离出变量 x_i, 将它改写成

$$x_i = \frac{1}{a_{ii}}\left(b_i - \sum_{\substack{j=1 \\ j \neq i}}^{n} a_{ij}x_j\right), \quad a_{ii} \neq 0;\ i = 1, 2, \cdots, n,$$

据此建立迭代公式

$$\begin{cases} x^{(0)} = (x_1^{(0)}, x_2^{(0)}, \cdots, x_n^{(0)})^{\mathrm{T}}, \\ x_i^{(k+1)} = \dfrac{1}{a_{ii}}\left(b_i - \sum\limits_{\substack{j=1 \\ j \neq i}}^{n} a_{ij}x_j^{(k)}\right), \quad i = 1, 2, \cdots, n; k = 0, 1, \cdots. \end{cases} \tag{5.5}$$

可以看出, 求解线性方程组的**雅可比迭代法的设计思想是, 将一般形式的线性方程组的求解归结为对角方程组的重复.**

若将线性方程组 $\boldsymbol{Ax}=\boldsymbol{b}$ 的系数矩阵 $\boldsymbol{A}$ 分解为 $\boldsymbol{A}=\boldsymbol{D}+\boldsymbol{L}+\boldsymbol{U}$, 其中 $\boldsymbol{D}$ 为对角阵, $\boldsymbol{L}$ 和 $\boldsymbol{U}$ 分别为严格下三角阵和严格上三角阵.

$$
\begin{aligned}
\boldsymbol{A}=&\begin{bmatrix} a_{11} & a_{12} & \cdots & a_{1n} \\ a_{21} & a_{22} & \cdots & a_{2n} \\ \vdots & \vdots & & \vdots \\ a_{n1} & a_{n2} & \cdots & a_{nn} \end{bmatrix}=\boldsymbol{D}+\boldsymbol{L}+\boldsymbol{U} \\
=&\begin{bmatrix} a_{11} & & & \\ & a_{22} & & \\ & & \ddots & \\ & & & a_{nn} \end{bmatrix} \\
&+\begin{bmatrix} 0 & & & \\ a_{21} & 0 & & \\ \vdots & \vdots & \ddots & \\ a_{n1} & a_{n2} & \cdots & 0 \end{bmatrix}+\begin{bmatrix} 0 & a_{12} & \cdots & a_{1n} \\ & 0 & \cdots & a_{2n} \\ & & \ddots & \vdots \\ & & & 0 \end{bmatrix},
\end{aligned}
$$

则 $\boldsymbol{Ax}=\boldsymbol{b}$ 变形为 $(\boldsymbol{D}+\boldsymbol{L}+\boldsymbol{U})\boldsymbol{x}=\boldsymbol{b}$, 再改写成 $\boldsymbol{Dx}=-(\boldsymbol{L}+\boldsymbol{U})\boldsymbol{x}+\boldsymbol{b}$. 当 $\boldsymbol{D}$ 可逆时, 即有

$$\boldsymbol{x}=-\boldsymbol{D}^{-1}(\boldsymbol{L}+\boldsymbol{U})\boldsymbol{x}+\boldsymbol{D}^{-1}\boldsymbol{b}.$$

于是得到雅可比迭代公式

$$\boldsymbol{x}^{(k+1)}=\boldsymbol{J}\boldsymbol{x}^{(k)}+\boldsymbol{f}, \tag{5.6}$$

其中雅可比迭代矩阵为

$$\boldsymbol{J}=-\boldsymbol{D}^{-1}(\boldsymbol{L}+\boldsymbol{U}), \quad \boldsymbol{f}=\boldsymbol{D}^{-1}\boldsymbol{b}. \tag{5.7}$$

例 5.1 求解方程组

$$\begin{cases} 5x_1-2x_2+x_3=4, \\ x_1+5x_2-3x_3=2, \\ 2x_1+x_2-5x_3=-11. \end{cases} \tag{5.8}$$

取初始值 $\boldsymbol{x}^{(0)}=(0,0,0)^{\mathrm{T}}$, 当 $\max\limits_{1\leqslant i\leqslant 3}\left|x_i^{(k+1)}-x_i^{(k)}\right|\leqslant 10^{-2}$ 时迭代停止.

解 雅可比迭代法的迭代公式为

$$\begin{cases} x_1^{(k+1)} = \dfrac{1}{5}(4+2x_2^{(k)}-x_3^{(k)}), \\ x_2^{(k+1)} = \dfrac{1}{5}(2-x_1^{(k)}+3x_3^{(k)}), \\ x_3^{(k+1)} = -\dfrac{1}{5}(-11-2x_1^{(k)}-x_2^{(k)}), \end{cases} \quad k=0,1,2,\cdots. \tag{5.9}$$

先将初值 $\boldsymbol{x}^{(0)}=(0,0,0)^{\mathrm{T}}$, 代入式 (5.9) 右边得到$\boldsymbol{x}^{(1)}=(0.800000,0.400000,2.200000)^{\mathrm{T}}$, 再将分量代入式 (5.9) 右边得到 $\boldsymbol{x}^{(2)}=(0.520000,1.560000,2.600000)^{\mathrm{T}}$, 此时, $\max\limits_{1\leqslant i\leqslant 3}|x_i^{(2)}-x_i^{(1)}|\geqslant 10^{-2}$, 反复利用这个计算程序, 得到一向量序列, 式 (5.9) 的迭代结果见表 5-2.

表 5-2

k	$x_1^{(k)}$	$x_2^{(k)}$	$x_3^{(k)}$
0	0.000000	0.000000	0.000000
1	0.800000	0.400000	2.200000
2	0.520000	1.560000	2.720000
3	0.904000	1.856000	2.856818
4	0.99840	1.851200	2.932800
5	0.959920	1.960000	2.969600
6	0.990080	1.990976	2.973568
7	1.001677	1.986125	2.994227
8	0.995604	1.996201	2.997896
9	0.998901	1.999617	2.997482
10	1.000350	1.998709	2.999482

从表 5-2 中可以看出, 当迭代次数 k 增大时, 迭代值 $x_1^{(k)},x_2^{(k)},x_3^{(k)}$ 会越来越逼近方程组的精确解 $x_1^*=1,x_2^*=2,x_3^*=3$.

算法 5.1 (雅可比迭代法)

第一步 输入矩阵 $\boldsymbol{A}$, 向量 $\boldsymbol{b}$, 初始向量 $\boldsymbol{x}_0$, 误差范围 ε 和允许的最大迭代次数 N.

第二步 取 $\boldsymbol{A}$ 的对角阵、严格下三角阵和严格上三角阵分别为 $\boldsymbol{D}$, $\boldsymbol{L}$ 和 $\boldsymbol{U}$, 令 $k=1$.

第三步 按照式 (5.6) 计算 $\boldsymbol{x}=-\boldsymbol{D}^{-1}(\boldsymbol{L}+\boldsymbol{U})\boldsymbol{x}_0+\boldsymbol{D}^{-1}\boldsymbol{b}$, $k=k+1$.

第四步 判定若 $\max\limits_{1\leqslant i\leqslant n}\left|\boldsymbol{x}_i-\boldsymbol{x}_i^{(0)}\right|\leqslant\varepsilon$, 则输出 $\boldsymbol{x}$ 作为近似值, 和相应的迭代次数 k; 反之进一步判断若 $k\geqslant N$, 则输出迭代失败标志; 若 $k<N$, 则令 $\boldsymbol{x}_0=\boldsymbol{x}$, 并重复第三步.

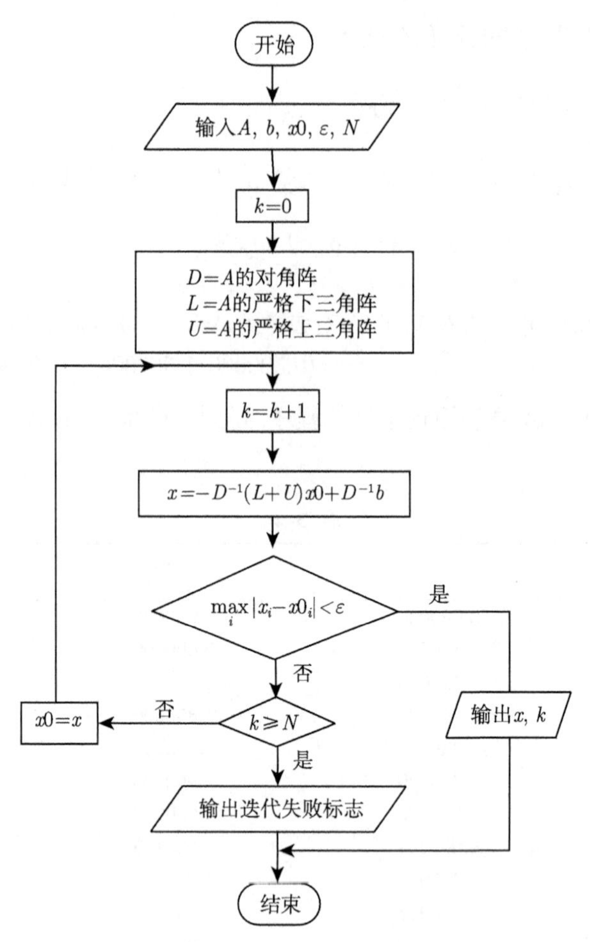

图 5-1　雅可比迭代法

5.1.2　高斯-赛德尔迭代法

在雅可比迭代中, 计算 $x_i^{(k+1)}$ 时, 分量 $x_1^{(k+1)}, x_2^{(k+1)}, \cdots, x_{i-1}^{(k+1)}$ 已经算出, 如果迭代收敛, 那么 "新值" $x_1^{(k+1)}, x_2^{(k+1)}, \cdots, x_{i-1}^{(k+1)}$ 比 "老值" $x_1^{(k)}, x_2^{(k)}, \cdots, x_{i-1}^{(k)}$ 更接近精确值, 因此可考虑对雅可比方法进行修改: 在每个分量的 "新值" 计算出来之后, 下一个分量的计算就利用 "新值" $x_1^{(k+1)}, x_2^{(k+1)}, \cdots, x_{i-1}^{(k+1)}$ 代入计算, 不再使用 "老值" $x_1^{(k)}, x_2^{(k)}, \cdots, x_{i-1}^{(k)}$. 这样, 在整个迭代过程可改进为

$$\begin{cases} \boldsymbol{x}^{(0)} = (x_1^{(0)}, x_2^{(0)}, \cdots, x_n^{(0)})^{\mathrm{T}}, \\ x_i^{(k+1)} = \dfrac{1}{a_{ii}}\left(b_i - \displaystyle\sum_{j=1}^{i-1} a_{ij}x_j^{(k+1)} - \sum_{j=i+1}^{n} a_{ij}x_j^{(k)}\right), \qquad i = 1, 2, \cdots, n; k = 0, 1, \cdots. \end{cases} \tag{5.10}$$

由这种迭代格式得到迭代向量序列 $\{\boldsymbol{x}^{(k)}\}$ 的方法称为**高斯-赛德尔**(**Gauss-Seidel**) **迭代法**.

特别地, 三阶线性方程组

$$\begin{cases} a_{11}x_1 + a_{12}x_2 + a_{13}x_3 = b_1, \\ a_{21}x_1 + a_{22}x_2 + a_{23}x_3 = b_2, \\ a_{31}x_1 + a_{32}x_2 + a_{33}x_3 = b_3 \end{cases}$$

可改写成

$$\begin{cases} a_{11}x_1 = -a_{12}x_2 - a_{13}x_3 + b_1, \\ a_{21}x_1 + a_{22}x_2 = -a_{23}x_3 + b_2, \\ a_{31}x_1 + a_{32}x_2 + a_{33}x_3 = b_3, \end{cases}$$

选定初始向量 $\boldsymbol{x}^{(0)} = (x_1^{(0)}, x_2^{(0)}, x_3^{(0)})^{\mathrm{T}}$, 按照迭代公式

$$\begin{cases} a_{11}x_1^{(k+1)} = -a_{12}x_2^{(k)} - a_{13}x_3^{(k)} + b_1, \\ a_{21}x_1^{(k+1)} + a_{22}x_2^{(k+1)} = -a_{23}x_3^{(k)} + b_2, \\ a_{31}x_1^{(k+1)} + a_{32}x_2^{(k+1)} + a_{33}x_3^{(k+1)} = b_3, \end{cases}$$

即

$$\begin{cases} x_1^{(k+1)} = \dfrac{1}{a_{11}}\left(-a_{12}x_2^{(k)} - a_{13}x_3^{(k)} + b_1\right), \\ x_2^{(k+1)} = \dfrac{1}{a_{22}}\left(-a_{21}x_1^{(k+1)} - a_{23}x_3^{(k)} + b_2\right), & a_{ii} \neq 0(i = 1, 2, 3) \\ x_3^{(k+1)} = \dfrac{1}{a_{33}}\left(-a_{31}x_1^{(k+1)} - a_{32}x_2^{(k+1)} + b_3\right), \end{cases}$$

构造迭代向量序列 $\boldsymbol{x}^{(1)}, \boldsymbol{x}^{(2)}, \cdots, \boldsymbol{x}^{(k)}, \boldsymbol{x}^{(k+1)}, \cdots$.

同雅可比迭代, 将线性方程组 $\boldsymbol{A}\boldsymbol{x} = \boldsymbol{b}$ 改写成 $(\boldsymbol{D}+\boldsymbol{L})\boldsymbol{x} = -\boldsymbol{U}\boldsymbol{x}+\boldsymbol{b}$. 当 $\boldsymbol{D}+\boldsymbol{L}$ 可逆时, 即

$$\boldsymbol{x} = -(\boldsymbol{D}+\boldsymbol{L})^{-1}\boldsymbol{U}\boldsymbol{x} + (\boldsymbol{D}+\boldsymbol{L})^{-1}\boldsymbol{b},$$

由此得到高斯-赛德尔迭代公式

$$\boldsymbol{x}^{(k+1)} = \boldsymbol{G}\boldsymbol{x}^{(k)} + \boldsymbol{f}, \tag{5.11}$$

高斯-赛德尔迭代矩阵为

$$\boldsymbol{G} = -(\boldsymbol{D}+\boldsymbol{L})^{-1}\boldsymbol{U}, \quad \boldsymbol{f} = (\boldsymbol{D}+\boldsymbol{L})^{-1}\boldsymbol{b}. \tag{5.12}$$

例 5.2　用高斯-赛德尔迭代法解方程组

$$\begin{cases} 5x_1 - 2x_2 + x_3 \ = 4, \\ x_1 + 5x_2 - 3x_3 = 2, \\ 2x_1 + x_2 - 5x_3 = -11. \end{cases}$$

取初始值 $\boldsymbol{x}^{(0)} = (0,0,0)^{\mathrm{T}}$, 当 $\max\limits_{1\leqslant i\leqslant 3}\left|x_i^{(k+1)} - x_i^{(k)}\right| \leqslant 10^{-2}$ 时迭代停止.

解　迭代格式为

$$\begin{cases} x_1^{(k+1)} = \dfrac{1}{5}\left(4 + 2x_2^{(k)} - x_3^{(k)}\right), \\ x_2^{(k+1)} = \dfrac{1}{5}\left(2 - x_1^{(k+1)} + 3x_3^{(k)}\right), \qquad\qquad k = 0,1,2,\cdots. \\ x_3^{(k+1)} = -\dfrac{1}{5}\left(-11 - 2x_1^{(k+1)} - x_2^{(k+1)}\right), \end{cases}$$

计算结果见表 5-3.

表 5-3

k	$x_1^{(k)}$	$x_2^{(k)}$	$x_3^{(k)}$
0	0.000000	0.000000	0.000000
1	0.800000	0.240000	2.568000
2	0.382400	1.864320	2.725824
3	1.000563	1.835382	2.967302
4	0.940692	1.992243	2.974725
5	1.001952	1.984445	2.997670
6	0.994244	1.999753	2.997648
7	1.000372	1.998515	2.999852

因为 $\max\limits_{1\leqslant i\leqslant 3}\left|x_i^{(7)} - x_i^{(6)}\right| \leqslant 10^{-2}$, 所以

$$x_1^{(7)} = 1.000372, \quad x_2^{(7)} = 1.998515, \quad x_3^{(7)} = 2.999852$$

为近似解.

注　对于收敛的迭代过程, 所求出的“新值” $x_j^{(k+1)}(1 \leqslant j \leqslant i-1)$ 常比“老值” $x_j^{(k)}(1 \leqslant j \leqslant i-1)$ 更准确些, 因此高斯-赛德尔迭代公式中计算 $x_i^{(k+1)}$ 时, 用 $x_j^{(k+1)}(1 \leqslant j \leqslant i-1)$ 代替老值作进一步计算要比雅可比迭代法更好. 但是情况并

不总是这样, 有时高斯-赛德尔迭代法比雅可比迭代法收敛得慢, 甚至可以举出雅可比迭代收敛但高斯-赛德尔迭代反而发散的例子.

例 5.3 用雅可比迭代和高斯-赛德尔迭代法解方程组

$$\begin{cases} x_1 + 2x_2 - 2x_3 = 1, \\ x_1 + x_2 + x_3 = 3, \\ 2x_1 + 2x_2 + x_3 = 5, \end{cases}$$

取初始向量 $\boldsymbol{x}^{(0)} = (0,0,0)^{\mathrm{T}}$, 当 $\max\limits_{1\leqslant i\leqslant 3}\left|x_i^{(k+1)} - x_i^{(k)}\right| \leqslant 10^{-7}$ 时迭代停止.

解 按照公式 (5.5) 和 (5.10) 计算结果见表 5-4.

表 5-4

k	雅可比迭代			高斯-赛德尔迭代		
	$x_1^{(k)}$	$x_2^{(k)}$	$x_3^{(k)}$	$x_1^{(k)}$	$x_2^{(k)}$	$x_3^{(k)}$
0	0	0	0	0	0	0
1	1	3	5	1	2	−1
2	5	−3	−3	−5	9	−3
3	1	1	1	−23	29	−7
4	1	1	1	−71	81	−15
5				−191	209	−31
6				−479	513	−63
7				−1151	1217	−127

可以看出, 雅可比迭代只需 4 次就得到满足条件的解 $\boldsymbol{x}^{(4)} = (1,1,1)$, 这也是该方程组的精确解, 而用高斯-赛德尔迭代法的结果却得到一个发散的序列.

算法 5.2 (高斯-赛德尔迭代法)

第一步 输入矩阵 $\boldsymbol{A}$, 向量 $\boldsymbol{b}$, 初始向量 $\boldsymbol{x}_0$, 误差范围 ε 和允许的最大迭代次数 N.

第二步 取 $\boldsymbol{A}$ 的对角阵、严格下三角阵和严格上三角阵分别为 $\boldsymbol{D}$、$\boldsymbol{L}$ 和 $\boldsymbol{U}$, 令 $k=0$.

第三步 按照式 (5.11) 计算 $\boldsymbol{x} = -(\boldsymbol{D}+\boldsymbol{L})^{-1}\boldsymbol{U}\boldsymbol{x}_0 + (\boldsymbol{D}+\boldsymbol{L})^{-1}\boldsymbol{b}$, $k=k+1$.

第四步 判定若 $\max\limits_{1\leqslant i\leqslant n}\left|\boldsymbol{x}_i - \boldsymbol{x}_i^{(0)}\right| \leqslant \varepsilon$, 则输出 $\boldsymbol{x}$ 作为近似值和相应的迭代次数 k; 反之进一步判断若 $k \geqslant N$, 则输出迭代失败标志; 若 $k \leqslant N$, 则令 $\boldsymbol{x}_0 = \boldsymbol{x}$, 并重复步第三步.

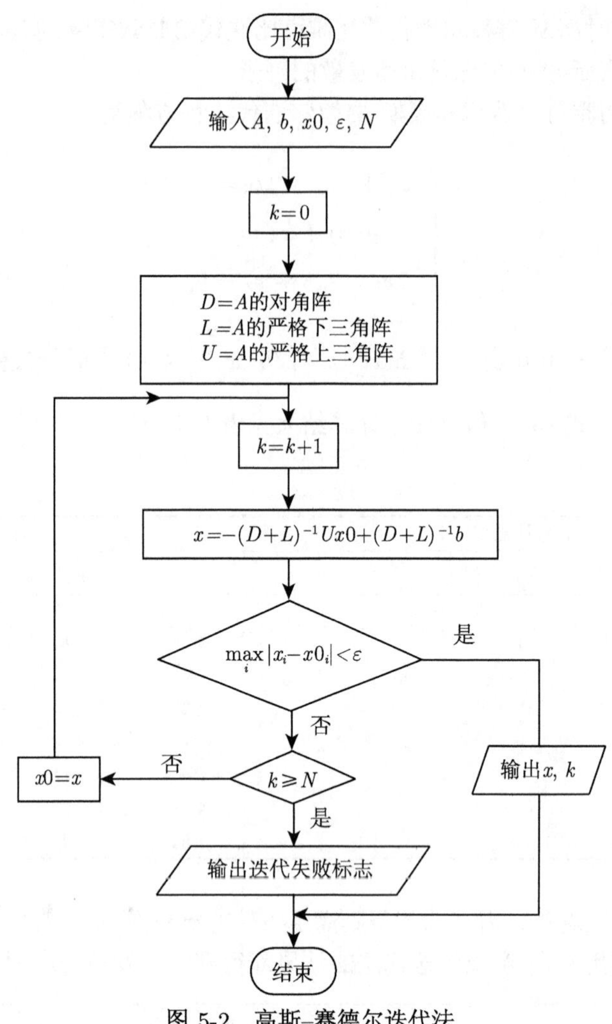

图 5-2　高斯–赛德尔迭代法

5.2　迭代法的收敛性

为了保证迭代法的有效性, 必须要求迭代过程是收敛的, 一个发散的迭代过程, 即使进行了千万次迭代, 其计算结果也是无价值的.

5.2.1　迭代收敛的概念

对于一般形式的线性方程组

$$\sum_{j=1}^{n} a_{ij}x_j = b_i, \quad i = 1, 2, \cdots, n,$$

称迭代值序列 $\boldsymbol{x}^{(k)}=(x_1^{(k)},x_2^{(k)},\cdots,x_n^{(k)})$ 收敛到方程组的解 $\boldsymbol{x}^*=(x_1^*,x_2^*,\cdots,x_n^*)$，如果成立

$$\lim_{k\to\infty}x_i^{(k)}=x_i^*,\quad i=1,2,\cdots,n,$$

按此定义, 为了判断迭代过程的收敛性, 需要检查 n 个数列 $\left\{x_i^{(k)}\right\}$ 是否都收敛, 这比较复杂.

为了简化分析, 引入**迭代误差**

$$e^{(k)}=\max_{1\leqslant i\leqslant n}\left|x_i^{(k)}-x_i^*\right|.$$

定义 5.1　称迭代序列 $\boldsymbol{x}^{(k)}=(x_1^{(k)},x_2^{(k)},\cdots,x_n^{(k)})$ 收敛到方程组的解 $\boldsymbol{x}^*=(x_1^*,x_2^*,\cdots,x_n^*)$, 如果成立

$$\lim_{k\to\infty}e^{(k)}=0.$$

第 4 章已看到, 方程求根迭代过程的收敛性取决于迭代误差的压缩性. 关于方程组的迭代法如何保证这种压缩性呢? 为了解决这个问题, 下面引入严格对角占优阵的概念.

5.2.2　严格对角占优阵的概念

定义 5.2　称矩阵 $\boldsymbol{A}=(a_{ij})_{n\times n}$ **为严格对角占优阵**, 如果其对角元素 a_{ii} 按绝对值大于同行的其他元素 $a_{ij}(j\neq i)$ 绝对值之和:

$$|a_{ii}|>\sum_{\substack{j=1\\j\neq i}}^{n}|a_{ij}|,\quad i=1,2,\cdots,n,$$

即成立

$$L=\max_{1\leqslant i\leqslant n}\sum_{\substack{j=1\\j\neq i}}^{n}\frac{|a_{ij}|}{|a_{ii}|}<1.\tag{5.13}$$

系数矩阵为严格对角占优阵的线性方程组称为**严格对角占优方程组**.

5.2.3　迭代收敛的一个充分条件

首先讨论雅可比迭代

$$x_i^{(k+1)}=\frac{1}{a_{ii}}\left(b_i-\sum_{\substack{j=1\\j\neq i}}^{n}a_{ij}x_j^{(k)}\right)$$

的收敛性, 由于解 $\{x_i^*\}$ 满足

$$x_i^* = \frac{1}{a_{ii}}\left(b_i - \sum_{\substack{j=1\\j\neq i}}^{n} a_{ij}x_j^*\right).$$

以上两式相减, 有

$$x_i^{(k+1)} - x_i^* = -\frac{1}{a_{ii}}\sum_{\substack{j=1\\j\neq i}}^{n} a_{ij}(x_j^{(k)} - x_j^*),$$

据此得知

$$\left|x_i^{(k+1)} - x_i^*\right| \leqslant \sum_{\substack{j=1\\j\neq i}}^{n} \frac{|a_{ij}|}{|a_{ii}|} \max_{1\leqslant i\leqslant n}\left|x_i^{(k)} - x_i^*\right|,$$

从而关于迭代误差 $e^{(k)} = \max\limits_{1\leqslant i\leqslant n}\left|x_i^{(k)} - x_i^*\right|$ 有估计式

$$e^{(k+1)} \leqslant \left(\max_{1\leqslant i\leqslant n}\sum_{\substack{j=1\\j\neq i}}^{n}\frac{|a_{ij}|}{|a_{ii}|}\right)e^{(k)}.$$

由此可见, 如果所给的方程组是严格对角占优的, 即式 (5.13) 成立, 则迭代误差是逐步压缩的. 因此, 有如下定理.

定理 5.1 如果方程组 (5.1) 为严格对角占优方程组, 则其雅可比迭代对于任意给定初值都收敛.

类似地不难证明以下定理.

定理 5.2 如果方程组 (5.1) 为严格对角占优方程组, 则其高斯-赛德尔迭代对于任意给定初值都收敛.

例 5.4 考虑系数矩阵为 $\boldsymbol{A} = \begin{bmatrix} 10 & -1 & -2 \\ -1 & 10 & -2 \\ -1 & -1 & 5 \end{bmatrix}$ 的方程组. 显然 $\boldsymbol{A}$ 为严格对角占优阵, 故雅可比迭代和高斯-赛德尔迭代均收敛.

5.3 超松弛迭代

使用迭代法的困难是计算量难以估计. 有时迭代过程虽然收敛, 但由于收敛速度缓慢, 使计算量变得很大而失去使用价值. 因此, 迭代过程的加速具有重要的意义.

所谓松弛法, 实际上是高斯-赛德尔迭代的一种加速方法. 这种方法将前一步的结果 $x_i^{(k)}$ 与高斯-赛德尔方法的迭代值 $\tilde{x}_i^{(k+1)}$ 适当加权平均, 期望获得更好的近似值 $x_i^{(k+1)}$. 其具体计算公式如下：

$$\text{迭代}\ \tilde{x}_i^{(k+1)} = \frac{1}{a_{ii}}\left(b_i - \sum_{j=1}^{i-1} a_{ij}x_j^{(k+1)} - \sum_{j=i+1}^{n} a_{ij}x_j^{(k)}\right),$$

$$\text{加速}\ x_i^{(k+1)} = \omega\tilde{x}_i^{(k+1)} + (1-\omega)x_i^{(k)},$$

或合并表述为

$$\begin{cases} x^{(0)} = (x_1^{(0)}, x_2^{(0)}, \cdots, x_n^{(0)})^{\mathrm{T}} \\ x_i^{(k+1)} = (1-\omega)x_i^{(k)} + \dfrac{\omega}{a_{ii}}\left(b_i - \displaystyle\sum_{j=1}^{i-1} a_{ij}x_j^{(k+1)} - \sum_{j=i+1}^{n} a_{ij}x_j^{(k)}\right), i=1,2,\cdots,n; \quad k=0,1,\cdots. \end{cases} \tag{5.14}$$

式中系数 ω 称为松弛因子. $0<\omega<1$ 称为低松弛, 也称亚松弛; $\omega=1$ 称为正好松弛 (即高斯-赛德尔迭代法); $1<\omega<2$ 称为超松弛. 由于新值通常优于老值, 在将两者加工成松弛值时自然要求取松弛因子, 以尽量发挥新值的优势. 这类松弛迭代 (5.14) 称为**超松弛法**. 超松弛迭代简称**超松弛方法**.

仿照雅可比迭代法和高斯-赛德尔迭代法, 将线性方程组 $\boldsymbol{Ax}=\boldsymbol{b}$ 的系数矩阵 $\boldsymbol{A}$ 记为

$$\boldsymbol{A} = \boldsymbol{D} + \boldsymbol{L} + \boldsymbol{U},$$

则式 (5.14) 可写成矩阵形式

$$\boldsymbol{x}^{(k+1)} = (1-\omega)\boldsymbol{x}^{(k)} + \omega\boldsymbol{D}^{-1}(\boldsymbol{b} - \boldsymbol{L}\boldsymbol{x}^{(k+1)} - \boldsymbol{U}\boldsymbol{x}^{(k)}),$$

再整理可得

$$\boldsymbol{x}^{(k+1)} = \boldsymbol{J}\boldsymbol{x}^{(k)} + \boldsymbol{f}, \tag{5.15}$$

其中迭代矩阵为

$$\boldsymbol{J} = (\boldsymbol{D}+\omega\boldsymbol{L})^{-1}((1-\omega)\boldsymbol{D} - \omega\boldsymbol{U}), \quad \boldsymbol{f} = \omega(\boldsymbol{D}+\omega\boldsymbol{L})^{-1}\boldsymbol{b}. \tag{5.16}$$

例 5.5 用超松弛法解方程组

$$\begin{bmatrix} 4 & 3 & 0 \\ 3 & 4 & -1 \\ 0 & -1 & 4 \end{bmatrix}\begin{bmatrix} x_1 \\ x_2 \\ x_3 \end{bmatrix} = \begin{bmatrix} 24 \\ 30 \\ -24 \end{bmatrix}.$$

解　精确解 $\boldsymbol{x}^* = (3,4,-5)^{\mathrm{T}}$, 取初始向量 $\boldsymbol{x}^{(0)} = (1,1,1)^{\mathrm{T}}$, 超松弛迭代公式为

$$\begin{cases} x_1^{(k+1)} = (1-\omega)x_1^{(k)} + \dfrac{\omega}{4}\left(24 - 3x_2^{(k)}\right), \\ x_2^{(k+1)} = (1-\omega)x_2^{(k)} + \dfrac{\omega}{4}\left(30 - 3x_1^{(k+1)} + x_3^{(k)}\right), \qquad k = 0,1,2,\cdots. \\ x_3^{(k+1)} = (1-\omega)x_3^{(k)} + \dfrac{\omega}{4}\left(-24 + x_2^{(k+1)}\right), \end{cases}$$

(i) 取松弛因子 $\omega = 1$, 计算结果为

$$\boldsymbol{x}^{(20)} = (3.0000298, 3.9999752, \ -5.0000062)^{\mathrm{T}},$$

且 $e_{20} = \max\limits_{1\leqslant i\leqslant n}\left|x_i^{(20)} - x_i^*\right| \leqslant 10^{-7}$, 迭代次数 $k = 20$.

(ii) 当取 $\omega = 1.25$ 时, 初始向量相同, 达到同样精度所需要的迭代次数 $k = 16$.

(iii) 当取 $\omega = 1.21$ 时, 初始向量相同, 达到同样精度所需要的迭代次数 $k = 14$.

(iv) 当取 $\omega = 1.15$ 时, 初始向量相同, 达到同样精度所需要的迭代次数 $k = 18$.

对于此例, 最佳松弛因子是 $\omega = 1.21$, 即达到同样精度所需要迭代次数最少, 由此可知, 用超松弛法解线性方程组时, 松弛因子选择得好, 常常会使超松弛收敛速度大大加快.

算法 5.3 (超松弛迭代法)

第一步　输入矩阵 $\boldsymbol{A}$, 向量 $\boldsymbol{b}$, 初始向量 $\boldsymbol{x}_0$, 误差范围 ε 和允许的最大迭代次数 N, 参数 ω.

第二步　取 $\boldsymbol{A}$ 的对角阵、严格下三角阵和严格上三角阵分别为 $\boldsymbol{D}$, $\boldsymbol{L}$ 和 $\boldsymbol{U}$, 令 $k=0$.

第三步　按照式 (5.15) 计算

$$\boldsymbol{x} = \boldsymbol{L}_\omega \boldsymbol{x}_0 + \omega(\boldsymbol{D}+\omega\boldsymbol{L})^{-1}\boldsymbol{b}, \quad \boldsymbol{L}_\omega = (\boldsymbol{D}+\omega\boldsymbol{L})^{-1}((1-\omega)\boldsymbol{D} - \omega\boldsymbol{U}), \quad k = k+1.$$

第四步　判定若 $\max\limits_{1\leqslant i\leqslant n}\left|\boldsymbol{x}_i - \boldsymbol{x}_i^{(0)}\right| \leqslant \varepsilon$, 则输出 $\boldsymbol{x}$ 作为近似值和相应的迭代次数 k; 反之进一步判断若 $k \geqslant N$, 则输出迭代失败标志; 若 $k < N$, 则令 $\boldsymbol{x}_0 = \boldsymbol{x}$, 并重复第三步.

一般地, 松弛因子 ω 的取值对迭代公式 (5.15) 的收敛速度影响极大. 实际计算时, 可以根据方程组的系数矩阵的性质, 并结合实际计算的经验来选取合适的松弛因子.

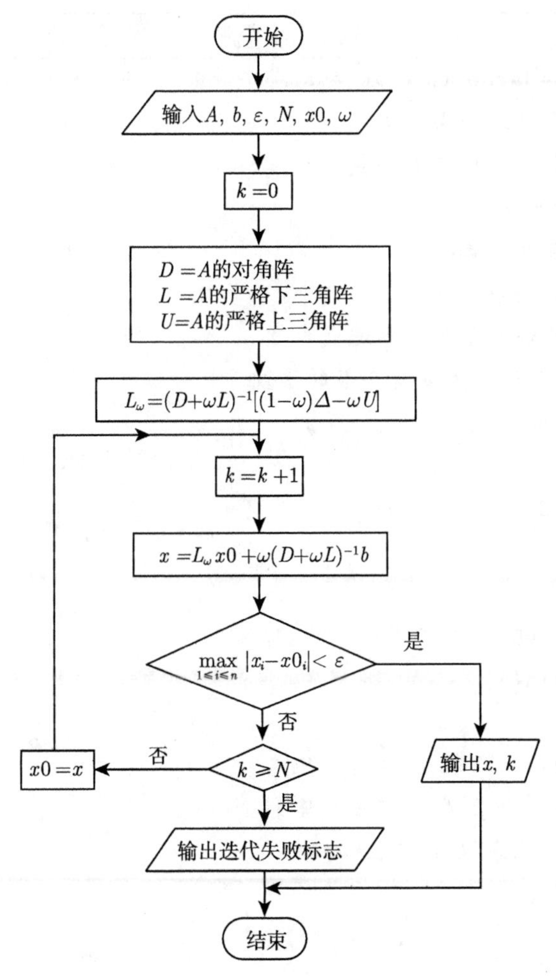

图 5-3 超松弛迭代法

数 值 实 验

例 5.6 (雅可比迭代法) 求解下列方程组, 其中初始值取 $\boldsymbol{x}_0 = (0,0,0)^{\mathrm{T}}$.

$$\begin{bmatrix} 0.98 & -0.05 & -0.02 \\ -0.04 & -0.9 & 0.07 \\ -0.02 & 0.09 & 0.94 \end{bmatrix} \begin{bmatrix} x_1 \\ x_2 \\ x_3 \end{bmatrix} = \begin{bmatrix} 1 \\ 1 \\ 1 \end{bmatrix}.$$

解 雅可比迭代法求解方程组的 MATLAB 代码如下所示:

雅可比迭代法程序

```
function [x,n]=Jacobi(A,b,x0,eps,M)
%A 表示线性方程组的系数矩阵
%b 表示线性方程组中的常数向量
%x0 表示迭代初始向量
%eps 表示解的精度控制
%M 表示迭代步数控制
%n 表示求出所需精度解的实际迭代步数
if nargin==3 %判断输入变量个数的函数
     eps=1.0e-6;
     M=200;
elseif nargin<3
     error
     return
elseif nargin ==5
     M= varargin{1};
end
D=diag(diag(A));   %求 A 的对角矩阵
L=-tril(A,-1);   %求 A 的下三角阵
U=-triu(A,1);   %求 A 的上三角阵
B=D\(L+U);
f=D\b;
x=B*x0+f;
n=1;      %迭代次数
while norm(x-x0)>=eps
     x0=x;
     x=B*x0+f;
     n=n+1;
     if(n>=M)
          disp('Warning:  迭代次数太多，可能不收敛！');
          return;
     end
end
```

在 MATLAB 命令窗口中输入下列命令

```
A=[0.98 -0.05 -0.02;-0.04 -0.9 0.07;-0.02 0.09 0.94];
b=[1;1;1];
x0=[0;0;0];
[x,n]=Jacobi(A,b,x0)
```

求解的结果为

```
x=0.9904 -1.0628 1.1867
n=8
```

由计算结果可知, 方程组的一个近似解为 $x_1 = 0.9904, x_2 = -1.0628, x_3 = 1.1867$.

例 5.7 (高斯-赛德尔迭代法) 求解下列方程组, 其中初始值取 $\boldsymbol{x}_0 = (0, 0, 0)^{\mathrm{T}}$.

$$\begin{bmatrix} 0.98 & -0.05 & -0.02 \\ -0.04 & -0.9 & 0.07 \\ -0.02 & 0.09 & 0.94 \end{bmatrix} \begin{bmatrix} x_1 \\ x_2 \\ x_3 \end{bmatrix} = \begin{bmatrix} 1 \\ 1 \\ 1 \end{bmatrix}.$$

解 高斯-赛德尔迭代法求解方程组的 MATLAB 代码如下所示:

高斯-赛德尔迭代法程序

```
function [x,n]=Gauseidel(A,b,x0,eps,M)
%A 表示线性方程组的系数矩阵
%b 表示线性方程组中的常数向量
%x0 表示迭代初始向量
%eps 表示解的精度控制
%M 表示迭代步数控制
%n 表示求出所需精度解的实际迭代步数
if nargin==3
      eps=1.0e-6;
      M=200;
elseif nargin == 4
      M=200;
elseif nargin<3
      error
      return;
end
D=diag(diag(A));   %求 A 的对角矩阵
```

```
L=-tril(A,-1);   %求 A 的下三角阵
U=-triu(A,1);  %求 A 的上三角阵
G=(D-L)\U;
f=(D-L)\b;
x=G*x0+f;
n=1;     %迭代次数
while norm(x-x0)>=eps
      x0=x;
      x=G*x0+f;
      n=n+1;
      if(n>=M)
           disp('Warning:  迭代次数太多, 可能不收敛! ');
           return;
      end
end
```

在 MATLAB 命令窗口中输入下列命令:

```
A=[0.98 -0.05 -0.02;-0.04 -0.9 0.07;-0.02 0.09 0.94];
b=[1;1;1];
x0=[0;0;0];
[x,n]=Gauseidel(A,b,x0)
```

求解的结果为

```
x=0.9904 -1.0628 1.1867
n=5
```

同理可以得到方程组的一个近似解为 $x_1 = 0.9904, x_2 = -1.0628, x_3 = 1.1867$.

说明　从例 5.6 和例 5.7 的计算结果可以看出, 在得到同样精度要求的解时, 高斯-赛德尔迭代法的迭代步数明显少于雅可比迭代方法, 这是由于高斯-赛德尔迭代法充分利用了新的近似值, 提高了计算速度.

例 5.8 (超松弛迭代法)　求解下列方程组, 其中初始值取 $\boldsymbol{x}_0 = (0,0,0)^{\mathrm{T}}$.

$$\begin{bmatrix} 0.68 & 0.01 & 0.12 \\ 0.03 & -0.54 & -0.05 \\ 0.2 & 0.08 & 0.74 \end{bmatrix} \begin{bmatrix} x_1 \\ x_2 \\ x_3 \end{bmatrix} = \begin{bmatrix} 1 \\ 1 \\ 1 \end{bmatrix}.$$

解 超松弛迭代法求解方程组的 MATLAB 代码如下所示:

超松弛迭代法程序

```
function [x,n]=SOR(A,b,x0,w,eps,M)
%A 表示线性方程组的系数矩阵
%b 表示线性方程组中的常数向量
% x0 表示迭代初始向量
%eps 表示解的精度控制
%w 表示松弛因子
%M 表示迭代步数控制
%n 表示求出所需精度解的实际迭代步数
if nargin==4
      eps=1.0e-6;
      M= 200;
elseif nargin<4
      error
      return
elseif nargin ==5
      M= 200;
end
if(w<=0 || w>=2)
      error;
      return;
end
D=diag(diag(A));   %求 A 的对角矩阵
L=-tril(A,-1);   %求 A 的下三角阵
U=-triu(A,1);   %求 A 的上三角阵
B=inv(D-L*w)*((1-w)*D+w*U);
f=w*inv((D-L*w))*b;
x=B*x0+f;
n=1;      %迭代次数
while norm(x-x0)>=eps
      x0=x;
      x =B*x0+f;
      n=n+1;
      if(n>=M)
           disp('Warning:  迭代次数太多, 可能不收敛! ');
           return;
      end
end
```

在 MATLAB 命令窗口中输入下列命令:

```
A=[0.68 0.01 0.12; 0.03 -0.54 -0.05; 0.2 0.08 0.74];
b=[1;1;1];
x0=[0;0;0];
[x,n]=SOR(A,b,x0,1.07)
```

求解的结果为

```
x=1.2851 -1.8924 1.2086
n=7
```

由计算结果可知, 方程组的一个近似解为 $x_1 = 1.2851, x_2 = -1.8924, x_3 = 1.2086$. 请读者自行修改松弛因子 w, 观察结果是否有变化?

小　　结

在许多工程实际问题中, 常常会遇到大规模的稀疏的线性代数方程组. 这时, 常常用迭代法. 迭代法有存储空间小、程序简单等特点, 在使用时, 能保持系数矩阵的稀疏性不变.

迭代法的收敛性和收敛速度是使用的关键问题, 实际使用的应该是收敛快的方法. 通常, 高斯-赛德尔迭代法要比雅可比迭代法收敛快. 超松弛方法的松弛因子如果选择适当, 则收敛更快. 对于一些特殊类型的方程组, 松弛因子的选择已有成熟的方法和经验, 此时, 方法就用得更多. 迭代法的收敛性与系数矩阵的性质有密切的关系, 如果所给系数矩阵是严格对角占优的, 这时迭代法是收敛的.

当然在很多实际问题中会遇到一些特殊的线性方程组: 如计算电磁学中会产生的大型稠密复对称非共轭线性方程组, 测量平差中经常会遇到大型稀疏法方程组等[5-11], 针对这些特殊的方程组, 需要寻求一些特殊的方法进行求解[5-11], 如代数多重网络解法、压缩求解算法、指数同伦法等. 请你试图在以上文献[5-11] 研究的基础上, 从三个方面 (提高收敛速度, 放宽收敛条件, 减少计算量) 给出更好的方法. 你能试图将线性方程组的迭代法推广到非线性方程组吗? 请参考文献 [5]~[11].

习　题　5

1. 用雅可比和高斯-赛德尔迭代法求方程组

$$\begin{cases} 10x_1 - x_2 = 9, \\ -x_1 + 10x_2 - 2x_3 = 7, \\ -2x_2 + 10x_3 = 8 \end{cases}$$

的近似解 $\boldsymbol{x}_k$, 取初始近似 $\boldsymbol{x}_0=(0,0,0)^{\mathrm{T}}$, 要求 $\max\limits_{1\leqslant i\leqslant 3}\left|x_i^{(k)}-x_i^{(k+1)}\right|<10^{-3}$, 并讨论方法的收敛性.

2. 讨论解方程组

$$\begin{bmatrix} 1 & 2 & -1 \\ 2 & 1 & 3 \\ -1 & 3 & 1 \end{bmatrix}\begin{bmatrix} x_1 \\ x_2 \\ x_3 \end{bmatrix}=\begin{bmatrix} 2 \\ 6 \\ 3 \end{bmatrix}$$

的雅可比和高斯-赛德尔迭代法的收敛性.

3. 用松弛法解方程组 (取 $\omega=0.9$)

$$\begin{cases} 5x_1+2x_2+x_3=-12, \\ -x_1+4x_2+2x_3=20, \\ 2x_1-3x_2+10x_3=3, \end{cases}$$

要求当 $\max\limits_{1\leqslant i\leqslant 3}\left|x_i^{(k)}-x_i^{(k+1)}\right|<10^{-4}$ 时迭代终止.

4. 用超松弛法解方程组 (分别取松弛因子 $\omega=1.03,\omega=1,\omega=1.1$)

$$\begin{cases} 4x_1-x_2=1, \\ -x_1+4x_2-x_3=4, \\ 2x_1+43x_3=-3, \end{cases}$$

要求当 $\max\limits_{1\leqslant i\leqslant 3}\left|x_i^{(k)}-x_i^{(k+1)}\right|<0.5\times 10^{-5}$ 时迭代终止, 对每一个 ω 确定迭代次数.

实 验 5

1. 用雅可比迭代法和高斯–赛德尔迭代法解下列方程组, 取初始值 $\boldsymbol{x}_0=(0,0,0)^{\mathrm{T}}$, $\varepsilon=10^{-6}$. 你能得到什么结论.

$$(1)\begin{bmatrix} 1 & 0 & 1 \\ -1 & 1 & 0 \\ 1 & 2 & -3 \end{bmatrix}\begin{bmatrix} x_1 \\ x_2 \\ x_3 \end{bmatrix}=\begin{bmatrix} 5 \\ -7 \\ -17 \end{bmatrix};\ (2)\begin{bmatrix} 1 & 0.5 & 0.5 \\ 0.5 & 1 & 0.5 \\ 0.5 & 0.5 & 1 \end{bmatrix}\begin{bmatrix} x_1 \\ x_2 \\ x_3 \end{bmatrix}=\begin{bmatrix} 0 \\ 0.5 \\ -2.5 \end{bmatrix}.$$

2. 试用超松弛迭代法求解下列方程组, 取初始值 $\boldsymbol{x}_0=(1,1,1)^{\mathrm{T}}$, $\omega=1.25$.

$$\begin{cases} 4x_1+3x_2=9, \\ 3x_1+4x_2-x_3=7, \\ -x_2+4x_3=-24, \end{cases}$$

3. 试用超松弛迭代法求解下列方程组, 取初始值 $\boldsymbol{x}_0=(0,0,0)^{\mathrm{T}}$, $\omega=1.07$.

$$\begin{bmatrix} 0.68 & 0.01 & 0.12 \\ 0.03 & -0.54 & -0.05 \\ 0.2 & 0.08 & 0.74 \end{bmatrix}\begin{bmatrix} x_1 \\ x_2 \\ x_3 \end{bmatrix}=\begin{bmatrix} 1 \\ 1 \\ 1 \end{bmatrix}.$$

雅可比简介

图 5-4　雅可比

雅可比 (Carl Gustav Jacobi, 1804—1851), 德国数学家. 1804 年 12 月 10 日生于普鲁士的波茨坦; 1851 年 2 月 18 日卒于柏林. 雅可比是数学史上最勤奋的学者之一, 与欧拉一样也是一位在数学上多产的数学家, 是被广泛承认的历史上最伟大的数学家之一. 雅可比善于处理各种繁复的代数问题, 在纯粹数学和应用数学上都有非凡的贡献, 他所理解的数学有一种强烈的柏拉图式的格调, 其数学成就对后人影响颇为深远. 在他逝世后, 狄利克雷称他为拉格朗日以来德国科学院成员中最卓越的数学家.

雅可比在数学上做出了重大贡献. 他几乎与阿贝尔同时各自独立地发现了椭圆函数, 是椭圆函数理论的奠基人. 1827 年雅可比从陀螺的旋转问题入手, 开始对椭圆函数进行研究. 1827 年 6 月在《天文报告》上发表了《关于椭圆函数变换理论的某些结果》. 1829 年发表了《椭圆函数基本新理论》, 成为椭圆函数的一本关键性著作. 椭圆函数理论在 19 世纪数学领域中占有十分重要的地位. 它为发现和改进复变函数理论中的一般定理创造了有利条件.

雅可比在函数行列式方面有一篇著名的论文:《论行列式的形成与性质》(1841). 文中求出了函数行列式的导数公式; 还利用函数行列式作工具证明了, 函数之间相关或无关的条件是雅可比行列式等于零或不等于零. 他又给出了雅可比行列式的乘积定理.

雅可比在分析力学、动力学以及数学物理方面也有贡献. 他深入研究了哈密尔顿典型方程, 经过引入广义坐标变换后得到一阶偏微分方程, 称为哈密尔顿–雅可比微分方程. 他还发展了这些方程的积分理论, 并用这一理论解决了力学和天文学的一些问题. 值得一提的是, 在表述经典力学的各种理论中唯有哈密顿–雅可比理论可用于量子力学.

雅可比第一个将椭圆函数理论应用于数论研究. 他在 1827 年的论文中已做了一些工作, 后来又用椭圆函数理论得到同余式和型的理论中的一些结果, 他曾给出过二次互反律的证明, 还陈述过三次互反律并给出了证明. 另外他在发散级数理论、变分法中的二阶变分问题、线性代数和天文学等方面均有创见. 他的工作还包括代数学、变分法、复变函数论和微分方程, 以及数学史的研究. 将不同的数学分支连通起来是他的研究特色. 他不仅把椭圆函数论引进数论研究中, 得到了同余论和型的理论的一些结果, 还引进到积分理论中. 而积分理论的研究又同微分方程的研究相关联. 此外, 尾乘式原理也是他提出的.

现在数学中的许多定理、公式和函数恒等式、方程、积分、曲线、矩阵、根式、行列式及多种数学符号的名称都冠以雅可比的名字. 1881—1891 年普鲁士科学院陆续出版了七卷《雅可比全集》和增补集, 这是雅可比留给世界数学界的珍贵遗产.

主要参考文献

[1] 何汉林. 数值计算方法 [M]. 2 版. 北京：科学出版社, 2011：48.

[2] 黄云清, 舒适, 陈艳萍, 等. 数值计算方法 [M]. 北京：科学出版社, 2008：129.

[3] 朱方生, 李大姜, 李素贞. 计算方法 [M]. 武汉：武汉大学出版社, 2003：16.

[4] 王能超. 数值计算方法简明教程 [M]. 2 版. 北京：高等教育出版社, 2008：156.

[5] 冯天成, 贾明雁, 龙斌, 等. 核素深度分布就地测量中病态线性方程组的迭代解法 [J]. 核电子学与探测技术, 2009, 29(6)：1299–1302.

[6] 郝朝辉, 靳斌, 王洪梅, 等. 基于继电控制的一阶加纯滞后模型的辨识方法 [J]. 西华大学学报 (自然科学版), 2009, 28(1)：8–10.

[7] 项铁铭, 梁昌洪. 计算电磁学中稠密线性方程组的迭代求解 [J]. 西安电子科技大学学报 (自然科学版), 2003, 30(6)：748–751.

[8] 郭飞霄, 杨力, 刘荣, 等. 大型稀疏法方程组的代数多重网格解法 [J]. 测绘科学技术学报, 2012, 29(1)：5–8.

[9] 王占京, 王熙照, 李法朝. 一类模糊数系数矩阵的模糊线性方程组的迭代算法 [J]. 模糊系统与数学, 2007, 21(3)：80–85.

[10] 夏林林, 吴开腾. 大范围求解非线性方程组的指数同伦法 [J]. 计算数学, 2014, 36(2)：105–114.

[11] 张成毅, 侯甲渤, 宋耀艳. 非线性绝对值方程组的类SOR迭代方法 [J]. 数学的实践与认识, 2016, 46(16)：253–257.

第 6 章　线性方程组的直接法

导　读

事实上, 通过线性代数的学习, 已经会求解部分简单线性方程组 (方程组中含有的未知数个数和方程个数一般小于 5), 如对于线性方程组

$$\begin{cases} 2x_1 + 2x_2 + 3x_3 = 3, \\ 2x_1 - 4x_2 - 5x_3 = 7, \\ 4x_1 + 7x_2 + 7x_3 = 1, \end{cases}$$

可以通过一系列的行初等变换, 将线性方程组变为

$$\begin{cases} x_1 \ + x_2 + \dfrac{3}{2}x_3 = \dfrac{3}{2}, \\ x_2 \ + \dfrac{1}{3}x_3 = -\dfrac{5}{3}, \\ x_3 = 1, \end{cases}$$

再回代, 便可得 $x_1 = 2, x_2 = -2, x_3 = 1$.

这是解线性方程组常用的方法——消元法. 用消元法计算部分简单的线性方程组是容易的, 但是当线性方程组相对复杂 (未知数个数和方程个数增大, 且方程不具有某些特殊结构) 时, 计算量就会增大而导致无法得到结果. 于是, 考虑借助计算机来帮助计算. 那么, 如何通过计算机编程来实现上述方程组的消元呢? 你所给出的程序, 能求解一般线性方程组吗? 在消元的过程中, 应该注意哪些问题?

第 5 章介绍了求解线性方程组的迭代法, 本章介绍求解线性方程组的另一种方法: 直接法.

求解线性方程组的直接法, 就是通过有限步的运算, 将所给线性方程组直接加工成某个三角方程组或对角方程组来求解.

求解线性方程组最基本的一种直接法是消去法, 这是一个众所周知的古老方法, 但用在计算机上仍然十分有效.

消去法的基本思想是: 利用矩阵的行初等变换将系数矩阵化为简单矩阵 (如上三角矩阵、对角矩阵、单位矩阵等)[1~4].

特别地, 解三对角方程组的常用直接法是追赶法. 求解一般线性方程组的消去法, 实际上是追赶法的延伸和拓广.

本章所需要的数学基础知识与理论: 矩阵初等变换.

6.1 追 赶 法

在数值计算中, 如在第 2 章的三次样条插值中, 曾遇到了下列形式的方程组

$$\begin{cases} b_1x_1 + c_1x_2 = f_1, \\ a_2x_1 + b_2x_2 + c_2x_3 = f_2, \\ \qquad \cdots\cdots \\ a_{n-1}x_{n-2} + b_{n-1}x_{n-1} + c_{n-1}x_n = f_{n-1}, \\ a_nx_{n-1} + b_nx_n = f_n. \end{cases} \tag{6.1}$$

用矩阵记号可将方程组 (6.1) 简记为 $\boldsymbol{Ax} = \boldsymbol{f}$, 其中

$$\boldsymbol{A} = \begin{bmatrix} b_1 & c_1 & & & \\ a_2 & b_2 & c_2 & & \\ & \ddots & \ddots & \ddots & \\ & & a_{n-1} & b_{n-1} & c_{n-1} \\ & & & a_n & b_n \end{bmatrix}, \quad \boldsymbol{f} = \begin{bmatrix} f_1 \\ f_2 \\ \vdots \\ f_{n-1} \\ f_n \end{bmatrix}, \tag{6.2}$$

这里系数矩阵 $\boldsymbol{A}$ 是**三对角矩阵**.

含有大量零元素的矩阵通常称为稀疏矩阵 (稀疏阵). 对角阵是特殊的稀疏阵, 其非零元素集中分布在主对角线上.

在介绍求解三对角方程组方法之前, 先探讨二对角方程组的回代过程.

6.1.1 二对角方程组的回代过程

矩阵的非零元素集中分布在主对角线以及下(或上) 次对角线上的矩阵称为**下(或上)二对角阵**, 相应的方程组称为**下(或上)二对角方程组.**

对于下二对角方程组

$$\begin{cases} b_1x_1 = f_1, \\ a_2x_1 + b_2x_2 = f_2, \\ \quad \cdots\cdots \\ a_nx_{n-1} + b_nx_n = f_n, \end{cases} \tag{6.3}$$

即

$$\begin{cases} b_1x_1 = f_1, \\ a_ix_{i-1} + b_ix_i = f_i, \quad i = 2, 3, \cdots, n. \end{cases} \tag{6.4}$$

只需要自上而下

$$x_1 \to x_2 \to \cdots \to x_n,$$

按照公式

$$\begin{cases} x_1 = f_1/b_1, \\ x_i = (f_i - a_i x_{i-1})/b_i, \quad i = 2, 3, \cdots, n, \end{cases} \tag{6.5}$$

逐步代入即可顺序得出解.

类似地, 对于上二对角方程组

$$\begin{cases} b_1 x_1 + c_1 x_2 = f_1, \\ \quad \cdots\cdots \\ b_{n-1} x_{n-1} + c_{n-1} x_n = f_{n-1}, \\ b_n x_n = f_n, \end{cases} \tag{6.6}$$

即

$$\begin{cases} b_i x_i + c_i x_{i+1} = f_i, \quad i = 1, 2, \cdots, n-1, \\ b_n x_n = f_n, \end{cases} \tag{6.7}$$

只需自下而上

$$x_n \to x_{n-1} \to \cdots \to x_1,$$

按照公式

$$\begin{cases} x_n = f_n/b_n, \\ x_i = (f_i - c_i x_{i+1})/b_i, \quad i = n-1, n-2, \cdots, 1, \end{cases} \tag{6.8}$$

逐步回代即可逆序得出解.

由此可见, 下二对角方程组的求解是顺序得出的, 其求解过程称为**追的过程**; 反之, 上二对角方程组的求解则是逆序生成的, 其求解过程称为**赶的过程**.

6.1.2 追赶法

前面已经指出二对角方程组的求解是容易的, 那么, 三对角方程组能否化归为二对角方程组来求解呢?

对于方程组 (6.1)

$$\begin{cases} b_1 x_1 + c_1 x_2 = f_1, \\ a_2 x_1 + b_2 x_2 + c_2 x_3 = f_2, \\ \quad \cdots\cdots \\ a_{n-1} x_{n-2} + b_{n-1} x_{n-1} + c_{n-1} x_n = f_{n-1}, \\ a_n x_{n-1} + b_n x_n = f_n, \end{cases}$$

其加工过程可以分为消元和回代两个环节.

(i) 消元过程　将所给三对角方程组 (6.1) 加工成易于求解的单位上二对角方程组: 先从方程组 (6.1) 的第二个方程中消去 x_1, 然后再从方程组 (6.1) 的第三个方程中消去 x_2, 这样顺序做下去, 可将所给方程组 (6.1) 加工成下列形式:

$$\begin{cases} x_1 + u_1 x_2 = y_1, \\ x_2 + u_2 x_3 = y_2, \\ \qquad \cdots\cdots \\ x_{n-1} + u_{n-1} x_n = y_{n-1}, \\ x_n = y_n, \end{cases} \tag{6.9}$$

其中系数

$$\begin{cases} u_1 = \dfrac{c_1}{b_1}, \quad y_1 = \dfrac{f_1}{b_1}, \\ u_i = \dfrac{c_i}{(b_i - a_i u_{i-1})}, \quad i = 2, 3, \cdots, n-1, \\ y_i = \dfrac{f_i - a_i y_{i-1}}{(b_i - a_i u_{i-1})}, \quad i = 2, 3, \cdots, n, \end{cases} \tag{6.10}$$

(ii) 回代过程　进一步求解加工得出的对角方程组 (6.9), 其计算公式是

$$\begin{cases} x_n = y_n, \\ x_i = y_i - u_i x_{i+1}, \quad i = n-1, n-2, \cdots, 1. \end{cases} \tag{6.11}$$

综上所述, 解方程组 (6.1) 的追赶法分 "追" 和 "赶" 两个环节.

(i) 追的过程 (**消元过程**), 按式 (6.10) 顺序计算系数 $u_1 \to u_2 \to \cdots \to u_{n-1}$ 和 $y_1 \to y_2 \to \cdots \to y_n$;

(ii) 赶的过程 (**回代过程**), 按式 (6.11) 逆序求出解 $x_n \to x_{n-1} \to \cdots \to x_1$.

总之, 追赶法的设计机理是将所给三对角方程组 (6.1) 化归为简单的二对角方程组 (6.9) 来求解, 从而达到化繁为简的目的 (缩减技术).

例 6.1　用追赶法解方程组

$$\begin{bmatrix} 10 & 5 & 0 & 0 \\ 2 & 2 & 1 & 0 \\ 0 & 1 & 10 & 5 \\ 0 & 0 & 2 & 1 \end{bmatrix} \begin{bmatrix} x_1 \\ x_2 \\ x_3 \\ x_4 \end{bmatrix} = \begin{bmatrix} 5 \\ 3 \\ 27 \\ 6 \end{bmatrix}.$$

算法 6.1 (追赶法)

第一步　根据方程组 (6.1) 的格式, 输入数据 b_i, a_i, c_i 和 $f_i, i=1,2,\cdots,n$.

第二步　按照公式

$$\begin{cases} d_1 = b_1, \\ u_1 = \dfrac{c_1}{d_1}, \\ d_{i+1} = b_{i+1} - a_{i+1}u_i, \quad i=1,2,\cdots,n-1, \\ u_{i+1} = \dfrac{c_{i+1}}{d_{i+1}}, \end{cases}$$

计算 $d_1 \to u_1 \to d_2 \to \cdots \to u_{n-1} \to d_n$.

第三步　按照计算公式

$$\begin{cases} y_1 = \dfrac{f_1}{d_1}, \\ y_i = (f_i - a_i y_{i-1})/d_i, \quad i=2,3,\cdots,n, \end{cases}$$

计算 $y_1 \to y_2 \to \cdots \to y_n$.

第四步　按照式 (6.11) 逆序求 $x_n \to x_{n-1} \to \cdots \to x_1$.

解　在此 $b_1=10, b_2=2, b_3=10, b_4=1, a_2=2, a_3=1, a_4=2, c_1=5, c_2=1, c_3=5$, 于是按照计算公式 (6.10) 可得

$$d_1 = b_1 = 10, \quad u_1 = \frac{c_1}{d_1} = \frac{1}{2}, \quad d_2 = b_2 - a_2u_1 = 1, \quad u_2 = \frac{c_2}{d_2} = 1,$$
$$d_3 = b_3 - a_3u_2 = 9, \quad u_3 = \frac{c_3}{d_3} = \frac{5}{9}, \quad d_4 = b_4 - a_4u_3 = -\frac{1}{9},$$

再按照回代公式可得$y_1 = \dfrac{1}{2}, y_2 = 2, y_3 = \dfrac{25}{9}, y_4 = -4$, 最后按照式 (6.11) 逆序求得 $x_4 = -4, x_3 = 5, x_2 = -3, x_1 = 2$.

需要补充说明的是, 为使追赶法的计算过程不致中断, 必须保证式 (6.10) 的分母全不为 0.

定理 6.1　设矩阵 (6.1) 为严格对角占优阵, 则式 (6.10) 的分母 $d_1 = b_1, d_i = b_i - a_iu_{i-1}, i=2,3,\cdots,n$ 全不为 0.

在实际编制程序时, 可用数据单元 c_i 和 d_i 分别存放在中间结果 u_i 和 y_i, 在回代过程中又可采取压缩存储方法: 将求得的解 x_i 再存进单元 d_i 而摈弃其中的老值 y_i.

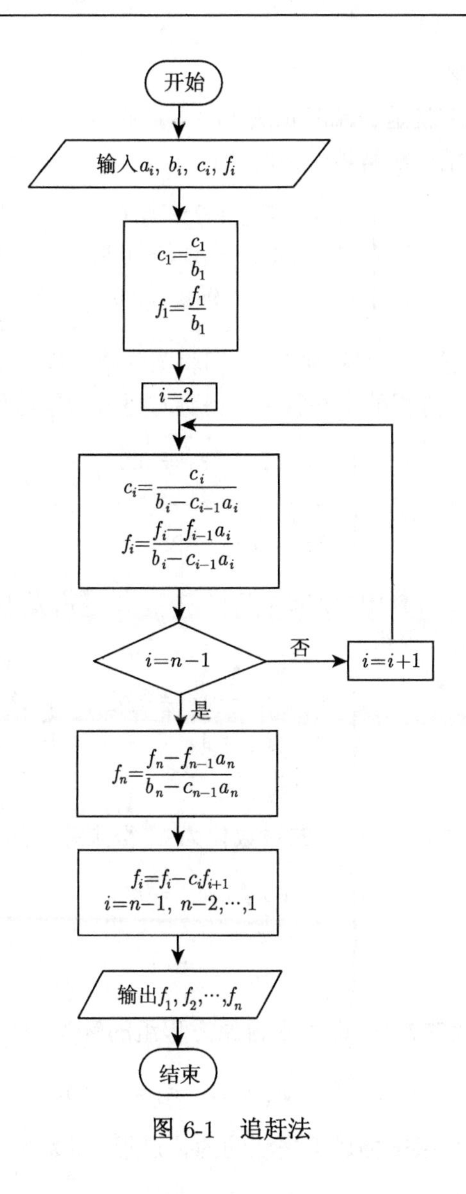

图 6-1 追赶法

6.2 消 去 法

6.2.1 高斯消去法

高斯消去法是一个古老的直接法 (早在公元前 250 年, 我国就掌握了解三线性方程组的方法), 由它改进、变形得到的主元素消去法、矩阵三角分解法是目前常用于求解低阶稠密线性方程组的有效的数值计算方法. 其特点是通过消元将一般线性方程组的求解问题转化为上三角形线性方程组的求解问题. 下面以三阶线性方程组为例说明其计算步骤.

高斯消去法实质上就是加减消元法.

例 6.2 用高斯消去法解线性方程组:

$$\begin{cases} 2x_1 + 2x_2 + 2x_3 = 1, \\ 3x_1 + 2x_2 + 4x_3 = 0.5, \\ x_1 + 3x_2 + 9x_3 = 2.5. \end{cases}$$

解 第一步 将第一个方程乘上 $\frac{1}{2}$, 即将第一个方程未知数 x_1 的系数化为 1; 并消去第二个、第三个方程的未知数 x_1, 得到与原方程组等价的方程组

$$\begin{cases} x_1 + x_2 + x_3 = 0.5, \\ -x_2 + x_3 = -1, \\ 2x_2 + 8x_3 = 2. \end{cases}$$

第二步 将第二个方程中 x_2 的系数化为 1; 继续消去第三个方程中的未知数 x_2, 得到等价的上三角方程组

$$\begin{cases} x_1 + x_2 + x_3 = 0.5, \\ x_2 - x_3 = 1, \\ 10x_3 = 0. \end{cases}$$

第三步 将第三个方程中 x_3 的系数化为 1, 得到等价的上三角方程组

$$\begin{cases} x_1 + x_2 + x_3 = 0.5, \\ x_2 - x_3 = 1, \\ x_3 = 0. \end{cases}$$

由上述方程组, 用回代的方法, 即可求得原方程组的解为

$$x_3 = 0, \quad x_2 = 1, \quad x_1 = -0.5.$$

若用矩阵的初等变换来描述消去法的约化过程, 即为

$$(\boldsymbol{A}, \boldsymbol{b}) = \begin{bmatrix} 2 & 2 & 2 & 1 \\ 3 & 2 & 4 & 0.5 \\ 1 & 3 & 9 & 2.5 \end{bmatrix} \xrightarrow{\text{第一步}} \begin{bmatrix} 1 & 1 & 1 & 0.5 \\ 0 & -1 & 1 & -1 \\ 0 & 2 & 8 & 2 \end{bmatrix}$$

$$\xrightarrow{\text{第二步}} \begin{bmatrix} 1 & 1 & 1 & 0.5 \\ 0 & 1 & -1 & 1 \\ 0 & 0 & 10 & 0 \end{bmatrix} \xrightarrow{\text{第三步}} \begin{bmatrix} 1 & 1 & 1 & 0.5 \\ 0 & 1 & -1 & 1 \\ 0 & 0 & 1 & 0 \end{bmatrix}.$$

这种求解过程, 称为具有回代的高斯消去法.

从上例看出, 高斯消去法就是加减消元法, 用高斯消去法解方程组的基本思想是用矩阵的初等变换将系数矩阵约化为具有简单形式的矩阵 (三角矩阵、单位矩阵等), 从而容易求出方程组的解.

一般地, 把线性方程组 $\boldsymbol{A}\boldsymbol{x}=\boldsymbol{b}$ 写成

$$\begin{cases} a_{11}x_1+a_{12}x_2+\cdots+a_{1n}x_n=b_1, \\ a_{21}x_1+a_{22}x_2+\cdots+a_{2n}x_n=b_2, \\ \cdots\cdots \\ a_{n1}x_1+a_{n2}x_2+\cdots+a_{nn}x_n=b_n. \end{cases} \tag{6.12}$$

设方程组 (6.12) 的系数矩阵 $\boldsymbol{A}$ 非奇异, 记

$$b_i^{(1)}=a_{i,n+1}=b_i,\quad a_{ij}^{(1)}=a_{ij}\quad (i=1,2,\cdots,n;j=1,2,\cdots,n,n+1),$$
$$(\boldsymbol{A}^{(1)},\boldsymbol{b}^{(1)})=(\boldsymbol{A},\boldsymbol{b}),$$

于是, 方程组 (6.12) 又可以写成 $\boldsymbol{A}^{(1)}\boldsymbol{x}=\boldsymbol{b}^{(1)}$. 高斯消去法的基本思想就是用矩阵的初等变换将系数矩阵化为上三角矩阵.

第一步消元 设$a_{11}^{(1)}\neq 0$, 作初等行变换, 即先将 $a_{11}^{(1)}$ 化为 1: 第一行乘以$\left(\dfrac{1}{a_{11}^{(1)}}\right)$, 这时 $a_{1j}^{(1)}$ 变为 $a_{1j}^{(2)}=\dfrac{a_{1j}^{(1)}}{a_{11}^{(1)}}, j=2,3,\cdots,n+1$; 并消 $a_{i1}^{(1)}(i=2,3,\cdots,n)$ 为零: 第一行乘以 $(-a_{i1}^{(1)})$ 加到第 $i(i=2,3,\cdots,n)$ 行, 这时第 $i(i=2,3,\cdots,n)$ 个方程的系数和常数项都有改变, 分别记为 $a_{ij}^{(2)}(i=2,3,\cdots,n;j=2,3,\cdots,n,n+1)$, 则有

$$a_{ij}^{(2)}=a_{ij}^{(1)}-a_{i1}^{(1)}a_{1j}^{(2)}\quad (i=2,3,\cdots,n;j=2,3,\cdots,n,n+1).$$

原方程组变形为 $\boldsymbol{A}^{(2)}\boldsymbol{x}=\boldsymbol{b}^{(2)}$, 即

$$\begin{cases} x_1+a_{12}^{(2)}x_2+\cdots+a_{1n}^{(2)}x_n=a_{1n+1}^{(2)}=b_1^{(2)}, \\ a_{22}^{(2)}x_2+\cdots+a_{2n}^{(2)}x_n=a_{2,n+1}^{(2)}=b_2^{(2)}, \\ \cdots\cdots \\ a_{i2}^{(2)}x_2+\cdots+a_{in}^{(2)}x_n=a_{i,n+1}^{(2)}=b_i^{(2)}, \\ \cdots\cdots \\ a_{n2}^{(2)}x_2+\cdots+a_{nn}^{(2)}x_n=a_{n,n+1}^{(2)}=b_n^{(2)}. \end{cases}$$

用增广矩阵表示就是将 $(\boldsymbol{A}^{(1)},\boldsymbol{b}^{(1)})$ 变换为

$$(\boldsymbol{A}^{(2)},\boldsymbol{b}^{(2)})=\begin{bmatrix} 1 & a_{12}^{(2)} & \cdots & a_{1n}^{(2)} & a_{1n+1}^{(2)} \\ & a_{22}^{(2)} & \cdots & a_{2n}^{(2)} & a_{2,n+1}^{(2)} \\ & \vdots & & \vdots & \vdots \\ & a_{n2}^{(2)} & \cdots & a_{nn}^{(2)} & a_{n,n+1}^{(2)} \end{bmatrix}.$$

第 k 步消元　设消去法已进行 $k-1$ 步, 得到方程组 $\boldsymbol{A}^{(k)}\boldsymbol{x}=\boldsymbol{b}^{(k)}$, 此时对应的增广矩阵是

$$
(\boldsymbol{A}^{(k)},\boldsymbol{b}^{(k)})=\begin{bmatrix}
1 & a_{12}^{(2)} & \cdots & \cdots & \cdots & a_{1n}^{(2)} & a_{1,n+1}^{(2)} \\
 & 1 & \cdots & \cdots & \cdots & a_{2n}^{(3)} & a_{2,n+1}^{(3)} \\
 & & \ddots & & & \vdots & \vdots \\
 & & & a_{kk}^{(k)} & \cdots & a_{kn}^{(k)} & a_{k,n+1}^{(k)} \\
 & & & \vdots & & \vdots & \vdots \\
 & & & a_{nk}^{(k)} & \cdots & a_{nn}^{(k)} & a_{n,n+1}^{(k)}
\end{bmatrix}.
$$

假设 $a_{kk}^{(k)}\neq 0$, 作初等行变换, 即先将 $a_{kk}^{(k)}$ 化为 1: 第 k 行乘以 $\left(\dfrac{1}{a_{kk}^{(k)}}\right)$, 这时 $a_{kj}^{(k)}$ 变为 $a_{kj}^{(k+1)}=\dfrac{a_{kj}^{(k)}}{a_{kk}^{(k)}}, j=k+1,k+2,\cdots,n+1$; 并消 $a_{ik}^{(k)}(i=k+1,k+2,\cdots,n)$为零: 第 k 行乘以 $\left(-a_{ik}^{(k)}\right)$ 加到第 $i(i=k+1,k+2,\cdots,n)$ 行, 这时第 $i(i=k+1,k+2,\cdots,n)$ 个方程的系数和常数项都有改变, 分别记为 $a_{ij}^{(k+1)}(i=k+1,k+2,\cdots,n;j=k+1,k+2,\cdots,n,n+1)$. 记

$$
a_{ij}^{(k+1)}=a_{ij}^{(k)}-a_{ik}^{(k)}a_{kj}^{(k+1)},\quad i=k+1,k+2,\cdots,n;j=k+1,k+2,\cdots,n,n+1 \tag{6.13}
$$

则原方程组变形为 $\boldsymbol{A}^{(k+1)}\boldsymbol{x}=\boldsymbol{b}^{(k+1)}$, 即

$$
(\boldsymbol{A}^{(k+1)},\boldsymbol{b}^{(k+1)})=\begin{bmatrix}
1 & a_{12}^{(2)} & \cdots & \cdots & \cdots & \cdots & a_{1n}^{(2)} & a_{1,n+1}^{(2)} \\
 & 1 & \cdots & \cdots & \cdots & \cdots & a_{2n}^{(3)} & a_{2,n+1}^{(3)} \\
 & & \ddots & \vdots & \vdots & & \vdots & \vdots \\
 & & & 1 & a_{k,k+1}^{(k+1)} & \cdots & a_{kn}^{(k+1)} & a_{k,n+1}^{(k+1)} \\
 & & & & a_{k+1,k+1}^{(k+1)} & \cdots & a_{k+1,n}^{(k+1)} & a_{k+1,n+1}^{(k+1)} \\
 & & & & \vdots & & \vdots & \vdots \\
 & & & & a_{n,k+1}^{(k+1)} & \cdots & a_{nn}^{(k+1)} & a_{n,n+1}^{(k+1)}
\end{bmatrix}.
$$

重复上述消元过程, 共完成 n 步消元计算, 得到三角形方程组 $\boldsymbol{A}^{(n)}\boldsymbol{x}=\boldsymbol{b}^{(n)}$, 即

$$
\begin{cases}
x_1+a_{12}^{(2)}x_2+\cdots+a_{1n}^{(2)}x_n=a_{1,n+1}^{(2)}=b_1^{(2)}, \\
\qquad\qquad x_2+\cdots+a_{2n}^{(3)}x_n=a_{2,n+1}^{(3)}=b_2^{(3)}, \\
\qquad\qquad\qquad \ddots \\
\qquad\qquad\qquad\qquad x_n=a_{n,n+1}^{(n+1)}=b_n^{(n+1)}.
\end{cases} \tag{6.14}
$$

因为系数矩阵 $\boldsymbol{A}$ 非奇异, 所以方程组有解, 于是求解三角方程组 (6.14), 通过逐次回代可得

$$
\begin{cases}
x_n = a_{n,n+1}^{(n+1)}, \\
x_i = a_{i,n+1}^{(i+1)} - \sum\limits_{j=i+1}^{n} a_{ij}^{(i+1)} x_j, \quad k = n-1, n-2, \cdots, 1.
\end{cases} \tag{6.15}
$$

以上由消去过程和回代过程合起来求解线性方程组的过程就成为高斯消去法.

高斯消去法的计算工作量为: 消去和回代过程乘法运算共需要约 $\dfrac{n^3}{3}$ 次 (n 较大时).

上述消元过程的每一步能进行条件是 $a_{kk}^{(k)} \neq 0 (k = 1, 2, \cdots, n-1)$, 即当系数矩阵 A 具有什么特征时, 才能保证 $a_{kk}^{(k)} \neq 0 (k = 1, 2, \cdots, n-1)$ 呢? 下面的定理给出了主元素不为零的一个条件.

定理 6.2 如果 n 阶矩阵 $\boldsymbol{A}$ 的顺序主子式均不为零，即

$$
a_{11} \neq 0, \begin{vmatrix} a_{11} & a_{12} \\ a_{21} & a_{22} \end{vmatrix} \neq 0, \cdots, \det(\boldsymbol{A}) \neq 0,
$$

则用高斯消去法求解线性方程 (6.12) 时，主元素 $a_{kk}^{(k)} \neq 0 (k = 1, 2, \cdots, n-1)$.

算法 6.2 (高斯消去法)

第一步 按照 (6.12) 的格式输入数据 $a_{ij}, b_i (i, j = 1, 2, \cdots, n)$, 并记

$$
b_i^{(1)} = a_{i,n+1} = b_i, \quad a_{ij}^{(1)} = a_{ij} \quad (i = 1, 2, \cdots, n; j = 1, 2, \cdots, n, n+1).
$$

第二步 对 $k = 1, 2, \cdots, n-1$ 反复计算

$$
a_{kj}^{(k+1)} = \frac{a_{kj}^{(k)}}{a_{kk}^{(k)}}, \quad j = k+1, k+2, \cdots, n, n+1
$$

和

$$
a_{ij}^{(k+1)} = a_{ij}^{(k)} - a_{ik}^{(k)} a_{kj}^{(k+1)}, \quad i = k+1, k+2, \cdots, n; j = k+1, k+2, \cdots, n, n+1,
$$

得到方程组 (6.14) 的系数.

第三步 根据式 (6.15) 逐次回代求出解 x_i.

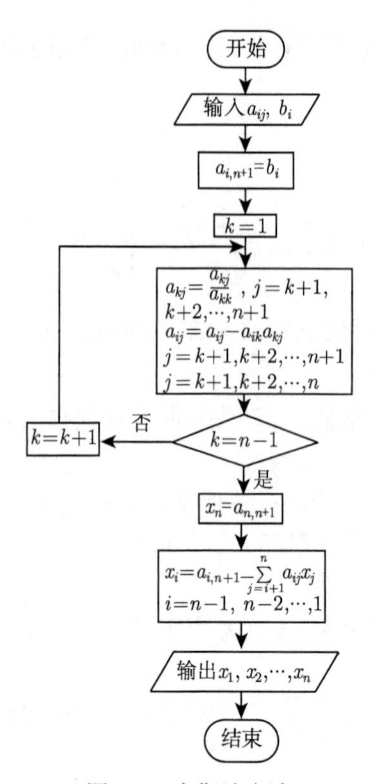

图 6-2 高斯消去法

6.2.2 高斯-若尔当消去法

将给定方程组通过加减法化为对角形方程组的方法, 称为高斯-若尔当消去法.

$$\begin{cases} x_1 & & & = a_{1,n+1}^{(n)} = b_1^{(n)}, \\ & x_2 & & = a_{2,n+1}^{(n)} = b_2^{(n)}, \\ & & \ddots & \\ & & x_n & = a_{n,n+1}^{(n)} = b_n^{(n)}. \end{cases}$$

高斯-若尔当消去法是无回代的消去法, 所需要的乘法运算次数约为 $\frac{n^3}{2}$(n 较大时), 比高斯消去法 (有回代的消去法) 的乘法运算次数多.

例 6.3 用高斯-若尔当消去法解方程组

$$\begin{cases} 2x_1+2x_2+2x_3=1, \\ 3x_1+2x_2+4x_3=0.5, \\ x_1+3x_2+9x_3=2.5. \end{cases}$$

解 用高斯–若尔当消去法, 将方程组变形为对角方程组

$$\begin{cases} x_1 \qquad\qquad = -0.5, \\ \qquad x_2 \qquad = 1, \\ \qquad\qquad x_3 = 0, \end{cases}$$

即求得原方程组的解.

6.2.3 高斯主元素消去法

高斯消去法求解时, 其中系数矩阵为非奇异矩阵, 可能出现主对角元素为 0 的情况, 这时必须进行带行交换的高斯消去法. 特别地, 在实际计算中若将非零但很小的数用作除数, 会导致舍入误差太大, 进而严重地损失精度. 实际计算时必须避免这类情况发生.

例 6.4 求解方程组 $\begin{cases} 10^{-4}x_1 + x_2 = 1, \\ x_1 + x_2 = 2. \end{cases}$

解 方程组精确解为 $x_1 = \dfrac{1}{1-10^{-4}}(\approx 1)$, $x_2 = 2 - x_1(\approx 1)$.

方法 1 用高斯消去法求解

$$\begin{cases} x_1 + 10^4\ x_2 = 10^4, \\ (1-10^4)\,x_2 = 2-10^4. \end{cases}$$

设取 3 位浮点数进行计算, 则有

$$1-10^4 \approx -10^4, \quad 2-10^4 \approx -10^4,$$

因此, 原方程组变为

$$\begin{cases} x_1 + 10^4\,x_2 = 10^4, \\ \qquad\quad x_2 = 1. \end{cases}$$

回代计算得到解 $x_1 = 0, x_2 = 1$. 这个结果严重失真. 究其根源, 是由于所用的除数太小, 使得在消元过程中 “吃掉了” 第二个方程. 避免这类失误的一种有效方法是, 在消元过程中适当交换方程的次序.

方法 2 用具有行交换的高斯消去法 (避免小主元), 将方程组改写为

$$\begin{cases} x_1 + x_2 = 2, \\ 10^{-4}x_1 + x_2 = 1. \end{cases}$$

再进行消元得

$$\begin{cases} x_1+x_2=2, \\ (1-10^{-4})\,x_2=1-2\times10^{-4}. \end{cases}$$

由于 $1-2\times10^{-4}\approx1$, 因而上述方程组的实际形式是

$$\begin{cases} x_1+x_2=2, \\ x_2=1, \end{cases}$$

回代计算得到解 $x_1=1, x_2=1$. 对于用具有舍入的 3 位浮点数进行运算, 这是一个很好的计算结果.

由方法 1 的结果可知: 在采用高斯消去法解方程组时, 小主元可能导致计算失败, 故在消去法中应避免采用绝对值很小的主元素. 对一般方程组, 需要引进选主元的技巧, 即在高斯消去法的每一步应该选取系数矩阵中绝对值最大的元素作为主元素, 以便减少计算过程中舍入误差对计算结果的影响.

1. 高斯列主元消去法

在第 k 步消元时, 在 $\boldsymbol{A}^{(k)}$ 的第 k 列元素 $a_{ik}^{(k)}(i\geqslant k)$ 中选取绝对值最大值 $\max\limits_{k\leqslant i\leqslant n}\left|a_{ik}^{(k)}\right|$ 作为主元, 设主元素在第 l 个方程, 即$\left|a_{lk}^{(k)}\right|=\max\limits_{k\leqslant i\leqslant n}\left|a_{ik}^{(k)}\right|$, 若 $l\neq k$, 则将第 l 个方程与第 k 个方程互换位置, 使得新的 $a_{lk}^{(k)}$ 成为主元素, 然后再进行消元, 这一手续称为列主元素.

值得指出的是, 有些特殊类型的方程组, 可以保证 $\left|a_{kk}^{(k)}\right|$ 不会很小, 从而不需要选主元素.

例 6.5 用高斯列主元消去法解方程组

$$\begin{cases} 2x_1+3x_2+4x_3=6, \\ 3x_1+5x_2+2x_3=5, \\ 4x_1+3x_2+30x_3=32. \end{cases}$$

解 用箭头表示消元过程

$$(\boldsymbol{A},\boldsymbol{b})=\begin{bmatrix} 2 & 3 & 4 & 6 \\ 3 & 5 & 2 & 5 \\ \underset{\text{主元}}{4} & 3 & 30 & 32 \end{bmatrix} \xrightarrow{\text{交换第一行和第三行}} \begin{bmatrix} 4 & 3 & 30 & 32 \\ 3 & 5 & 2 & 5 \\ 2 & 3 & 4 & 6 \end{bmatrix}$$

$$\xrightarrow{\text{消元}}\begin{bmatrix} 1 & \frac{3}{4} & \frac{15}{2} & 8 \\ & \underset{\text{主元}}{\frac{11}{4}} & -\frac{41}{2} & -19 \\ & \frac{3}{2} & -11 & -10 \end{bmatrix} \xrightarrow{\text{消元}} \begin{bmatrix} 1 & \frac{3}{4} & \frac{15}{2} & 8 \\ & 1 & -\frac{82}{11} & -\frac{76}{11} \\ & & \frac{2}{11} & \frac{4}{11} \end{bmatrix}$$

$$\longrightarrow \begin{bmatrix} 1 & \frac{3}{4} & \frac{15}{2} & 8 \\ & 1 & -\frac{82}{11} & -\frac{76}{11} \\ & & 1 & 2 \end{bmatrix}.$$

因此可得 $x_3 = 2$, 再回代得到 $x_2 = 8, x_1 = -13$.

2. 高斯完全主元消去法

在第 k 步消元时, 在 $\boldsymbol{A}^{(k)}$ 的右下方 $n-k+1$ 阶矩阵的所有元素 $a_{ij}^{(k)}(i, j \geqslant k)$ 中选取绝对值最大值 $\max\limits_{\substack{k \leqslant i \leqslant n \\ k \leqslant j \leqslant n}} \left|a_{ij}^{(k)}\right|$ 作为主元, 并将其对换到第 k 行第 k 列位置上, 再作消元计算.

高斯完全主元消去法和高斯列主元消去法相比, 每步消元过程所选主元的范围更大, 故它对控制舍入误差更有效, 求解结果更加可靠, 但高斯完全消去法在计算过程中, 需要同时作行和列的互换, 因而程序比较复杂, 计算时间较长, 高斯列主元的精度虽然低, 但是计算简单, 工作量较小, 且根据理论分析和计算经验均表明, 它与高斯完全主元消去法同样具有良好的数值稳定性, 故高斯列主元消去法是解小型稠密线性方程组的好方法之一.

6.3 收 敛 性

6.3.1 病态方程组

先看一个例子说明方程组 $\boldsymbol{Ax} = \boldsymbol{b}$ 的解对 $\boldsymbol{A}$ 或 $\boldsymbol{b}$ 的扰动的敏感性问题.

例 6.6 方程组

$$\begin{bmatrix} 3 & 1 \\ 3.0001 & 1 \end{bmatrix} \begin{bmatrix} x_1 \\ x_2 \end{bmatrix} = \begin{bmatrix} 4 \\ 4.0001 \end{bmatrix}$$

的准确解是 $(1,1)^{\mathrm{T}}$, 若 $\boldsymbol{A}$ 及 $\boldsymbol{b}$ 作微小的变化, 考虑扰动后的方程组

$$\begin{bmatrix} 3 & 1 \\ 2.9999 & 1 \end{bmatrix}\begin{bmatrix} x_1 \\ x_2 \end{bmatrix}=\begin{bmatrix} 4 \\ 4.0002 \end{bmatrix}$$

其准确解是 $(-2,10)^{\mathrm{T}}$.

在例 6.6 中, $\boldsymbol{A}$ 和 $\boldsymbol{b}$ 的微小变化引起 $\boldsymbol{x}$ 很大的变化, $\boldsymbol{x}$ 对 $\boldsymbol{A}$ 和 $\boldsymbol{b}$ 的扰动是敏感的.

定义 6.1 如果方程组 $\boldsymbol{Ax}=\boldsymbol{b}$ 中, 矩阵 $\boldsymbol{A}$ 和右端项 $\boldsymbol{b}$ 的微小变化, 引起解向量 $\boldsymbol{x}$ 的很大变化, 则称 $\boldsymbol{A}$ 为关于解方程组的病态矩阵, 称相应的方程组为病态方程组. 否则, 称 $\boldsymbol{A}$ 为良态矩阵, 称相应的方程组为良态方程组.

为了给出能刻画矩阵和方程组 "病态" 的标准, 先引入向量范数和矩阵范数的定义.

定义 6.2 设向量 $\boldsymbol{x}\in\mathbf{R}^n$, 称对应于 $\boldsymbol{x}$ 且满足下列三个条件的实数为 $\boldsymbol{x}$ 的范数 (或模), 记为

(1) 当 $\boldsymbol{x}\neq\mathbf{0}$ 时, $\|\boldsymbol{x}\|>0$; 当且仅当 $\boldsymbol{x}=\mathbf{0}$ 时, $\|\boldsymbol{x}\|=0$.

(2) 对任意实数 c 及实向量 $\boldsymbol{x}$ 有 $\|c\boldsymbol{x}\|=|c|\,\|\boldsymbol{x}\|$.

(3) 对任意向量 $\boldsymbol{x},\boldsymbol{y}$ 有

$$\|\boldsymbol{x}+\boldsymbol{y}\|\leqslant\|\boldsymbol{x}\|+\|\boldsymbol{y}\|.$$

容易验证, 对于向量 $\boldsymbol{x}\in\mathbf{R}^n$, 由向量的分量定义的以下三个非负实数的确是向量范数:

$$\|\boldsymbol{x}\|_1=|x_1|+|x_2|+\cdots+|x_n| \quad (1\text{-范数}),$$

$$\|\boldsymbol{x}\|_2=\left(|x_1|^2+|x_2|^2+\cdots+|x_n|^2\right)^{\frac{1}{2}} \quad (2\text{-范数}),$$

$$\|\boldsymbol{x}\|_\infty=\max_{1\leqslant i\leqslant n}|x_i| \quad (\infty\text{-范数}).$$

以上三种范数都是 p-范数

$$\|\boldsymbol{x}\|_p=(|x_1|^p+|x_2|^p+\cdots+|x_n|^p)^{\frac{1}{p}}$$

的特例.

定义 6.3 设 $\boldsymbol{A}$ 为 n 阶方阵, $\boldsymbol{x}\in\mathbf{R}^n$, 由

$$\|\boldsymbol{A}\|=\max_{x\neq 0}\frac{\|\boldsymbol{Ax}\|}{\|\boldsymbol{x}\|}$$

所定义的实数称为矩阵 $\boldsymbol{A}$ 的范数.

由矩阵范数的定义 6.3, 容易知道矩阵范数具有如下性质:

(i) 当 $\boldsymbol{A} \neq 0$ 时, $\|\boldsymbol{A}\| > 0$; 当且仅当 $\boldsymbol{A} = 0$ 时, $\|\boldsymbol{A}\| = 0$.

(ii) 对任意实数 c 及实矩阵 $\boldsymbol{A}$, 有 $\|c\boldsymbol{A}\| = |c|\,\|\boldsymbol{A}\|$.

(iii) 对任意向量 $\boldsymbol{A}, \boldsymbol{B} \in \mathbf{R}^{n\times n}$, 有 $\|\boldsymbol{A}+\boldsymbol{B}\| \leqslant \|\boldsymbol{A}\| + \|\boldsymbol{B}\|$, $\|\boldsymbol{AB}\| \leqslant \|\boldsymbol{A}\|\,\|\boldsymbol{B}\|$.

(iv) 对于 $\boldsymbol{x} \in \mathbf{R}^n$, 有 $\|\boldsymbol{Ax}\| \leqslant \|\boldsymbol{A}\|\,\|\boldsymbol{x}\|$.

容易验证, 对于 n 阶方阵 $\boldsymbol{A} = (a_{ij})_{n\times n}$, 有

$$\|\boldsymbol{A}\|_\infty = \max_{1\leqslant i\leqslant n} \sum_{j=1}^{n} |a_{ij}| \quad (\infty\text{-范数}),$$

$$\|\boldsymbol{A}\|_1 = \max_{1\leqslant j\leqslant n} \sum_{i=1}^{n} |a_{ij}| \quad (1\text{-范数}).$$

上述 $\|\boldsymbol{A}\|_\infty$ 和 $\|\boldsymbol{A}\|_1$ 分别称为矩阵 $\boldsymbol{A}$ 的**行范数**和**列范数**.

下面将给出一种能刻画矩阵和方程组 "病态" 的标准.

令 $\boldsymbol{\delta b}$ 表示右端项 $\boldsymbol{b}$ 的扰动, 相应的解 $\boldsymbol{x}$ 的扰动记为 $\boldsymbol{\delta x}$, 即

$$\boldsymbol{A}(\boldsymbol{x} + \boldsymbol{\delta x}) = \boldsymbol{b} + \boldsymbol{\delta b},$$

从中消去 $\boldsymbol{Ax} = \boldsymbol{b}$ 得

$$\boldsymbol{A\delta x} = \boldsymbol{\delta b},$$

故有

$$\|\boldsymbol{\delta x}\| = \left\|\boldsymbol{A}^{-1}\boldsymbol{\delta b}\right\| \leqslant \left\|\boldsymbol{A}^{-1}\right\| \|\boldsymbol{\delta b}\|.$$

另一方面

$$\|\boldsymbol{x}\| \geqslant \frac{\|\boldsymbol{Ax}\|}{\|\boldsymbol{A}\|} = \frac{\|\boldsymbol{b}\|}{\|\boldsymbol{A}\|},$$

因此

$$\frac{\|\boldsymbol{\delta x}\|}{\|\boldsymbol{x}\|} \leqslant \|\boldsymbol{A}\|\left\|\boldsymbol{A}^{-1}\right\| \frac{\|\boldsymbol{\delta b}\|}{\|\boldsymbol{b}\|}. \tag{6.16}$$

再考察系数矩阵 $\boldsymbol{A}$ 的扰动对解的影响. 令 $\boldsymbol{\delta A}$ 表示 $\boldsymbol{A}$ 的扰动, 相应的解 $\boldsymbol{x}$ 的扰动仍记为 $\boldsymbol{\delta x}$, 即

$$(\boldsymbol{A} + \boldsymbol{\delta A})(\boldsymbol{x} + \boldsymbol{\delta x}) = \boldsymbol{b},$$

消去 $\boldsymbol{Ax} = \boldsymbol{b}$ 得

$$\boldsymbol{A}\delta\boldsymbol{x}+\delta\boldsymbol{A}(\boldsymbol{x}+\delta\boldsymbol{x})=\boldsymbol{0},$$

故有

$$\|\delta\boldsymbol{x}\|=\left\|\boldsymbol{A}^{-1}\delta\boldsymbol{A}(\boldsymbol{x}+\delta\boldsymbol{x})\right\|\leqslant\left\|\boldsymbol{A}^{-1}\right\|\|\delta\boldsymbol{A}\|\left(\|\boldsymbol{x}\|+\|\delta\boldsymbol{x}\|\right).$$

假设 $\|\delta\boldsymbol{A}\|$ 足够小, 使得

$$\left\|\boldsymbol{A}^{-1}\right\|\|\delta\boldsymbol{A}\|<1,$$

则有

$$\frac{\|\delta\boldsymbol{x}\|}{\|\boldsymbol{x}\|}\leqslant\frac{\left\|\boldsymbol{A}^{-1}\right\|\|\delta\boldsymbol{A}\|}{1-\left\|\boldsymbol{A}^{-1}\right\|\|\delta\boldsymbol{A}\|}.\tag{6.17}$$

为了便于叙述, 引入如下定义.

定义 6.4　设 $\boldsymbol{A}\in\mathbf{R}^{n\times n}$ 为可逆矩阵, 按算子范数, 称

$$\mathrm{cond}(\boldsymbol{A})=\|\boldsymbol{A}\|\left\|\boldsymbol{A}^{-1}\right\|$$

为矩阵 $\boldsymbol{A}$ 的**条件数**.

如果矩阵范数取 p-范数, 则记 $\mathrm{cond}_p(\boldsymbol{A})=\|\boldsymbol{A}\|_p\left\|\boldsymbol{A}^{-1}\right\|_p$.

由此定义, 误差估计式 (6.16) 和 (6.17) 可分别表示为

$$\frac{\|\delta\boldsymbol{x}\|}{\|\boldsymbol{x}\|}\leqslant\mathrm{cond}(\boldsymbol{A})\frac{\|\delta\boldsymbol{b}\|}{\|\boldsymbol{b}\|},$$

和

$$\frac{\|\delta\boldsymbol{x}\|}{\|\boldsymbol{x}\|}\leqslant\frac{\mathrm{cond}(\boldsymbol{A})\dfrac{\|\delta\boldsymbol{A}\|}{\|\boldsymbol{A}\|}}{1-\mathrm{cond}(\boldsymbol{A})\dfrac{\|\delta\boldsymbol{A}\|}{\|\boldsymbol{A}\|}}.$$

这两个式子表明, 系数矩阵 $\boldsymbol{A}$ 和右端项 $\boldsymbol{b}$ 的扰动对解的影响与条件数 $\mathrm{cond}(\boldsymbol{A})$ 的大小有关, $\mathrm{cond}(\boldsymbol{A})$ 越大, 扰动对解的影响越大, 因此条件数 $\mathrm{cond}(\boldsymbol{A})$ 的值刻画了方程组 “病态” 程度.

再考察例 6.6, 方程组的系数矩阵

$$\boldsymbol{A}=\begin{bmatrix}3&1\\3.0001&1\end{bmatrix},\quad\boldsymbol{A}^{-1}=\begin{bmatrix}-10000&10000\\30001&-30000\end{bmatrix},$$

其条件数的值很大 $\left(\mathrm{cond}(\boldsymbol{A})_1=\|\boldsymbol{A}\|_1\left\|\boldsymbol{A}^{-1}\right\|_1=6.0001\times40001=240010\right)$, 因而它是病态的.

6.3.2 精度分析

求得方程组 $\boldsymbol{Ax}=\boldsymbol{b}$ 的一个近似值 $\tilde{x}$ 以后, 自然希望判断其精度. 检验精度的一个简单办法是, 将近似值 $\tilde{x}$ 再回代到方程组去求余量 $\boldsymbol{r}$:

$$\boldsymbol{r}=\boldsymbol{b}-\boldsymbol{A}\tilde{\boldsymbol{x}}.$$

如果 $\boldsymbol{r}$ 很小, 就认为解 $\tilde{x}$ 是相当准确的.

定理 6.3 设 $\boldsymbol{Ax}=\boldsymbol{b},\boldsymbol{b}\neq \boldsymbol{0}$, 则对方程组的近似解 $\tilde{x}$ 有误差估计式

$$\frac{1}{\mathrm{cond}(\boldsymbol{A})}\frac{\|\boldsymbol{r}\|}{\|\boldsymbol{b}\|}\leqslant\frac{\|\tilde{\boldsymbol{x}}-\boldsymbol{x}\|}{\|\boldsymbol{x}\|}\leqslant\mathrm{cond}(\boldsymbol{A})\frac{\|\boldsymbol{r}\|}{\|\boldsymbol{b}\|}.$$

证明 由 $\boldsymbol{Ax}=\boldsymbol{b}$ 有

$$\begin{aligned}&\boldsymbol{r}=\boldsymbol{Ax}-\boldsymbol{A}\tilde{\boldsymbol{x}}=\boldsymbol{A}(\boldsymbol{x}-\tilde{\boldsymbol{x}}),\\&\frac{\|\tilde{\boldsymbol{x}}-\boldsymbol{x}\|}{\|\boldsymbol{x}\|}\leqslant\left\|\boldsymbol{A}^{-1}\boldsymbol{r}\right\|\frac{\|\boldsymbol{A}\|}{\|\boldsymbol{b}\|}\leqslant\mathrm{cond}(\boldsymbol{A})\frac{\|\boldsymbol{r}\|}{\|\boldsymbol{b}\|}.\end{aligned}$$

又由 $\boldsymbol{x}=\boldsymbol{A}^{-1}\boldsymbol{b}$, 有

$$\frac{\|\tilde{\boldsymbol{x}}-\boldsymbol{x}\|}{\|\boldsymbol{x}\|}\geqslant\frac{\|\boldsymbol{r}\|}{\|\boldsymbol{A}\|}\frac{1}{\left\|\boldsymbol{A}^{-1}\right\|\|\boldsymbol{b}\|}\geqslant\frac{1}{\mathrm{cond}(\boldsymbol{A})}\frac{\|\boldsymbol{r}\|}{\|\boldsymbol{b}\|}.$$

该定理说明, 当 $\mathrm{cond}(\boldsymbol{A})$ 很大时, 即使方程组余量 $\boldsymbol{r}$ 的相对误差已经很小, 近似解的相对误差仍然可能很大.

数 值 实 验

例 6.7 (追赶法) 求解下列方程组的解.

$$\begin{bmatrix}1&-3&&&\\8&2&0&&\\&6&3&7&\\&&12&4&9\\&&&-4&5\end{bmatrix}\begin{bmatrix}x_1\\x_2\\x_3\\x_4\\x_5\end{bmatrix}=\begin{bmatrix}1\\1\\1\\1\\1\end{bmatrix}.$$

解 追赶法求解方程组的 MATLAB 代码如下所示:

追赶法程序 (适用于三对角方程组)

```
function [x]=Zhuigan(a,b,c,f)
%a 为次下对角线元素向量
%b 为主对角元素向量
%c 为次上对角元素向量
%f 为右端向量
%x 为返回解向量
n=length(b);
for k=2:n
     b(k)=b(k)-a(k)/b(k-1)*c(k-1);
     f(k)=f(k)-a(k)/b(k-1)*f(k-1);
end
x(n)=f(n)/b(n);
for k=n-1:-1:1
     x(k)=(f(k)-c(k)*x(k+1))/b(k);
end
```

在 MATLAB 命令窗口中输入下列命令:

```
b=[1 2 3 4 5]';
a1=0;c5=0;
a=[a1 8 6 12 -4]';
c=[-3 0 7 9 c5]';
f=[1 1 1 1 1];
[x]=Zhuigan(a,b,c,f)
```

求解的结果为

```
x=0.1923 -0.2692 -0.6923 0.6703 0.7363
```

例 6.8 (高斯消去法和列主元高斯消去法) 求解下列方程组的解.

$$\begin{bmatrix} 3 & 6 & 0 \\ 7 & -2 & 5 \\ 2 & 1 & 9 \end{bmatrix} \begin{bmatrix} x_1 \\ x_2 \\ x_3 \end{bmatrix} = \begin{bmatrix} 1 \\ 1 \\ 1 \end{bmatrix}.$$

解 (1) 高斯消去法求解方程, MATLAB 代码如下所示:

高斯消去法程序

```
function [x]=Gauss(A,b)
%A 为线性方程组的系数矩阵
%b 为线性方程组的右端常数变量
%x 为解向量
n=length(b);
% 消元过程
for k=1:(n-1)
    m=A(k+1:n,k)/A(k,k);
    A(k+1:n,k+1:n)=A(k+1:n,k+1:n)-m*A(k,k+1:n);
    b(k+1:n)=b(k+1:n)-m*b(k);
    A(k+1:n,k)=zeros(n-k,1);
    if flag~=0,Ab=[A,b],end
end
% 回代过程
x=zeros(n,1);
x(n)=b(n)/A(n,n);
for k=n-1:-1:1
    x(k)=(b(k)-A(k,k+1:n)*x(k+1:n))/A(k,k);
end
```

在 MATLAB 命令窗口中输入下列命令:

```
A=[3 6 0;7 -2 5;2 1 9];
b=[1;1;1];
[x]=Gauss(A,b)
```

求解的结果为

```
x=0.1214 0.1059 0.0724
```

(2) 高斯列主元消去法求解方程组, MATLAB 代码如下所示:

高斯列主元消去法程序

```
function [x]=Gausszhuyuan(A,b)
%A 为线性方程组的系数矩阵
%b 为线性方程组的右端常数变量
```

```
n=length(b);
%选主元
for k=1:(n-1)
     [ap,p]=max(abs(A(k:n,k)));
     p=p+k-1;
     if p>k
         A([k p],:)=A([p k],:);
         b([k p],:)=b([p k],:);
     end
     %消元
     m=A(k+1:n,k)/A(k,k);
     A(k+1:n,k+1:n)=A(k+1:n,k+1:n)-m*A(k,k+1:n);
     b(k+1:n)=b(k+1:n)-m*b(k);
     A(k+1:n,k)=zeros(n-k,1);
end
     %回代
     x=zeros(n,1);
     x(n)=b(n)/A(n,n);
     for k=n-1:-1:1
         x(k)=(b(k)-A(k,k+1:n)*x(k+1:n))/A(k,k);
     end
```

在 MATLAB 命令窗口中输入下列命令:

```
A=[3 6 0;7 -2 5;2 1 9];
b=[1;1;1];
[x]=Gausszhuyuan(A,b)
```

求解的结果为

```
x=0.1214 0.1059 0.0724
```

读者可以自己修改程序, 把每一步的系数矩阵显示, 从而获得选主元的每一步过程, 也可以比较高斯消去法和列主元高斯消去法的异同.

例 6.9 (高斯完全主元消去法)　求下列方程组的解.

$$\begin{bmatrix} 10 & 6 & 4 \\ 5 & 0 & 1 \\ 2 & -1 & 8 \end{bmatrix}\begin{bmatrix} x_1 \\ x_2 \\ x_3 \end{bmatrix} = \begin{bmatrix} 1 \\ 1 \\ 1 \end{bmatrix}.$$

解 高斯完全主元消去法求解方程组的 MATLAB 代码如下所示:

高斯完全主元消去法程序

```
function [x,XA]= GaussAllMain (A,b)
%A 表示线性方程组的系数矩阵
%b 表示线性方程组的常数向量
%XA 表示消元后的系数矩阵 (可选的输入参数)
N=size(A);
n=N(1);
index_l=0;
index_r=0;
order=1:n; %记录未知数顺序的向量
for i=1:(n-1)
     me = max(max(abs(A(i:n,i:n)))); %选取全主元
     for k=i:n
         for r=i:n
             if(abs(A(k,r))==me)
                  index_l=k;
                  index_r =r; %保存主元所在的行和列
                  k=n;
                  break;
             end
         end
     end
     temp=A(i,1:n);
     A(i,1:n)=A(index_l,1:n);
     A(index_l,1:n) =temp;
     bb=b(index_l);
     b(index_l)=b(i);
     b(i)=bb;      %交换主行
     temp=A(1:n,i);
     A(1:n,i) = A(1:n,index_r);
     A(1:n,index_r) =temp;     %交换主列
         pos=order(i);
      order(i)=order(index_r);
```

```
    order(index_r)=pos;      %主列的交换会造成未知数顺序的变化
     for j=(i+1):n
       if(A(i,i)==0)
         disp(' 对角元素为 0! ');
             return;
         end
         l=A(j,i);
         m=A(i,i);
         A(j,1:n)=A(j,1:n)-l*A(i,1:n)/m;
         b(j)=b(j)-l*b(i)/m;
     end
end
x= Gausszhuyuan (A,b);   %调用高斯列主元程序
y=zeros(n,1);
for i=1:n
     for j=1:n
         if(order(j)==i)
           y(i)=x(j);
         end
     end
end
x=y; %恢复未知数原来的顺序
XA=A;
```

在 MATLAB 命令窗口中输入下列命令:

```
A=[10 6 4;5 0 1;2 -1 8];
b=[1;1;1];
[x,XA]=GaussAllMain(A,b)
```

求解的结果为

```
  x=0.1891    -0.1849  -0.0546
 XA=10.0000   4.0000   6.0000
      0         7.2    -2.2000
      0         0      -3.3056
```

注意　高斯完全主元消去法的思想很好, 但是用程序实现起来并不简单, 这是

因为在消去过程中进行了列的交换, 将未知数的顺序打乱了, 因此在每次列交换后要记录下未知数的排列顺序, 最后要调整回来, 否则得到的结果数值是对的, 但顺序却是错的.

例 6.10 (高斯-若尔当消去法)　求下列方程组的解.

$$\begin{bmatrix} 1 & 3 & 8 \\ -5 & 2 & 9 \\ 0 & 1 & 4 \end{bmatrix}\begin{bmatrix} x_1 \\ x_2 \\ x_3 \end{bmatrix} = \begin{bmatrix} 1 \\ 1 \\ 1 \end{bmatrix}.$$

解　高斯-若尔当消去法求解方程组的 MATLAB 代码如下所示:

高斯-若尔当消去法程序

```
function [x,XA]= GaussJordan(A,b)
%A 表示线性方程组的系数矩阵
%b 表示线性方程组的常数向量
%XA 表示消元后的系数矩阵 (可选的输入参数)
N=size(A);
n=N(1);
index= 0;
pos=zeros(n,1);
B=A;
for i=1:n
    me=max(abs(B(1:n,i)));      %选取列主元
    for k=1:n
        if(abs(A(k,i))==me)
            index=k;
            pos(i,1)=k;       %保存列主元所在的行号
            break;
        end
    end
    m=A(index,i);
    for j=1:n
        if(j ~= index)
            l = A(j,i);
            A(j,1:n)=A(j,1:n)-l*A(index,1:n)/m;
            b(j)=b(j)-l*b(index)/m;   %消元
```

```
            end
        end
        B = A;
        for k=1:n
            if(pos(k,1)~=0)
                B(pos(k,1),1:n)=0;    %避免列主元在同一行
            end
        end
end
XA = A;
for i=1:n
    x(i,1)=b(pos(i,1))/A(pos(i,1),i); %求解
end
```

在 MATLAB 命令窗口中输入下列命令

```
A=[1 3 8;-5 2 9;0 1 4];
b=[1;1;1];
[x,XA]= GaussJordan(A,b)
```

求解的结果为

```
 x=0.3158           -1.3158  0.5789
   XA=       0       3.4000     0
        -5.0000        0        0
             0         0      1.1176
```

注意 高斯-若尔当消去法十分简单, 只不过要注意避免列主元在同一行, 即每次选取的主元必须在不同行.

小 结

直接法是古典的方法, 我国古代数学名著《九章算术》中就有消去法低阶情形的叙述, 直到今天人们用高速计算机解方程组, 特别是阶数不太大或系数矩阵稀疏的方程组, 消去法仍然是一种有力的工具.

本章着重介绍了求解三对角方程组的追赶法和一般线性代数方程组的高斯消去法.

追赶法的设计思想是: 将三对角方程组的求解过程, 加工成下二对角方程组与上二对角方程组两个简单求解过程的重复. 对于下二对角方程组与上二对角方程组的求解过程分别是追和赶的过程. 追赶法的设计思想对一般形式的线性代数方程组同样有效.

高斯消去法通过矩阵分解技术, 经过有限步消元直接将所给线性方程组化归为单位上三角方程组. 在高斯消去法中引进选主元的技巧, 就得到了解方程组的完全消去法和列主元素消去法. 完全消去法和列主元素消去法都是稳定的算法. 用完全主元素消去法解非病态方程组具有较高的精确度, 但它需要花费较多的机器时间. 列主元素消去法是比完全主元素消去法更实用的算法, 一般使用较多. 用高斯-若尔当消去法求逆矩阵比较方便.

事实上, 可以通过对系数矩阵采用不同分解技术[1~4] (如: 矩阵的杜利特尔分解、三角分解、Crout 分解等), 得出不同的方法 (如: 杜利特尔法、直接三角分解法、Crout 法等).

读者通过第 5 章和第 6 章的学习, 可以思考这样的问题: 对于求解线性方程组的迭代法和直接法的误差来源是什么? 迭代法和直接法各有什么优势? 对于大型稀疏线性方程组的求解[5~12], 你有什么其他想法吗? 另可参阅文献 [13~18].

习 题 6

1. 用追赶法求解下列方程组 $\boldsymbol{Ax}=\boldsymbol{b}$, 其中

$$\boldsymbol{A}=\begin{bmatrix}2 & -1 & & \\ -1 & 3 & -2 & \\ & -1 & 2 & -1 \\ & & -3 & 5\end{bmatrix},\quad \boldsymbol{b}=\begin{bmatrix}6\\1\\0\\1\end{bmatrix}.$$

2. 用高斯消去法求解

$$\begin{cases}7x_1+x_2-x_3=3,\\ 2x_1+4x_2+2x_3=1,\\ -x_1+x_2+3x_3=2.\end{cases}$$

3. 用高斯消去法和高斯列主元消去法求解

$$\begin{cases}x_1-x_2+x_3=-4,\\ 5x_1-4x_2+3x_3=-12,\\ 2x_1+x_2+x_3=11.\end{cases}$$

4. 用高斯-若尔当消去法解方程组

$$\begin{bmatrix}2 & 3 & 4\\ 1 & 1 & 9\\ 1 & 2 & -6\end{bmatrix}\begin{bmatrix}x_1\\x_2\\x_3\end{bmatrix}=\begin{bmatrix}0\\2\\1\end{bmatrix}.$$

5. 计算 $\mathrm{cond}_2(\boldsymbol{A})$, 其中

$$\boldsymbol{A}=\begin{bmatrix}100 & 99\\ 99 & 98\end{bmatrix}.$$

实　验　6

1. 用追赶法解三对角线性方程组

$$\begin{cases}2x_1-x_2=5,\\ -x_1+2x_2-x_3=-12,\\ -x_2+x_3-x_4=11,\\ -x_3+2x_4=-1.\end{cases}$$

2. 用高斯列主元消去法解方程组

$$\begin{bmatrix}0.729 & 0.81 & 0.9\\ 1 & 1 & 1\\ 1.331 & 1.21 & 1.1\end{bmatrix}\begin{bmatrix}x_1\\ x_2\\ x_3\end{bmatrix}=\begin{bmatrix}0.6867\\ 0.8338\\ 1.000\end{bmatrix}.$$

3. 大型稀疏矩阵方程组, 设 n 阶方阵

$$\begin{bmatrix}3 & -\frac{1}{2} & -\frac{1}{4} & & & \\ -\frac{1}{2} & 3 & -\frac{1}{2} & -\frac{1}{4} & & \\ -\frac{1}{4} & -\frac{1}{2} & 3 & -\frac{1}{2} & \ddots & \\ & \ddots & \ddots & \ddots & \ddots & -\frac{1}{4}\\ & & -\frac{1}{4} & -\frac{1}{2} & 3 & -\frac{1}{2}\\ & & & -\frac{1}{4} & -\frac{1}{2} & 3\end{bmatrix},$$

$\boldsymbol{b}$ 为 $\boldsymbol{A}$ 的各行元素之和, 显然 $\boldsymbol{A}\boldsymbol{x}=\boldsymbol{b}$ 的解为 $\boldsymbol{x}=(1,1,\cdots,1)^{\mathrm{T}}$, 请自行选择适当的方法对于阶数 $n=100,200,500$, 精度分别为 $\varepsilon=10^{-2},10^{-3},10^{-5}$ 的各种组合求解, 并分析收敛速度.

高 斯 简 介

高斯 (Carl Friedrich Gauss, 1777—1855), 德国著名数学家、物理学家、天文学家、大地测量学家. 是近代数学奠基者之一, 并享有“数学王子”之称. 高斯和阿基米德、牛顿并列为世界三大数学家. 他一生成就极为丰硕, 以他名字“高斯”命名的成果达 110 个, 属数学家中之最.

高斯是一对贫穷夫妇的唯一的儿子. 母亲是一个贫穷石匠的女儿, 虽然十分聪明, 但却没有接受过教育. 在她成为高斯父亲的第二个妻子之前, 她从事女佣工作. 他的父亲曾做过园丁, 工头, 商人的助手和一个小保险公司的评估师.

当高斯三岁时便能够纠正他父亲的借债账目的事情, 已经成为一个轶事流传至今. 他曾说, 他在麦仙翁堆上学会计算. 能够在头脑中进行复杂的计算, 是上帝赐予他一生的天赋.

图 6-3 高斯

父亲对高斯要求极为严厉, 甚至有些过分. 高斯尊重他的父亲, 并且秉承了其父诚实、谨慎的性格. 高斯很幸运地有一位鼎力支持他成才的母亲. 高斯一生下来, 就对一切现象和事物十分好奇, 而且决心弄个水落石出, 这已经超出了一个孩子能被许可的范围. 当丈夫为此训斥孩子时, 她总是支持高斯, 坚决反对顽固的丈夫想把儿子变得跟他一样无知.

在成长过程中, 幼年的高斯主要得力于母亲和舅舅: 高斯的母亲罗捷雅、舅舅弗利德里希. 弗利德里希富有智慧, 为人热情而又聪明能干投身于纺织贸易颇有成就. 他发现姐姐的儿子聪明伶利, 因此他就把一部分精力花在这位小天才身上, 用生动活泼的方式开发高斯的智力.

若干年后, 已成年并成就显赫的高斯回想起舅舅为他所做的一切, 深感对他成才之重要, 他想到舅舅多产的思想, 不无伤感地说, 舅舅去世使 “我们失去了一位天才”. 正是由于弗利德里希慧眼识英才, 经常劝导姐夫让孩子向学者方面发展, 才使得高斯没有成为园丁或者泥瓦匠.

罗捷雅真心地希望儿子能干出一番伟大的事业, 对高斯的才华极为珍视. 然而, 她也不敢轻易地让儿子投入当时尚不能养家糊口的数学研究中. 在高斯 19 岁那年, 尽管他已做出了许多伟大的数学成就, 但她仍向数学界的朋友 W. 波尔约问道: 高斯将来会有出息吗? W. 波尔约说她的儿子将是 “欧洲最伟大的数学家”, 为此她激动得热泪盈眶.

主要参考文献

[1] 何汉林. 数值计算方法 [M]. 2 版. 北京: 科学出版社, 2011: 48–80.

[2] 林成森. 数值计算方法 [M]. 北京: 科学出版社, 2006: 14–27.

[3] 朱方生, 李大姜, 李素贞. 计算方法 [M]. 武汉: 武汉大学出版社, 2003: 44–66.

[4] 王能超, 数值计算方法简明教程 [M]. 2 版. 北京：高等教育出版社, 2008：172–188.

[5] 温瑞萍, 孟国艳, 王川龙. 求解大型稀疏线性方程组的不完全 SAOR 预条件共轭梯度法 [J]. 工程数学学报, 2007, 24(4)：712–718.

[6] 谢晓峰, 李代平, 陈璟华. 大型稀疏线性方程组的一种压缩求解算法 [J]. 计算机工程与应用, 2001, (5)：110–111.

[7] 张永杰, 孙秦. 大型稀疏线性方程组的 ICCG 方法 [J]. 数值计算与计算机应用, 2007, 28(2)：133–137.

[8] Beauwens R. Iterative solution methods[J]. Applied Numerical Mathematics, 2004(51)：437–450.

[9] 左宪禹, 黄亚博. 适合于分布式并行计算的 PCOCR 方法 [J]. 河南师范大学学报 (自然科学版), 2014, 42(1)：5–9.

[10] 左宪禹, 谷同祥, 王佳敏. 一种适合于分布式并行计算的改善 ICGS 方法 [J]. 河南师范大学学报 (自然科学版), 2011, 39(6)：1–4.

[11] Saad Y. Iterative methods for sparse linear systems[M]. Boston：PWS Publishing Company, 1996：158–211.

[12] Sogabe T, Zhang S L. A COCR method for solving complex symmetric linear systems[J]. Computational and Applied Mathematics, 2007, 199：297–303.

[13] 张秋生. 追赶法求解一阶常系数线性非齐次微分方程组 [J]. 科技通报, 2013, 29(10): 4–6.

[14] 李文强, 马民, 李卫霞. 追赶法求解拟五对角线性方程组 [J]. 科技导报, 2010, 28(18): 60–63.

[15] 陈军胜. 基于四元数矩阵分解的线性方程组解的存在性判断研究 [J]. 西南师范大学学报 (自然科学版), 2015, 40(5): 34–38.

[16] 彭武建. 基于 LGO 的大型稀疏线性方程组的消 “元” 法 [J]. 高等学校计算数学学报, 2014, 36(2): 159–166.

[17] 张衡. 一种求解非对称线性方程组的 JBICR 算法 [J]. 福建师范大学学报 (自然科学版), 2018, 34(2): 12–15.

[18] 王发兴, 赵卫滨, 蒋晶. 基于大型稀疏线性方程组拓扑的拖拉机精确定位系统 [J]. 农机化研究, 2018, 40(9): 242–246.

第 7 章　微分方程的数值解法

导　读

在自然科学和工程技术中的很多问题, 其数学表述都可以归结为微分方程的定解问题[1~4].

引例 7.1　可以用一阶常微分方程的初值问题

$$
\begin{cases}
\dfrac{\mathrm{d}y}{\mathrm{d}t} = -0.27\,(y-60)^{\frac{5}{4}}, \quad 0 < t \leqslant T, \\
y\,(0) = y_0,
\end{cases}
$$

描述某一在恒温环境下的物体散热过程, 其中 $y(t)$ 代表物体在 t 时刻的温度, y_0 为散热物体的初始温度.

引例 7.2　一质量为 m 的物体垂直作用于弹簧所引起的振荡, 当运动与速度的平方成正比时, 可借助如下二阶常微分方程描述

$$
\begin{cases}
m\dfrac{\mathrm{d}^2y}{\mathrm{d}t^2} + b\left(\dfrac{\mathrm{d}y}{\mathrm{d}t}\right)^2 + cy = 0, \quad 0 \leqslant t \leqslant T, \\
y(0) = y_0, y'(0) = y'_0.
\end{cases}
$$

若令 $y_1(t) = y(t), y_2(t) = y'_1(t) = \dfrac{\mathrm{d}y}{\mathrm{d}t}$, 则上述二阶常微分方程可化成等价的一阶常微分方程组

$$
\begin{cases}
y'_1(t) = y_2(t), \\
y'_2(t) = -\dfrac{c}{m}y_1(t) - \dfrac{b}{m}(y_2(t))^2, \\
y_1(0) = y_0, y_2(0) = y'_0.
\end{cases}
$$

类似于引例 7.2 的 $n(n \geqslant 1)$ 阶常微分方程, 可按照同样的方法化为等价的一阶常微分方程组.

本章着重讨论上述问题的最简形式, 即一阶常微分方程的初值问题

$$
\begin{cases}
y' = f(x,y), \quad x \in [a,b], \\
y(x_0) = y_0,
\end{cases}
\tag{7.1}
$$

其中 f 为 x, y 的已知函数, y_0 为给定的初值.

在使用数值解法之前, 需要考虑解的存在性和唯一性问题. 下面先给出初值问题 (7.1) 的解的存在唯一性定理[1~4].

引理 7.1 设 $f(x,y)$ 在区域 $D=\{(x,y)|a\leqslant x\leqslant b, y\in\mathbf{R}\}$ 上有定义且连续, 同时满足如下的利普希茨 (Lipschitz) 条件:

$$|f(x,y_1)-f(x,y_2)|\leqslant L|y_1-y_2|,\quad (x,y_1),(x,y_2)\in D,\quad 0<L<+\infty, \tag{7.2}$$

则对任意 $x_0\in[a,b], y_0\in\mathbf{R}$, 初值问题 (7.1) 在 D 上存在唯一的连续可微解, 而 (7.2) 式中的常数 L 称为利普希茨常数.

在常微分方程中, 少数简单的常微分方程才能用初等积分法求出它们的精确解析解, 多数情形只能用近似解法求其近似解.

初值问题的近似解法可以分成两类: **近似解析方法**和**数值方法**, 前者寻求解的近似表达式, 后者则是计算微分方程解在求解区域中一些离散点上的近似值. 常微分方程课程中介绍的逐步逼近法和级数解法属于近似解析方法. 数值计算方法课程所要讨论的是数值解法即数值离散方法.

差分方法是一类重要的数值解法. 差分法: 在一系列离散点上, 求未知函数在这些点上的值的近似. 其基本步骤如下[2]:

步骤 1 对区间 $[a,b]$ 作划分: $\Delta: a=x_0<x_1<\cdots<x_n=b$.

步骤 2 由微分方程出发, 建立节点处函数值的差分方程. 这个方程应该满足: 解的存在唯一性、稳定性、收敛性和相容性.

步骤 3 解差分方程, 求函数 $y(x)$ 在节点 $x_i(i=0,1,\cdots,n)$ 上的近似值 $y_i(i=0,1,\cdots,n)$.

数值方法主要研究步骤 2, 即如何建立差分方程, 并研究差分方程的性质.

为了考察数值方法提供的数值解是否有实用价值, 还需要讨论如下几个问题:

(i) 误差估计;

(ii) 当步长充分小时, 所得到的数值解能否逼近问题的真解, 即收敛性问题;

(iii) 产生的舍入误差, 在以后各步计算中是否会无限制扩大, 即稳定性问题.

本章首先建立差分方程, 然后讨论其性质.

本章所需要的数学基础知识与理论: 微分方程解的存在唯一性.

7.1 欧拉方法

7.1.1 欧拉格式

欧拉方法的基本思路是: 作等距分割, 利用差商代替导数项, 建立差分方程.

1. 欧拉格式

设在区间 $[x_n, x_{n+1}]$ 的左端点 x_n 列出方程 (7.1), 即

$$y'(x_n) = f(x_n, y(x_n)),$$

并用差商 $\dfrac{y(x_{n+1}) - y(x_n)}{h}$ 代替其中的导数项 $y'(x_n)$, 则有**近似关系**

$$y(x_{n+1}) \approx y(x_n) + hf(x_n, y(x_n)).$$

若用 $y(x_n)$ 的近似值 y_n 代入上式右端, 并记所得结果为 y_{n+1}, 这样设计出的计算公式

$$y_{n+1} = y_n + hf(x_n, y_n), \quad n = 0, 1, 2, \cdots, \tag{7.3}$$

就是著名的**欧拉格式**. 若初值 y_0 已知, 则依格式 (7.3) 可逐步算出数值解 $y_1, y_2, \cdots$.

例 7.1 求解初值问题

$$\begin{cases} y' = x^2 - y, \quad 0 < x < 1, \\ y(0) = 1. \end{cases} \tag{7.4}$$

解 用欧拉格式 (7.3) 进行求解上述初值问题, 于是, 有计算公式 (欧拉格式) 为

$$y_{n+1} = y_n + h(x_n^2 - y_n).$$

当取步长为 $h = 0.1$ 时, 根据初值条件, 计算结果见表 7-1.

表 7-1 计算结果

x_n	y_n	$y(x_n)$
0.1	0.9000	0.9052
0.2	0.8110	0.8213
0.3	0.7339	0.7491
0.4	0.6695	0.6897
0.5	0.6186	0.6435
0.6	0.5817	0.6112
0.7	0.5595	0.5934
0.8	0.5526	0.5907
0.9	0.5613	0.6034
1.0	0.5862	0.6321

因为初值问题 (7.4) 有准确解 $y = -\mathrm{e}^{-x} + x^2 - 2x + 2$, 从表 7-1 可以看出 (将该问题的准确解值 $y(x_n)$ 同近似解 y_n 进行比较) 用欧拉格式计算的近似解精度较低.

欧拉格式的几何意义如图 7-1 所示. 从图 7-1 上看, 假设节点 $p_0(x_0, y_0)$ 位于积分曲线上, 则按欧拉格式定出的节点 $p_1(x_1, y_1)$ 落在积分曲线的切线上, 从这个角度可以看出, 欧拉格式是很粗糙的.

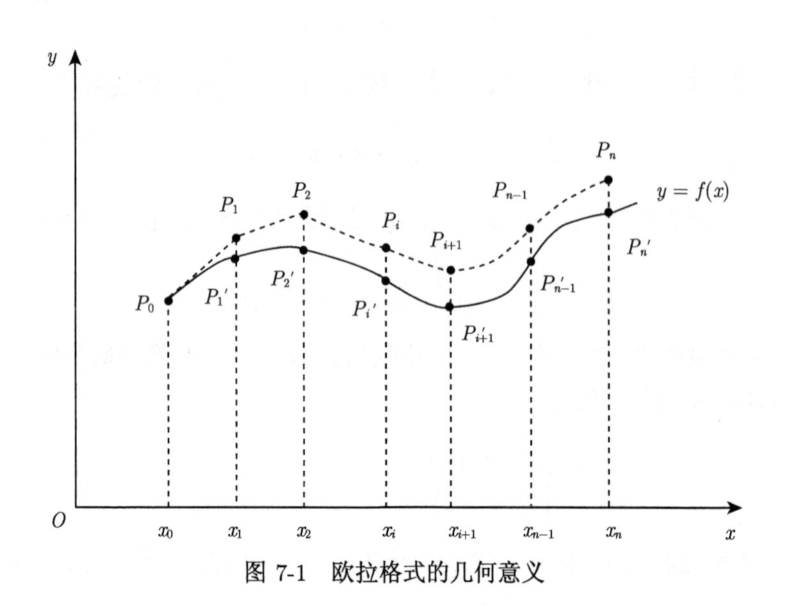

图 7-1 欧拉格式的几何意义

2. 隐式欧拉格式

在区间 $[x_n, x_{n+1}]$ 的右端点 x_{n+1} 列出方程

$$y'(x_{n+1}) = f(x_{n+1}, y(x_{n+1})),$$

并改用点 x_{n+1} 处的向后差商 $\dfrac{y(x_{n+1}) - y(x_n)}{h}$ 代替方程中的导数项 $y'(x_{n+1})$, 再离散化, 即可导出**隐式欧拉格式**

$$y_{n+1} = y_n + hf(x_{n+1}, y_{n+1}). \tag{7.5}$$

欧拉格式 (7.3) 与隐式欧拉格式 (7.5) 有着本质的区别: 欧拉格式 (7.3) 是关于 y_{n+1} 的一个直接的计算方式, 称这类格式是**显式**的; 而格式 (7.5) 的右端含有未知的 y_{n+1}, 它实际上是个关于 y_{n+1} 的函数方程, 称这类格式是**隐式**的. 隐式格式的计算远比显式格式困难.

可以看出在计算第 $n+1$ 步的值 y_{n+1} 时, 格式 (7.3) 和 (7.5) 都只需要提供第 n 步的值 y_n, 因此欧拉格式与隐式欧拉格式都是**单步法**.

7.1.2 单步法的局部截断误差和阶

初值问题的单步法可用一般形式表示为

$$y_{n+1} = y_n + h\varphi(x_n, y_n, y_{n+1}, h),$$

其中多元函数 φ 与 $f(x,y)$ 有关, 当 φ 含有 y_{n+1} 时, 方法是隐式的; 否则, 方法就是显式的. 显式单步法可表示为

$$y_{n+1} = y_n + h\varphi(x_n, y_n, h),$$

其中 $\varphi(x,y,h)$ 称为增量函数.

一般情况下, 所得的数值解往往与初值问题的准确解并不完全符合. 从 x_0 开始计算, 如果考虑每一步产生的误差, 直到 x_n, 则有误差

$$e_n = y(x_n) - y_n.$$

称 e_n 为数值方法在节点 x_n 处的整体截断误差. 分析和计算整体截断误差 e_n 是复杂的, 为此, 仅考虑从 x_n 到 x_{n+1} 的局部情况, 并假定 x_n 之前的计算没有误差, 即

$$y_n = y(x_n).$$

对于一般的显式单步法可作如下定义.

定义 7.1 设 $y(x_n)$ 是初值问题的精确解, 则

$$T_{n+1} = y(x_{n+1}) - y(x_n) - h\varphi(x_n, y(x_n), h), \tag{7.6}$$

称为显式单步法在节点 x_{n+1} 的局部截断误差.

定义 7.2 设 $y(x_n)$ 是初值问题在 x_n 处的精确值, 若存在最大整数 p 使显式单步法的局部截断误差满足

$$T_{n+1} = y(x_{n+1}) - y(x_n) - h\varphi(x_n, y(x_n), h) = O(h^{p+1}), \tag{7.7}$$

则称方法具有 p 阶精度或称为 p 阶方法.

一般说来, 一个差分公式局部截断误差的阶 p 越大, 方法的精度越高.

由二阶泰勒公式 $y(x_{n+1}) = y(x_n) + hy'(x_n) + \dfrac{h^2}{2}y''(x_n) + O(h^3)$, 容易证明欧拉方法的局部截断误差为 $y(x_{n+1}) - y_{n+1} = \dfrac{h^2}{2}y''(x_n) + O(h^3)$, 其中 $\dfrac{h^2}{2}y''(x_n)$ 称为局部截断误差主项, 显然 $T_{n+1} = O(h^2)$, 故 $p = 1$, 所以欧拉方法具有一阶精度或称它是一阶方法.

7.1.3 梯形方法

事实上, 对于初值问题 (7.1) 也可以将微分转化为积分, 再用数值积分方法进行求解: 首先, 对 $y'(x_n)=f(x_n,y(x_n))$ 两边同时在区间 $[x_n,x_{n+1}]$ 上积分可得

$$y(x_{n+1})=y(x_n)+\int_{x_n}^{x_{n+1}}f(x,y(x))\mathrm{d}x,$$

然后用数值积分方法近似计算出积分 $\int_{x_n}^{x_{n+1}}f(x,y(x))\mathrm{d}x$ 的值, 便得到 $y(x_{n+1})$ 的近似值 y_{n+1}.

特别地, 欧拉格式与隐式欧拉格式就是分别用左矩形公式

$$\int_{x_n}^{x_{n+1}}f(x,y(x))\mathrm{d}x\approx hf(x_n,y(x_n))$$

和右矩形公式

$$\int_{x_n}^{x_{n+1}}f(x,y(x))\mathrm{d}x\approx hf(x_{n+1},y(x_{n+1})),$$

计算数值积分 $\int_{x_n}^{x_{n+1}}f(x,y(x))\mathrm{d}x$ 的结果.

为了得到比欧拉方法更精确的计算公式, 用梯形公式近似方程

$$y(x_{n+1})=y(x_n)+\int_{x_n}^{x_{n+1}}f(x,y(x))\mathrm{d}x$$

中右端的积分, 即

$$\int_{x_n}^{x_{n+1}}f(x,y(x))\mathrm{d}x\approx\frac{h}{2}[f(x_n,y(x_n))+f(x_{n+1},y(x_{n+1}))],$$

得

$$y_{n+1}=y_n+\frac{h}{2}[f(x_n,y_n)+f(x_{n+1},y_{n+1})]. \tag{7.8}$$

这种方法称为**梯形方法**, 式 (7.8) 称为**梯形格式**.

容易看出, 梯形格式 (7.8) 实际上是显式欧拉格式 (7.3) 与隐式欧拉格式 (7.5) 的算术平均. 梯形格式是隐式单步法.

同样, 由泰勒公式, 梯形方法的局部截断误差为 $-\frac{h^3}{12}y'''(x_n)+O(h^4)$, 所以梯形方法是二阶方法, 其局部截断误差主项是 $-\frac{h^3}{12}y'''(x_n)$.

7.1.4 改进的欧拉格式

欧拉格式 (7.3) 是一种显式算法, 其计算量小, 但是精度很低; 梯形格式 (7.8) 虽然提高了精度, 但它是一种隐式算法, 计算复杂, 计算量大. 为此, 可以考虑综合这两种方法, 以达到“扬长避短”的目的: 既能提高精度, 又是显式算法. 具体办法如下.

由欧拉格式计算得到一个初步的近似值, 记为 $\bar{y}_{n+1}$, 并称之为预报值. 把上述 $\bar{y}_{n+1}$ 代入式 (7.8) 的右端计算得到另一个值 y_{n+1}, 并称为校正值, 于是有**预报-校正系统**

$$\begin{cases} \text{预报}\ \bar{y}_{n+1} = y_n + hf(x_n, y_n), \\ \text{校正}\ y_{n+1} = y_n + \dfrac{h}{2}[f(x_n, y_n) + f(x_{n+1}, \bar{y}_{n+1})]. \end{cases} \tag{7.9}$$

称式 (7.9) 为**改进的欧拉格式**. 改进的欧拉格式的嵌套形式为

$$y_{n+1} = y_n + \frac{h}{2}[f(x_n, y_n) + f(x_{n+1}, y_n + hf(x_n, y_n))],$$

改写为平均化形式:

$$\begin{cases} y_p = y_n + hf(x_n, y_n), \\ y_c = y_n + hf(x_{n+1}, y_p), \\ y_{n+1} = (y_p + y_c)/2. \end{cases} \tag{7.10}$$

该格式 (7.10) 易于编程操作. 可以证明上述平均化形式具有二阶精度. 事实上,

$$\begin{aligned} y_{n+1} &= y_n + \frac{h}{2}[f(x_n, y_n) + f(x_{n+1}, y_n + hf(x_n, y_n))] \\ &= y_n + \frac{h}{2}\{f(x_n, y_n) + f(x_n, y_n) + h[f_x(x_n, y_n) + f(x_n, y_n)f_y(x_n, y_n)] + O(h^2)\} \\ &= y_n + \frac{h}{2}\{f(x_n, y_n) + f(x_n, y_n) + hy''(x_n) + O(h^2)\} \\ &= y_n + hf(x_n, y_n) + \frac{h^2}{2}y''(x_n) + O(h^3). \end{aligned}$$

而在 x_{n+1} 处泰勒展开 $y(x_{n+1})$, 并假设 $y_n = y(x_n)$ 于是有

$$y(x_{n+1}) = y_n + hf(x_n, y_n) + \frac{h^2}{2}y''(x_n) + O(h^3), \tag{7.11}$$

因此, 有

$$y(x_{n+1}) - y_{n+1} = O(h^3),$$

从而可知改进的欧拉格式具有二阶精度.

例 7.2 用改进的欧拉格式求解下列初值问题.

$$\begin{cases} y' = x^2 - y, \quad 0 < x < 1, \\ y(0) = 1. \end{cases}$$

解　因为改进的欧拉格式为

$$\begin{cases} y_p = y_n + h(x_n^2 - y_n), \\ y_c = y_n + h(x_{n+1}^2 - y_p), \\ y_{n+1} = \dfrac{1}{2}(y_p + y_c), \end{cases}$$

当取步长为 $h = 0.1$ 时, 计算结果见表 7-2.

表 7-2　计算结果

x_n	y_n	$y(x_n)$	x_n	y_n	$y(x_n)$
0.1	0.9055	0.9052	0.6	0.6130	0.6112
0.2	0.8219	0.8213	0.7	0.5954	0.5934
0.3	0.7501	0.7491	0.8	0.5929	0.5907
0.4	0.6909	0.6897	0.9	0.6059	0.6034
0.5	0.6450	0.6435	1.0	0.6348	0.6321

分析　将表 7-2 与表 7-1 进行对比知道, 改进的欧拉格式提高了精度.

7.2　龙格-库塔方法

7.2.1　龙格-库塔方法的设计思想

由局部截断误差 (7.6) 可知, 当 $y(x_{n+1}) = y(x_n + h)$ 用点 x_n 处的一阶泰勒多项式 $y_{n+1} = y_n + hf(x_n, y_n)$ 近似时可得欧拉方法, 其局部截断误差为一阶泰勒余项 $O(h^2)$. 类似地, 若用点 x_n 处的 p 阶泰勒多项式

$$y(x_{n+1}) = y(x_n) + hy'(x_n) + \frac{h^2}{2}y''(x_n) + \cdots + \frac{h^p}{p!}y^{(p)}(x_n),$$

近似函数 $y(x_{n+1})$, 可导出局部截断误差为 p 阶的差分公式

$$y_{n+1} = y_n + hf(x_n, y_n) + \frac{h^2}{2}f^{(1)}(x_n, y_n) + \cdots + \frac{h^p}{p!}f^{(p-1)}(x_n, y_n),$$

其中：$f^{(1)}(x, y) = \dfrac{\mathrm{d}}{\mathrm{d}x}f(x, y(x)) = \left(\dfrac{\partial}{\partial x} + f\dfrac{\partial}{\partial y}\right)f,$

$$f^{(2)}(x, y) = \frac{\mathrm{d}^2}{\mathrm{d}x^2}f(x, y(x)) = \left(\frac{\partial}{\partial x} + f\frac{\partial}{\partial y}\right)^2 f + \frac{\partial f}{\partial y} \cdot \left(\frac{\partial}{\partial x} + f\frac{\partial}{\partial y}\right)f,$$

$$\cdots\cdots$$

可以看出提高泰勒公式的阶 p, 即可提高计算结果的精度. 从理论上讲, 只要解 $y(x)$ 充分光滑, 利用函数的泰勒展开可以构造任意高精度的数值方法. 但事实上, 在计算过程中需要计算复合函数的导数, 比较繁琐, 工作量大而不实用. 因此, 一般不直接使用泰勒展开方法, 而是设法间接使用, 以求得精度较高的数值方法. 下面介绍的龙格-库塔方法就是间接使用泰勒展开方法来构造的.

为了导出龙格-库塔方法, 先对欧拉公式作进一步分析.

欧拉方法可以改写成

$$\begin{cases} y_{n+1} = y_n + hk_1, \\ k_1 = f(x_n, y_n). \end{cases}$$

可以理解为: 它用 x_n 一个点的斜率值 k_1 来计算 y_{n+1}. 若设 $y(x_n) = y_n$, 则 y_{n+1} 的表达式与 $y(x_{n+1})$ 的泰勒展开式的前面两项完全相同, 即局部截断误差为 $O(h^2)$.

改进的欧拉格式可以改写成

$$\begin{cases} y_{n+1} = y_n + h(k_1 + k_2)/2, \\ k_1 = f(x_n, y_n), \\ k_2 = f(x_{n+1}, y_n + hk_1). \end{cases}$$

用它计算 y_{n+1}, 需要计算两个点的斜率值 k_1, k_2 的平均值. y_{n+1} 的表达式与 $y(x_{n+1})$ 的泰勒展开式的前面三项完全相同, 即局部截断误差为 $O(h^3)$.

上述两种公式在形式上有个共同点: 都是用 $f(x,y)$ 在某些点上的值的线性组合得出 $y(x_{n+1})$ 的近似值 y_{n+1}. 同时可以看出, 增加点的个数, 可以提高截断误差的阶.

这个处理过程启发我们, 如果设法在区间 $[x_n, x_{n+1}]$ 内多预报几个点的斜率, 然后将它们的函数值作线性组合, 构造出一类近似公式, 再把近似公式和解的泰勒展开式相比较, 使前面尽可能多的项完全相同, 从而构造出更高精度的格式. 这就是**龙格-库塔**(**Runge-Kutta**) 算法的设计思想.

一般地, p 阶龙格-库塔方法的形式为

$$\begin{cases} y_{n+1} = y_n + h(\lambda_1 k_1 + \lambda_2 k_2 + \cdots + \lambda_p k_p), \\ k_1 = f(x_n, y_n), \\ k_2 = f(x_n + \alpha_2 h, y_n + h\beta_{21} k_1), \\ \qquad \cdots\cdots \\ k_p = f\left(x_n + \alpha_p h, y_n + h\sum_{j=1}^{p-1} \beta_{pj} k_j\right), \end{cases} \tag{7.12}$$

其中 $\lambda_i, \alpha_i, \beta_{ij}$ 为待定参数, 用泰勒展开法确定参数即可.

7.2.2 龙格-库塔方法的推导

对 $p=2$ 的龙格-库塔方法, 由式 (7.12) 可得

$$\begin{cases} y_{n+1}=y_n+h(\lambda_1k_1+\lambda_2k_2), \\ k_1=f(x_n,y_n), \\ k_2=f(x_n+\alpha h,y_n+\beta hk_1), \end{cases} \tag{7.13}$$

其中 $\lambda_1,\lambda_2,\alpha,\beta$ 为待定参数. 将式 (7.13) 右端在 (x_n,y_n) 处作泰勒展开

$$\begin{aligned} y_{n+1}=&y_n+h\lambda_1f(x_n,y_n)+h\lambda_2[f(x_n,y_n)+h\alpha f_x(x_n,y_n) \\ &+h\beta f(x_n,y_n)f_y(x_n,y_n)]+O(h^3) \\ =&y_n+h(\lambda_1+\lambda_2)f(x_n,y_n)+h^2\lambda_2\alpha f_x(x_n,y_n) \\ &+h^2\beta\lambda_2f(x_n,y_n)f_y(x_n,y_n)+O(h^3). \end{aligned} \tag{7.14}$$

而 $y(x_{n+1})=y(x_n+h)$ 在点 x_n 处作泰勒展开, 假设 $y(x_n)=y_n$ 得到

$$\begin{aligned} y(x_{n+1})=&y(x_n)+hy'(x_n)+\frac{h^2}{2}y''(x_n)+O(h^3) \\ =&y_n+hf(x_n,y_n)+\frac{h^2}{2}\left(\frac{\partial}{\partial x}+f\frac{\partial}{\partial y}\right)f+O(h^3). \end{aligned} \tag{7.15}$$

比较式 (7.14) 与 (7.15), 欲使两式直到 h^2 项完全一致, 只要成立

$$\begin{cases} \lambda_1+\lambda_2=1, \\ \alpha\lambda_2=\dfrac{1}{2}, \\ \beta\lambda_2=\dfrac{1}{2}. \end{cases}$$

这个方程组有无穷多个解, 则可得到无穷多个二阶龙格-库塔格式. 特别地, 取 $\lambda_1=\lambda_2=1/2,\alpha=\beta=1$, 则得

$$\begin{cases} y_{n+1}=y_n+\dfrac{h}{2}(k_1+k_2), \\ k_1=f(x_n,y_n), \\ k_2=f(x_{n+1},y_n+hk_1), \end{cases}$$

即改进的欧拉格式. 如果取 $\lambda_1=0,\lambda_2=1,\alpha=\beta=1/2$, 则得

$$\begin{cases} y_{n+1}=y_n+hk_2, \\ k_1=f(x_n,y_n), \\ k_2=f\left(x_n+\dfrac{1}{2}h,y_n+\dfrac{h}{2}k_1\right). \end{cases} \tag{7.16}$$

此即为**中点格式**.

表面上看, 中点格式 $y_{n+1}=y_n+hk_2$ 中仅显含一个斜率值 k_2, 但 k_2 是通过 k_1 计算出来的, 因此它每做一步仍然需要两次计算函数 $f(x,y)$ 的值, 工作量和改进的欧拉格式相同.

高阶龙格-库塔公式可以类似推导. 下面给出常用的三阶、四阶公式.

三阶龙格-库塔公式:

$$\begin{cases} y_{n+1}=y_n+\dfrac{h}{6}(k_1+4k_2+k_3), \\ k_1=f(x_n,y_n), \\ k_2=f\left(x_n+\dfrac{1}{2}h, y_n+\dfrac{h}{2}k_1\right), \\ k_3=f(x_n+h, y_n+h(-k_1+2k_2)). \end{cases} \tag{7.17}$$

四阶龙格-库塔公式 (也称为经典公式):

$$\begin{cases} y_{n+1}=y_n+\dfrac{h}{6}(k_1+2k_2+2k_3+k_4), \\ k_1=f(x_n,y_n), \\ k_2=f\left(x_n+\dfrac{1}{2}h, y_n+\dfrac{h}{2}k_1\right), \\ k_3=f\left(x_n+\dfrac{1}{2}h, y_n+\dfrac{h}{2}k_2\right). \\ k_4=f(x_n+h, y_n+hk_3) \end{cases} \tag{7.18}$$

例 7.3 取步长 $h=0.2$, 用四阶经典龙格-库塔格式 (7.18) 求解初值问题 (7.4).

解 这里四阶经典格式 (7.18) 中 k_1,k_2,k_3,k_4 的具体形式是

$$\begin{cases} k_1=x_n^2-y_n, \\ k_2=\left(x_n+\dfrac{1}{2}h\right)^2-\left(y_n+\dfrac{h}{2}k_1\right), \\ k_3=\left(x_n+\dfrac{1}{2}h\right)^2-\left(y_n+\dfrac{h}{2}k_2\right), \\ k_4=(x_n+h)^2-(y_n+hk_3). \end{cases}$$

计算结果见表 7-3, 其中 $y(x_n)$ 仍表示准确值.

表 7-3 计算结果

x_n	y_n	$y(x_n)$
0.2	0.821273	0.821169
0.4	0.689679	0.689679
0.6	0.611199	0.611188
0.8	0.590686	0.590671
1.0	0.632138	0.632105

将表 7-3 的数据与表 7-2 的数据比较可以看出, 经典格式的精度更高. 需要注意的是, 虽然经典格式的计算量较改进的欧拉格式大一倍, 但是由于这里放大了步长, 因此表 7-3 所耗费的计算量几乎与表 7-2 相同. 这个例子又一次显示了选择算法的重要意义.

特别指出, 龙格-库塔方法的推导基于泰勒展开方法, 因而它要求所求的解具有较好的光滑性. 如果解的光滑性差, 那么, 使用四阶龙格-库塔方法求得的数值解, 其精度可能反而不如改进的欧拉方法. 在实际计算时, 应当针对问题的具体特点选择合适的算法.

7.3 亚当姆斯方法

前面所介绍的龙格-库塔方法虽然是一类很重要的计算方法, 但是这类算法在每一步都需要先预报几个点上的斜率值, 计算量比较大. 考虑在计算 y_{n+1} 之前已得出一系列节点 $x_n, x_{n-1}, \cdots$ 上的斜率值, 能否利用这些“已知信息”来减少计算量? 这就是亚当姆斯方法的设计思想.

7.3.1 亚当姆斯格式

考虑将二阶龙格-库塔格式 (7.12) 改为

$$\begin{cases} y_{n+1} = y_n + h(\lambda_1 k_1 + \lambda_2 k_2), \\ k_1 = f(x_n, y_n), \\ k_2 = f(x_{n-1}, y_{n-1}). \end{cases} \tag{7.19}$$

问题是如何通过适当地选取参数 λ_1, λ_2, 使上述格式具有二阶精度, 即与二阶龙格-库塔方法的精度相同.

事实上, 设 $y_n = y(x_n), y_{n-1} = y(x_{n-1})$, 将式 (7.19) 进行泰勒展开得到

$$\begin{aligned} y_{n+1} &= y_n + h\lambda_1 f(x_n, y_n) + h\lambda_2 [f(x_n, y_n) - hf_x(x_n, y_n) - hf(x_n, y_n) f_y(x_n, y_n)] + O(h^3) \\ &= y_n + h(\lambda_1 + \lambda_2) f(x_n, y_n) - h^2 \lambda_2 \left(\frac{\partial}{\partial x} + f \frac{\partial}{\partial y} \right) f(x_n, y_n) + O(h^3). \end{aligned}$$

通过比较发现, 要使格式具有二阶精度, 可取 $\lambda_1 = \dfrac{3}{2}, \lambda_2 = -\dfrac{1}{2}$, 这样导出的计算格式为

$$y_{n+1} = y_n + \frac{h}{2}(3y'_n - y'_{n-1}),$$

并称为**二阶亚当姆斯格式**. 类似地分别有**三阶亚当姆斯格式**

$$y_{n+1} = y_n + \frac{h}{12}(23y'_n - 16y'_{n-1} + 5y'_{n-2})$$

和**四阶亚当姆斯格式**

$$y_{n+1} = y_n + \frac{h}{24}(55y'_n - 59y'_{n-1} + 37y'_{n-2} - 9y'_{n-3}).$$

通过分析可以发现, 上述亚当姆斯格式是显式的, 算法较为简单, 由于用节点 $x_n, x_{n-1}, \cdots$ 的斜率值的线性组合来计算 y_{n+1} 是个外推过程, 效果不是很理想. 为了进一步改善精度, 可以通过增加节点的斜率值来计算 y_{n+1} 建立隐式亚当姆斯格式, 例如, 考察形如

$$\begin{cases} y_{n+1} = y_n + h(\lambda_1 y'_{n+1} + \lambda_2 y'_n), \\ y'_n = f(x_n, y_n), \\ y'_{n+1} = f(x_{n+1}, y_{n+1}) \end{cases} \tag{7.20}$$

的隐式格式, 设 $y_n = y(x_n), y_{n+1} = y(x_{n+1})$, 同样将式 (7.20) 右端泰勒展开有

$$\begin{aligned} y_{n+1} &= y_n + h\lambda_2 f(x_n, y_n) + h\lambda_1[f(x_n, y_n) + hf_x(x_n y_n) + hf(x_n, y_n)f_y(x_n, y_n)] + O(h^3) \\ &= y_n + h(\lambda_1 + \lambda_2)f(x_n, y_n) + h^2\lambda_1\left(\frac{\partial}{\partial x} + f\frac{\partial}{\partial y}\right)f(x_n, y_n) + O(h^3). \end{aligned}$$

可见欲使格式 (7.20) 具有二阶精度, 需令 $\lambda_1 = \lambda_2 = \dfrac{1}{2}$, 这样构造出的**二阶隐式亚当姆斯格式**

$$y_{n+1} = y_n + \frac{h}{2}(y'_{n+1} + y'_n),$$

其实就是梯形格式. 类似可以推出**三阶亚当姆斯隐式格式**

$$y_{n+1} = y_n + \frac{h}{12}(5y'_{n+1} + 8y'_n - y'_{n-1}),$$

和**四阶亚当姆斯隐式格式**

$$y_{n+1} = y_n + \frac{h}{24}(9y'_{n+1} + 19y'_n - 5y'_{n-1} + y'_{n-2}).$$

7.3.2 亚当姆斯预报-校正系统

仿照改进的欧拉格式的构造方法, 将显式和隐式两种亚当姆斯格式相匹配, 构成**亚当姆斯预报-校正系统**.

$$\begin{cases} \text{预报}\ \bar{y}_{n+1} = y_n + \dfrac{h}{24}(55y'_n - 59y'_{n-1} + 37y'_{n-2} - 9y'_{n-3}), \\ \quad\ \bar{y}'_{n+1} = f(x_{n+1}, \bar{y}_{n+1}), \\ \text{校正}\ y_{n+1} = y_n + \dfrac{h}{24}(9\bar{y}'_{n+1} + 19y'_n - 5y'_{n-1} + y'_{n-2}), \\ \quad\ y'_{n+1} = f(x_{n+1}, y_{n+1}). \end{cases} \tag{7.21}$$

这种预报校正系统是四步法, 它在计算时不但要用到前一步的信息 y_n, y'_n, 而且要用到前三步的信息 $y'_{n-1}, y'_{n-2}, y'_{n-3}$, 因此它不能自行启动. 在实际计算时, 可借助于某种单步法, 如四阶龙格-库塔格式 (7.18) 为预报-校正系统 (7.21) 提供 y_1, y_2, y_3.

7.4 收敛性和稳定性

微分方程在离散为差分方程来求解的过程中, 有两个方面需要注意：一方面, 当步长 $h \to 0$ 时, 存在着差分方程的解 y_n 能否收敛到微分方程的准确解 $y(x_n)$ 的问题, 这就是差分方法的收敛性问题；另一方面, 在差分方程的求解过程中, 存在着各种计算误差, 这些误差如舍入误差等引起的扰动, 在误差传播过程中, 可能会大量积累, 以至于"淹没"了差分方程的真解, 这就是差分方法的稳定性问题.

7.4.1 收敛性

一个有实用价值的离散格式, 必须具有这样的性质: 只要步长 h 取得足够小, 由它所确定的数值解 y_n 能够以任意指定的精度逼近初值问题 (7.1) 的精确解 $y(x_n)$, 也就是说离散格式 (或由它所定义的近似解) 是收敛的.

定义 7.3 对于任意固定的 $x_n = x_0 + nh$, 如果当 $h \to 0$(同时 $n \to \infty$) 时, 数值解 y_n 趋向于准确解 $y(x_n)$, 则称该方法是**收敛的**. 即：对任意 $\varepsilon > 0$, 存在 $\delta > 0$, 当 $h < \delta$ 时, 有

$$|y_n - y(x_n)| < \varepsilon.$$

例 7.4 初值问题 $\begin{cases} y' = \lambda y, \\ y(0) = y_0 \end{cases}$ $(\lambda < 0)$ 的精确解为 $y(x) = y_0 e^{\lambda x}$. 如果采用欧拉方法求解, 其计算公式为

$$y_{n+1} = (1 + \lambda h) y_n. \tag{7.22}$$

从 $n=0$ 开始, 有

$$y_1=(1+\lambda h)y_0, y_2=(1+\lambda h)^2 y_0, \cdots, y_n=(1+\lambda h)^n y_0.$$

设 $x^*=x_0+nh=nh$ 是固定的, 当 $h\to 0(n\to\infty)$ 时,

$$y_n=(1+\lambda h)^n y_0=(1+\lambda h)^{\frac{x^*}{h}} y_0\to y_0\mathrm{e}^{\lambda x^*}.$$

因此, 差分方程的解当 $h\to 0$ 时收敛到原微分方程的精确解 $y(x^*)=y_0\mathrm{e}^{\lambda x^*}$.

7.4.2 稳定性

为了说明算法稳定性的重要性, 先分析例子

$$\begin{cases} y'=-30y, \quad x\in[0,1.5], \\ y(0)=1. \end{cases}$$

易知, 上述初值问题的准确解为 $y=\mathrm{e}^{-30x}$, 如果用欧拉格式、龙格-库塔格式和亚当姆斯格式求解, 取步长为 $h=0.1$ 得到 $y(1.5)$ 的近似解见表 7-4.

表 7-4 近似解

欧拉格式	龙格-库塔格式	亚当姆斯格式	精确解
-3.27675×10^4	1.8719×10^2	2.41115×10^6	2.86252×10^{-20}

表 7-4 所给结果合理吗? 显然, 表 7-4 所示结果是不合理的, 因而有必要研究算法稳定性.

在用差分格式求近似解的过程中, 舍入误差是不可避免的. 例如, 当用欧拉格式

$$y_{n+1}=y_n+hf(x_n,y_n), \quad n=1,2,\cdots \tag{7.23}$$

计算 $\{y_n\}$ 时, 由于数值的舍入 (计算机用固定位数表示数值所致), 每一步运算都存在误差. 从而, 实际得到的 $\{y_n\}$ 不是格式 (7.23) 的精确解, 它满足如下带扰动的差分方程

$$\begin{cases} \tilde{y}_{n+1}=\tilde{y}_n+h[f(x_n,\tilde{y}_n)+s(x_n)], \\ \tilde{y}_0=y_0+\sigma, \end{cases} \tag{7.24}$$

其中 σ 为初值的扰动值, $s(x_n)$ 为 $f(x_n,\tilde{y}_n)$ 的扰动值.

定义 7.4 存在正常数 h_0 和一个正常数 δ, 使得对于任意 $\varepsilon>0$, 当初值和右端的扰动满足

$$|\sigma|+\max_{x\in I_h}|s(x)|<\delta,$$

时, 原方程与扰动方程的解对一切 $0 < h \leqslant h_0$ 满足估计式:

$$\max_{x \in I_h} |\tilde{y}(x) - y(x)| < \varepsilon,$$

则称该格式是**稳定的**. 如果一个算法的稳定是在一定条件下才成立, 则称这种算法是**条件稳定**; 如果一个算法的稳定是任何条件下都成立, 则称这种算法是**绝对稳定**.

例 7.5 同样考虑初值问题 $\begin{cases} y' = \lambda y, \\ y(0) = y_0 \end{cases}$ $(\lambda < 0)$, 其欧拉格式为 $y_{n+1} = (1 + \lambda h) y_n$, 设在节点值 y_n 上有一扰动值 ξ_n, 它的传播使节点值 y_{n+1} 上产生大小为 ξ_{n+1} 的扰动值, 假设欧拉方法在计算过程中不再引进新的误差, 则扰动值满足

$$\xi_{n+1} = (1 + \lambda h) \xi_n.$$

显然, 为了保证差分方程的解不增长, 必须选取 h 充分小, 使得

$$|1 + \lambda h| \leqslant 1,$$

从而保证

$$|y_{n+1}| \leqslant |y_n|.$$

这表明欧拉方法是条件稳定的.

再考察其隐式欧拉格式 $y_{n+1} = y_n + \lambda h y_{n+1}$, 即 $y_{n+1} = \dfrac{1}{1 - \lambda h} y_n$. 由于 $\lambda < 0$, 这时 $\left| \dfrac{1}{1 - \lambda h} \right| \leqslant 1$恒成立, 总有 $|y_{n+1}| \leqslant |y_n|$, 这说明隐式欧拉方法是绝对稳定 (无条件稳定) 的.

稳定性是判别一个算法**可用与否**的重要条件, 在此基础上构造快捷 (**收敛速度快**!) 的方法才是追求的目标.

7.5 方程组和高阶方程的情形

7.5.1 一阶方程组

把前面所讨论的一阶微分方程中的函数理解为向量函数, 则其所提供的算法可推广到一阶方程组的情形.

例如, 对于方程组

$$\begin{cases} y' = f(x, y, z), \quad y(x_0) = y_0, \\ z' = g(x, y, z), \quad z(x_0) = z_0, \end{cases} \tag{7.25}$$

令 $x_n = x_0 + nh, n = 1, 2, \cdots$, 以 y_n, z_n 表示节点 x_n 上的近似值, 则其改进的欧拉格式具有形式

预报

$$\begin{cases} \bar{y}_{n+1} = y_n + hf(x_n, y_n, z_n), \\ \bar{z}_{n+1} = z_n + hg(x_n, y_n, z_n), \end{cases}$$

校正

$$\begin{cases} y_{n+1} = y_n + \dfrac{h}{2}[f(x_n, y_n, z_n) + f(x_{n+1}, \bar{y}_{n+1}, \bar{z}_{n+1})], \\ z_{n+1} = z_n + \dfrac{h}{2}[g(x_n, y_n, z_n) + g(x_{n+1}, \bar{y}_{n+1}, \bar{z}_{n+1})]. \end{cases}$$

7.5.2 高阶方程

微分方程中有关理论保证了高阶微分方程在适当条件下可以转化为一阶微分方程组来讨论. 例如, 对于下列二阶微分方程的初值问题:

$$\begin{cases} y'' = f(x, y, y'), \\ y(x_0) = y_0, \quad y'(x_0) = y_0', \end{cases} \tag{7.26}$$

引进新的变量 $z = y'$, 则可将其转化为一阶微分方程组的初值问题

$$\begin{cases} y' = z, \quad y(x_0) = y_0 \\ z' = f(x, y, z), \quad z(x_0) = y_0'. \end{cases} \tag{7.27}$$

重要思想 (或方法): 学会将问题转化为已知问题进行求解. (**进一步讨论在此省略**)

数 值 实 验

例 7.6 (欧拉方法) 用欧拉方法求下面微分方程的数值解.

$$\begin{cases} y' = x^2 - y, \quad 0 \leqslant x \leqslant 1, \\ y(0) = 1. \end{cases}$$

解 欧拉法求解微分方程的步骤和 MATLAB 代码如下所示. 首先建立 M 文件.

欧拉方法程序

```
function y=Euler(f,h,a,b,y0)
%f 表示一阶微分方程的一般表达式的右端函数
%h 表示步长
%a, b 表示自变量的取值上下限
%y0 表示函数初值
x=a:h:b;
```

```
y(1)=y0;
for n=1:length(x)-1
    y(n+1)=y(n)+h*feval(f,x(n),y(n));
end
```

其次, 建立另一个 M 文件.

微分方程右端函数 M 文件

```
function z=f2(x,y)
z=x.^2-y;
```

最后, 在 MATLAB 命令窗口中输入下列命令

```
f=@f2;
a=0;
b=1;
h=0.1;
y0=1;
y=Euler(f,h,a,b,y0)
```

求解的结果为

```
y=1.0000 0.9000 0.8110 0.7339 0.6695 0.6186 0.5817 0.5595 0.5526
0.5613 0.5862
```

例 7.7 (改进的欧拉方法)　用改进的欧拉方法求下面微分方程的数值解.

$$\begin{cases} y' = x^2 - y, \quad 0 \leqslant x \leqslant 1, \\ y(0) = 1. \end{cases}$$

解　改进的欧拉方法求解微分方程的步骤和 MATLAB 代码如下所示. 首先建立 M 文件.

改进的欧拉方法程序

```
function y=MEuler(f,h,a,b,y0)
%f 表示一阶微分方程的一般表达式的右端函数
%h 表示步长
%a, b 表示自变量的取值上下限
%y0 表示函数初值
x=a:h:b;
y(1)=y0;
```

```
for n=1:length(x)-1
    y1=y(n)+h*feval(f,x(n),y(n));
    y2=y(n)+h*feval(f,x(n+1),y1);
    y(n+1)=(y1+y2)/2;
end
```

其次, 建立另一个 M 文件.

微分方程右端函数 M 文件

```
function z=f2(x,y)
z=x.^2-y;
```

最后, 在 MATLAB 命令窗口中输入下列命令:

```
f=@f2;
a=0;
b=1;
h=0.1;
y0=1;
y=MEuler(f,h,a,b,y0)
```

求解的结果为

```
y=1.0000 0.9055 0.8219 0.7501 0.6909 0.6450 0.6130 0.5954 0.5929
0.6059 0.6348
```

将例 7.6 和例 7.7 的计算结果与精确值进行比较 (表 7-5), 可以看出欧拉格式比较简单, 编程容易实现, 但随着 x 值越大, 误差也越大; 改进的欧拉方法编程容易实现, 计算结果与精确值也十分接近 (图 7-2).

表 7-5

x	欧拉方法数值解	相对误差	改进的欧拉方法数值解	相对误差	理论解
0	1.0000	0	1.0000	0	1.0000
0.1	0.9000	0.60%	0.9055	0.03%	0.9052
0.2	0.8110	1.27%	0.8219	0.07%	0.8213
0.3	0.7339	2.08%	0.7501	0.12%	0.7492
0.4	0.6695	3.02%	0.6909	0.19%	0.6896
0.5	0.6186	4.03%	0.6450	0.23%	0.6435
0.6	0.5817	5.07%	0.6130	0.29%	0.6112
0.7	0.5595	6.06%	0.5954	0.34%	0.5934
0.8	0.5526	6.89%	0.5929	0.37%	0.5907
0.9	0.5613	7.50%	0.6059	0.41%	0.6034
1.0	0.5862	7.83%	0.6348	0.43%	0.6321

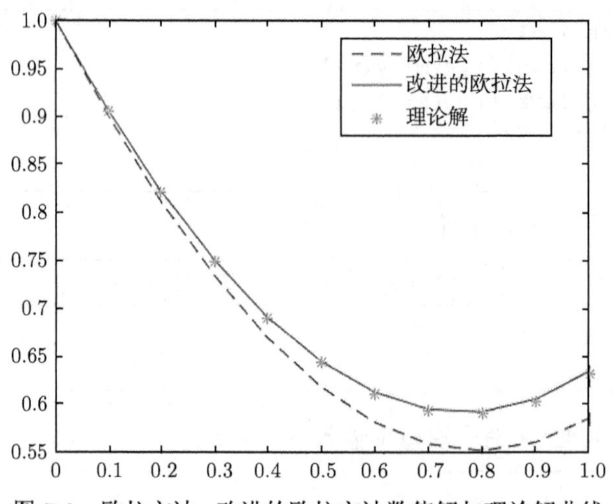

图 7-2　欧拉方法、改进的欧拉方法数值解与理论解曲线

例 7.8 (四阶龙格-库塔方法)　用龙格-库塔方法求下面微分方程的数值解.

$$\begin{cases} y' = 1 + \ln(1 + x), \quad 0 \leqslant x \leqslant 1, \\ y(0) = 1. \end{cases}$$

解　四阶龙格-库塔方法求解微分方程的步骤和 MATLAB 代码如下所示. 首先建立 M 文件.

四阶龙格-库塔方法程序

```
function y= Rungkuta_4 (f,h,a,b,y0)
%f 表示一阶微分方程的一般表达式的右端函数
%h 表示步长
%a, b 表示自变量的取值上下限
%y0 表示函数初值
x=a:h:b;
y(1)=y0;
for n=1:length(x)-1
     k1=feval(f,x(n),y(n));
     k2=feval(f,x(n)+h/2,y(n)+(h/2)*k1);
     k3=feval(f,x(n)+h/2,y(n)+(h/2)*k2);
     k4=feval(f,x(n)+h,y(n)+h*k3);
     y(n+1)=y(n)+(h/6)*(k1+2*k2+2*k3+k4);
end
```

其次, 建立另一个 M 文件.

微分方程右端函数 M 文件

```
function z=f2(x,y)
z=1+log(1+x);
```

在 MATLAB 命令窗口中输入下列命令:

```
f=@f2;
a=0;
b=1;
h=0.1;
y0=1;
y= Rungkuta_4 (f,h,a,b,y0)
```

求解的结果为

```
y=1.0000 1.1048 1.2188 1.3411 1.4711 1.6082 1.7520 1.9021 2.0580
2.2195 2.3863
```

四阶龙格–库塔方法的精度很高, 用于求解一般的常微分方程已经足够.

例 7.9 (亚当姆斯预报-校正方法) 用亚当姆斯预报-校正方法求下面微分方程的数值解.

$$\begin{cases} y' = 1 + \cos x, \quad 0 \leqslant x \leqslant 1, \\ y(0) = 0. \end{cases}$$

解 二阶亚当姆斯预报-校正方法求解微分方程的步骤和 MATLAB 代码如下所示. 首先建立 M 文件.

二阶亚当姆斯预报-校正方法程序

```
function y= Ydms (f,h,a,b,y0)
%f 表示一阶微分方程的一般表达式的右端函数
%h 表示步长
%a, b 表示自变量的取值上下限
%y0 表示函数初值
x=a:h:b;
y(1)=y0;
for n=1:length(x)-1
     if n==1
     y1=y(n)+h*feval(f,x(n),y(n));
     y2=y(n)+h*feval(f,x(n+1),y1);
     y(n+1)=(y1+y2)/2;
```

```
    dy1=feval(f,x(n),y(n));
    dy2=feval(f,x(n+1),y(n+1));
else
    y(n+1)=y(n)+h*(3*dy2-dy1)/2;
    p=feval(f,x(n+1),y(n+1));
    y(n+1)=y(n)+h*(p+dy2)/2;
    dy1=dy2;
    dy2=feval(f,x(n+1),y(n+1));
end
end
```

其次, 建立另一个 M 文件.

微分方程右端函数 M 文件

```
function z=f3(x,y)
z=1+cos(x);
```

在 MATLAB 命令窗口中输入下列命令:

```
f=@f3;
a=0;
b=1;
h=0.1;
y0=0;
y=Ydms(f,h,a,b,y0)
```

求解的结果为

```
y=0 0.1998 0.3985 0.5953 0.7891 0.9790 1.1642 1.3437 1.5168 1.6827
1.8408
```

小　　结

微分方程是人们最为关注的一类计算模型. 微分方程的数值解是数值计算的核心课题. 微分方程的定解问题分为初值问题和边值问题两大类. 对于微分方程的初值问题, 其差分格式又分显式和隐式两种.

步长的选取是很重要的问题, 既要考虑节省计算量, 步长不能太小, 又要保证结果的精度, 步长不能太大. 由于常微分方程初值问题的求解是一个逐步计算的过程, 任何一步产生的误差都会对以后的计算产生影响, 所以最好采用绝对稳定性较好的方法, 并经常估计误差. 隐式方法求解麻烦, 但绝对稳定性好, 所以仍然常用.

事实上, 在科技和经济发展中, 很多重要的实际问题往往可以转化为微分方程, 其中最为广泛的是偏微分方程, 如人口调查、传染病动力学、高速飞行、石油开发与城市交通等方面[5~19]. 那么请试图将常微分方程的数值解法推广到偏微分方程情形, 并给出偏微分方程的数值解法.

习 题 7

1. 用欧拉方法解初值问题

$$\begin{cases} y' = x + y, \quad 0 < x \leqslant 1, \\ y(0) = 1. \end{cases}$$

取步长 $h = 0.1$ 计算, 并与准确解 $y = 2\mathrm{e}^x - x - 1$ 相比较.

2. 用改进的欧拉方法解初值问题:

(1) $y' = x + y, 0 < x \leqslant 1, y(0) = 1$, 取 $h = 0.2$;

(2) $y' = x^2 - y^2, 0 \leqslant x \leqslant 0.4, y(0) = 1$, 取 $h = 0.1$.

3. 取 $h = 0.2$, 用经典龙格-库塔方法求解下列初值问题:

(1) $\begin{cases} y' = x + y, 0 < x \leqslant 1, \\ y(0) = 1; \end{cases}$

(2) $\begin{cases} y' = \dfrac{3y}{1+x}, 0 < x \leqslant 1, \\ y(0) = 1. \end{cases}$

4. 证明求解初值问题 $y' = f(x, y), y(x_0) = y_0$ 的差分公式

$$y_{n+1} = \frac{1}{2}(y_n + y_{n-1}) + \frac{h}{4}(4f_{n+1} - f_n + 3f_{n-1})$$

是二阶的, 并求出其局部截断误差的主项.

5. 试列出求解下列初值问题的改进的欧拉格式:

(1) $\begin{cases} y'' = (1 + x^2)y, 0 < x \leqslant 0.2, \\ y(0) = y'(0) = 1; \end{cases}$

(2) $\begin{cases} y'' + 4xyy' + 2y^2 = 0, 0 < x \leqslant 0.2, \\ y(0) = 1, y'(0) = 0. \end{cases}$

6. 对初值问题

$$\begin{cases} y' = -y, \\ y(0) = 1. \end{cases}$$

证明欧拉方法和梯形方法求得的近似解分别为

$$y_n = (1 - h)^n, y_n = \left(\frac{2-h}{2+h}\right)^n$$

并证明当 $h \to 0$ 时, 它们都收敛于准确解 $y(x) = \mathrm{e}^{-x}$.

实　验　7

1. 用欧拉方法解初值问题

$$\begin{cases} y' = -2xy, & 0 \leqslant x \leqslant 1.8. \\ y(0) = 1. \end{cases}$$

取步长 $h = 0.1$, 问题的精确解为 $y = \mathrm{e}^{-x^2}$. 求初值问题的数值解, 估计误差, 并将计算结果与精确解作比较 (列表、画图).

2. 用改进的欧拉方法解初值问题

$$\begin{cases} y' = -xy^2, & 0 \leqslant x \leqslant 5. \\ y(0) = 2. \end{cases}$$

取步长 $h = 0.25$, 并画出数值解曲线.

3. 用经典龙格-库塔方法解初值问题

$$\begin{cases} y' = y + x, & 0 \leqslant x \leqslant 1. \\ y(0) = 1. \end{cases}$$

取步长 $h = 0.01$, 并画出数值解曲线.

4. 用亚当姆斯预报-校正方法解初值问题

$$\begin{cases} y' = 0.1(x^3 + y^3), & 0 \leqslant x \leqslant 1. \\ y(0) = 1. \end{cases}$$

取步长 $h = 0.01$.

欧 拉 简 介

欧拉 (Leonhard Euler , 1707—1783), 瑞士数学家、自然科学家. 1707 年 4 月 15 日出生于瑞士的巴塞尔, 1783 年 9 月 18 日于俄国圣彼得堡去世. 欧拉出生于牧师家庭, 自幼受父亲的影响. 13 岁时入读巴塞尔大学, 15 岁大学毕业, 16 岁获得硕士学位. 欧拉是 18 世纪数学界最杰出的人物之一, 他不但为数学界作出贡献, 更把整个数学推至物理的领域. 他是数学史上最多产的数学家, 平均每年写出八百多页的论文, 还写了大量的力学、分析学、几何学、变分法等的课本, 《无穷小分析引论》《微分学原理》《积分学原理》等都成为数学界中的经典著作. 欧拉对数学的研究如此之广泛, 因此在许多数学的分支中也可经常见到以他的名字命名的重要常数、公式和定理. 此外欧拉还涉及建筑学、弹道学、航海学等领域. 瑞士教育与研究国务秘书 Charles Kleiber 曾表示: “没有欧拉的众多科学发现, 今天的我们将过着完全不一样的生活.” 法国数学家拉普拉斯则认为: 读读欧拉, 他是所有人的老师. 2007 年, 为庆祝欧拉诞辰 300 周年, 瑞士政府、中国科学院及中国教育部于 2007 年 4 月

23 日下午在北京的中国科学院文献情报中心共同举办纪念活动, 回顾欧拉的生平、工作以及对现代生活的影响.

在欧拉的数学生涯中, 他的视力一直在恶化. 在 1735 年一次几乎致命的发热后的三年, 他的右眼近乎失明, 但他把这归咎于他为圣彼得堡科学院进行的辛苦的地图学工作. 他在德国期间视力也持续恶化, 以至于弗雷德里克把他誉为“独眼巨人”. 欧拉的原本正常的左眼后来又遭受了白内障的困扰. 在他于 1766 年被查出有白内障的几个星期后, 导致了他的近乎完全失明. 即便如此, 病痛似乎并未影响到欧拉的学术生产力, 这大概归因于他超群的心算能力和记忆力. 比如, 欧拉可以从头到尾不犹豫地背诵维吉尔的史诗《埃涅阿斯纪》, 并能指出他所背诵的那个版本的每一页的第一行和最后一行是什么. 在书记员的帮助下, 欧拉在多个领域的研究其实变得更加高产了. 在 1775 年, 他平均每周就完成一篇数学论文.

图 7-3 欧拉

主要参考文献

[1] 林成森. 数值计算方法 [M]. 北京: 科学出版社, 2006: 298.

[2] 何汉林. 数值计算方法 [M]. 2 版. 北京: 科学出版社, 2011: 207–208.

[3] 李庆扬, 王能超, 易大义. 数值计算方法 [M]. 4 版. 北京: 清华大学出版社, 2001: 336.

[4] 王能超, 数值计算方法简明教程 [M]. 2 版. 北京: 高等教育出版社, 2008: 97.

[5] 范如琴. 溢洪道泄槽水面线计算的四阶龙格-库塔方法 [J]. 河南水利与南水北调. 2008, (8): 81–82.

[6] 宋文祥, 周杰, 尹赟. 感应电机转速自适应全阶磁链观测器的离散化 [J]. 上海大学学报 (自然科学版), 2012, 18: (6): 583–588.

[7] 刘勇, 叶志清. 龙格-库塔法与矩阵分析法处理线性啁啾光纤光栅时延特性的差异 [J]. 光通信科技, 2002, 26: (1): 54–56.

[8] 熊杰明, 张丽萍, 吕九琢. 反应动力学参数的计算方法与计算误差 [J]. 计算机与应用化学, 2003, 20(1): 159–162.

[9] 廖荼清. 优化时间步长的数值方法解核反应堆点动态学方程 [J]. 核动力工程, 2007, 28(2): 8–12.

[10] 程生敏, 石班班. 中立型随机比例微分方程的数值解的指数稳定性（英文）[J]. 应用数学, 2019, 32(02): 432–442.

[11] 杨丽坤, 雷伟伟. 计算子午线弧长与底点纬度的常微分方程数值解法 [J]. 测绘科学技术学报, 2017, 34(06): 560–563.

[12] 张强, 齐兴斌. 利用同伦摄动法的四阶微分方程数值解求解方法 [J]. 湘潭大学自然科学学报, 2017, 39(02): 5–8.

[13] 丛玉豪, 胡洋, 王艳沛. 含分布时滞的时滞微分系统多步龙格–库塔方法的时滞相关稳定性 [J]. 计算数学, 2019, 41(01): 104–112.

[14] 刘梅林, 刘少斌. 高阶龙格库塔间断有限元方法求解二维谐振腔问题 (英文)[J]. 南京航空航天大学学报 (英文版), 2008(03): 208–213.

[15] 陈山, 杨顶辉, 邓小英. 四阶龙格–库塔方法的一种改进算法及地震波场模拟 [J]. 地球物理学报, 2010, 53(05): 1196+1205–1206.

[16] 潘春平, 王红玉, 曹文方. 非 Hermitian 正定线性方程组的外推的 HSS 迭代方法 [J]. 计算数学, 2019, 41(01): 52–65.

[17] 陈小龙, 詹浩, 左英桃, 等. 半隐式龙格–库塔方法在可压缩流动中的应用 [J]. 计算机仿真, 2014, 31(05): 35–38+55.

[18] 赵文博, 姚栋, 王侃. 龙格库塔方法在三维物理热工耦合瞬态分析中的应用 [J]. 核动力工程, 2013, 34(03): 17–23.

[19] 邓翠艳, 戴兆辉, 姜珊珊. 高阶显式指数龙格 - 库塔方法 [J]. 北京化工大学学报 (自然科学版), 2013, 40(05): 123–127.

部分习题参考答案

习 题 1

2. 能.

3. 提示: 减模技术.

5. 有效数字位数分别为 2, 3, 3.

6. 0.005.

7. 2.

10. 第 (2) 种.

习 题 2

1. $l_0(x)=\dfrac{x(x-2)}{3}, l_1(x)=\dfrac{-(x+1)(x-2)}{2}, l_2(x)=\dfrac{x(x+1)}{6}$,

$$\begin{aligned}p_2(x)&=\frac{x(x-2)}{3}\cdot 2+\frac{x(x+1)}{6}\cdot 8+\frac{(x+1)(x-2)}{-2}\cdot 0\\&=2x^2.\end{aligned}$$

2. $\sin 12°54'=0.2232499$, 绝对误差限为 4.43×10^{-3}.

3. $p(x)$ 至少应取 3 次.

5. (1) $2x+1$; (2) $2x+1$; (3) $\dfrac{x(x-1)(4x+3)+(x+1)(x-2)(-2x-1)}{2}=x^3+x+1$.

6. $l_0(x)+l_1(x)+l_2(x)$ 是 $f(x)=1$ 关于节点 x_0,x_1,x_2 的插值多项式, 只要利用结论: 对于次数 $\leqslant n$ 的多项式 $f(x)$, 其 n 次插值多项式 $p_n(x)$ 就是它自身, 既有 $p_n(x)=f(x)$.

7. $p(x)=\dfrac{f(x_0)-f(x_1)}{x_0^2-x_1^2}x^2+\dfrac{f(x_1)x_0^2-f(x_0)x_1^2}{x_0^2-x_1^2}$.

8. $p(x)=x^2+1$.

9. $p(x)=x(x-2)^2$.

10. $I(x)=\begin{cases}-x, & -1\leqslant x<0,\\ x, & 0\leqslant x<1,\\ 3x-2, & 1\leqslant x\leqslant 2.\end{cases}$

11. $H(x)=\begin{cases}-(2x+1)x^2, & -1\leqslant x<0,\\ (2x-1)x^2, & 0\leqslant x<1,\\ 6x^3-13x^2+12x-4, & 1\leqslant x\leqslant 2.\end{cases}$

12. $S(x)=\begin{cases} x^2(4x+3)+(x+1)^2\left(-\dfrac{3}{4}x+1\right), & x\in[-1,0], \\ (x-1)^2\left(\dfrac{13}{4}x+1\right)+x^2(-5x+8), & x\in[0,1]. \end{cases}$

习 题 3

1. (1) 1 次代数精度. (2) 3 次代数精度.

2. (1) $a=c=\dfrac{8h}{3}, b=-\dfrac{4}{3}h$, 3 次代数精度.

(2) $a_1=\dfrac{5}{4}, b=-\dfrac{1}{2}, c=\dfrac{5}{4}$, 2 次代数精度.

3. (1) 复合梯形公计算得 0.11140；辛普森公式计算得 0.1115709, 具有 7 位有效数字的结果为 0.1115718.

(2) 复合梯形公计算得 17.22774；辛普森公式计算得 17.33208, 具有 7 位有效数字的结果为 17.33333.

4. $x_1=\dfrac{21\pm\sqrt{21}}{35}, x_2=\dfrac{21+4\sqrt{21}}{14+6\sqrt{21}}, x_2=\dfrac{21-4\sqrt{21}}{14-6\sqrt{21}}$, $a=\dfrac{35}{54}, b=-\dfrac{4}{27}$ (3 次代数精度).

5. 0.6931472.

6. 1；1；2.

习 题 4

1. 分别为 1.32422, k=6；1.32471, k=9；1.32474, k=13.

2. 1.89548, k=16.

3. (1) 1.465 571. (2) 1.465 571. (3) 1.465 571.

4. (1) $\varphi(x)=\pm\sqrt{2}$, $\left[-\sqrt{2},\sqrt{2}\right]$.

(2) 在 $[-1,0]$ 上取 $\varphi(x)=-\dfrac{\mathrm{e}^{\frac{x}{2}}}{\sqrt{3}}, \quad x^*=0.045\ 90$;

在 $[0,1]$ 上取 $\varphi(x)=\dfrac{\mathrm{e}^{\frac{x}{2}}}{\sqrt{3}}, \quad x^*=0.910\ 0$;

在 $[3,4]$ 上取 $\varphi(x)=\ln(3x^2), \quad x^*=3.7331$.

(3) $\varphi(x)=\cos x, [a,b]=[0,1], x^*=0.7391$.

6. 0.25753029 (k=4).

7. $x^* = 1.556\ 773$, 具体计算结果如下:

k	x_k(牛顿法)	k	x_k(牛顿法)
0	0.1	4	1.556993
1	2.481886	5	1.556773
2	1.805024	6	1.556773
3	1.579890		

k	x_k(牛顿下山法)	k	x_k(牛顿下山法)
0	0.1	5	1.557167
1	2.243697	6	1.556813
2	1.759837	7	1.556777
3	1.591254	8	1.556774
4	1.560659	9	1.556773

8. (1) 牛顿法, k=4, 1.879385; (2) 弦截法, k=4, 1.879385242; (3) 快速弦截法, k=4, 1.879385242.

9. $x_0 > 1$ 时必收敛到 $x^* = \sqrt[3]{a}(> 0)$.

习 题 5

1. $(0.999\ 925, 0.999\ 875, 0.999\ 850)^{\mathrm{T}}$, 收敛 (系数矩阵 $\boldsymbol{A}$ 是对角矩阵).

2. 不收敛.

3. $k = 6$, $(-4.000\ 027, 0.299\ 998, 0.200\ 003)^{\mathrm{T}}$.

4. 用 SOR 法解方程组 (分别取松弛因子 $\omega = 1.03, \omega = 1, \omega = 1.1$)

$$\begin{cases} 4x_1 \ - x_2 = 1, \\ -x_1 + 4x_2 \ - x_3 = 4, \\ -x_2 + 4x_3 = -3, \end{cases}$$

要求当 $\max\limits_{1\leqslant i\leqslant 3}\left|x_i^{(k)} - x_i^{(k+1)}\right| < 0.5 \times 10^{-5}$ 时迭代终止, 对每一个 ω 确定迭代次数.

$$\begin{aligned} &\omega = 1, \quad k = 5, \quad (0.52709, 1.10820, -0.09428)^{\mathrm{T}}; \\ &\omega = 1.03, \quad k = 6, \quad (0.52705, 1.10819, -0.09428)^{\mathrm{T}}; \\ &\omega = 1.1, \quad k = 6, \quad (0.52705, 1.10819, -0.09428)^{\mathrm{T}}. \end{aligned}$$

习 题 6

1. $(5, 4, 3, 2)^{\mathrm{T}}$.

2. $(0.678571, -0.0642857, 1.107143)^{\mathrm{T}}$.

3.$(3, 6, -1)^{\mathrm{T}}$.

4. $(75, -46, -3)^{\mathrm{T}}$.

5. $\mathrm{cond}_2(\boldsymbol{A}) = 39206$.

习 题 7

1.

x_k	y	x_k	y
0	1.00000	0.6	2.04086
0.1	1.10000	0.7	2.32315
0.2	1.24205	0.8	2.64558
0.3	1.39847	0.9	3.01237
0.4	1.58181	1.0	3.42817
0.5	1.79490		

2. (1)

x_k	y	x_k	y
0	1.00000	0.6	1.493704
0.2	1.186667	0.8	1.627861
0.4	1.348312	1.0	1.754205

(2)

x_k	y	x_k	y
0	1.00000	0.3	1.266201
0.1	1.095909	0.4	1.343360
0.2	1.184097		

3. (1) 1.2428, 1.583 6, 2.044 2, 2.651 0, 3.436 5.

(2) 1.727 6, 2.743 0, 4.094 2 , 5.829 2,7.996 0.

4. 主项为 $-\dfrac{5}{8}h^3y'''(x_n)$.

5. (1)

x_k	y	x_k	y
0	1.00000	0.2	1.224 561
0.1	1.105550		

(2) $y(0.2) \approx 0.98$.